天下文化
BELIEVE IN READING

THE GRAY RHINO

灰犀牛

危機就在眼前，為何我們選擇視而不見？

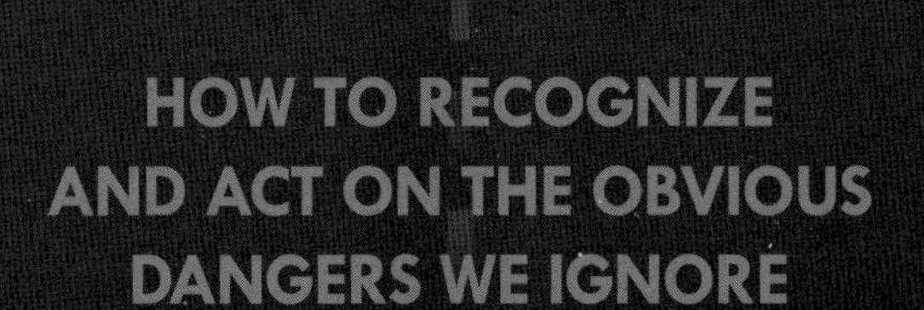

米歐爾·渥克 Michele Wucker 著

目錄

5 **序　明顯的危機，也是機會**

15 第 1 章
灰犀牛來了

45 第 2 章
預測的問題

74 第 3 章
否認：為什麼我們看不到灰犀牛？

105 第 4 章
不作為：為什麼看到犀牛還不快跑？

136 第 5 章
診斷：正確與錯誤的解決之道

171 第 6 章
恐慌：犀牛發動攻勢了！

203 第 7 章
行動：當頭棒喝之效

234 第 8 章
被犀牛踩踏之後：如何化危機為轉機？

255 第 9 章
地平線上的灰犀牛：前瞻思維

277 第 10 章
結論：如何才不會被犀牛踩死

303 **致謝**

308 **注解**

330 **參考書目**

序
明顯的危機，也是機會

2001 年 3 月，我來到布宜諾斯艾利斯，隨即感到山雨欲來風滿樓：很多商家門口掛著「停止營業」的牌子；計程車司機一再用聳動的語言描述國內經濟困頓；阿根廷國內一本重要雜誌封面是戴著食人魔漢尼拔面具的財政部長，讓人聯想到電影《沉默的羔羊》（*The Silence of the Lambs*）。封面上寫著：「難道他非得把國家吃下去，才能救亡圖存？」

我才剛去過智利，參加中美洲開發銀行（Inter-American Development Bank）舉辦的年會。與會的銀行代表、部長和記者，一提到阿根廷的財務問題不免眉頭深鎖。由於智利和阿根廷過去經常發生齟齬，眼見阿根廷出事，不免有點幸災樂禍。

如果你看過阿根廷的經濟數據，就知道這個國家完了：外債高築、美元出走、外匯存底不斷探底，金融重組也無濟於事。由於阿根廷實行本國貨幣披索與美元掛鉤的固定匯率制，難以靠貨幣貶值來刺激經濟。投資人紛紛拋售阿根廷國債，儘管價格下跌，還能拿回八成。但是你不必看數字，也能得到這樣的結論。

我是鑽研拉丁美洲經濟的財經記者。幾週後，我寫了一篇專文，提議讓阿根廷減債 30%，以免阿根廷無力還債，債權人將蒙受更大損失。很多令人尊崇的學者和華爾街金融從業員都讀了這篇文章。隨後，有幾位華爾街的朋友打電話給我，贊同我的提議，只是他們不敢公開說出來，怕被炒魷魚。此時，交易員提到阿根廷的債務違約已不是用「假如」，而是「何時」。但是沒有一個交易員敢勸告客戶壯士斷腕。九個月後，噩夢成真。阿根廷披索狂貶，不願放棄 30%債權的銀行，最後賠了 70%。

十年後，換希臘爆發金融危機。希臘本來打算透過紓困貸款來度過難關，不但沒能解決問題，反而變成歹戲拖棚。歐盟其他會員國即使不如希臘悲觀，也只是勉強自保。2011 年春天，我為新美國基金會（New America Foundation）寫了一篇報告，[1] 論道希臘應該以阿根廷為前車之鑑，認清危機，早一點重組債務，以免後悔莫及。

然而，這次希臘陷入危機，投資人的反應和十年前阿根廷發生金融風暴時截然不同：投資人公開表示，希臘該怎麼做才能解套——話說回來，那正是阿根廷在 2001 年該做的。然而，直到 2012 年春天，希臘政府才和私人債權人達成協議，完成換債計畫，以免把歐洲和全球經濟拖下水。但希臘與國際債權人的協商就沒有那麼順利，希臘和全歐洲因而在 2015 年面臨新的危機。

2011 年韓國的全球人力論壇以人力資源的挑戰為焦點，請我參加他們 11 月在首爾舉辦的會議，討論世界是否將面臨新的經濟危機。我告訴他們，自 2008 年金融海嘯以來，世界還沒恢復，爛攤子仍待收拾。不只是希臘，歐洲還有許多國家面臨財政和貿易失衡的問題，歐元區可能解體，拖累全球經濟。從美國人的觀點來看，歐洲領導人似乎在危機中踟躕，沒能狠下決定，一舉脫困。因此，我在論壇中提到，就全球經濟的重大問題，我們不免左右為難，難以抉擇：如成長或撙節、長期或短期、財政或貨幣政策、消費或投資、廉價勞工和人力資本、生產貨物或知識。但無論如何，我們仍需做出決定。

希臘政府與私人債權人完成換債之後，阿根廷和希臘的對比讓我開始思索以下問題：這兩者差異何在？希臘和私人債權人的協議是不是所謂的「及時一針」，免得希臘垮了，危及全歐洲？是這些問題埋下了本書的種子。儘管希臘和銀行及避險基金達成協議，得以喘一口氣，該國依然積欠國際貨幣基金組織和歐盟巨款。這些「官方債權人」就是各國政府，用的還是納稅人的錢（尤其是德國），可不像私人債權人那樣好商量。希臘如不力行改革，國際債權人將拒絕紓困。

納西姆・尼可拉斯・塔雷伯（Nassim Nicholas Taleb）剛好在2008年爆發金融危機前夕出版《黑天鵝效應》（*The Black Swan: The Impact of the Highly Improbable*）一書，金融市場和政策圈裡有很多人因此注意到黑天鵝或肥尾效應（Fat Tail），即高度不可能發生的事件，卻以超越大多數人能夠理解的頻率更常成群發生，並不如我們想像的那麼稀有。然而，分析師和計劃者並沒有專注在明顯、危險而發生率高的事件。在我看來，黑天鵝的後面似乎還有許多很可能會發生的危機，只是常被人忽略。

於是，我開始尋找灰犀牛的案例，發現過去有很多重大危機在事發之初已有明顯的威脅，只是被人忽視，而當今最大的挑戰同樣顯而易見，卻被視而不見。這些危險卻被忽略的證據，比比皆是，如氣候變遷、金融危機、全球政策、重塑整個產業的破壞性創新科技（包括數位科技對媒體的影響，很多工作、公司因此消失，但同時也孕育出新一代的億萬富翁），以及對個人生活產生重大衝擊的問題等。我們不知有多少次錯過因應威脅的時機：卡崔娜颶風、2008 年金融危機、2007 年明尼蘇達大橋崩塌、網路駭客、森林大火、水資源短缺等災難。

2012 年 10 月，珊迪颶風迫近美國東岸之時，颶風警告系統讓紐約有幾天的時間準備。顯然負責災難應變的官員儘管已從卡崔娜的經驗得到教訓，防備依然不夠，因此損失慘重。在珊迪之後，我們仍不清楚有權力改變者未來是否能使紐約通過這類天災的考驗。

差不多同時，達沃斯世界經濟論壇（World Economic Forum）邀請我就「動態彈性」的主題演講，特別是警示訊號太弱造成危機的問題。為什麼我們的災變因應總是慢半拍？這是個省思的好機會。

2013 年 1 月，我最先在達沃斯會議上與危機專家齋藤浩幸提出灰犀牛的概念。齋藤曾論述過「霓虹天鵝」——也就是指被集體忽略的事件，似乎沒得到警示，但從後見之明來看，危機訊號其實非常明顯。我們的演講有一個共同主題，亦即問題並非出在警示訊號太弱，而是反應不夠。其實，很多人已得知警訊，但是沒能採取行動。我的出版經紀人第一次把《灰犀牛》書稿提案傳給編輯時，有些人回應說，我們不是已經知道危機，而且已在處理，用不著提醒人注意了。我因此知道問題比我想的還嚴重。我必須指出，不對，大多數的人和組織還沒能因應重大威脅。

我為了本書蒐集資料之時，發現很多明顯的危機也是機會。如果意識到威脅時，擬定策略來因應，往往能獲利。例如很多投資人就利用市場翻轉或大家恐慌的時候迅速致富。在破壞性的創新科技出現時，傳統產業往往受到重大威脅，也有人趁勢而起。有時，重新想像如何因應則會開啟我們的想像力。2014 年，全球氣候經濟委員會（Global Commission on the Economy and Climate）估計，在未來的十五年，由於都市熟齡居民愈來愈多，總計必須花費 90 兆美元進行城市老舊基礎建設的維護、更新與擴充。該委員會提議，各個城市還必須利用這筆錢，以新科技來增進成長、創造就業機會、增加公司收益、刺激經濟成長。如此一來，光是在美國，一年就可節省將近 4,000 億美元。[2]

手術教我的一課

金融、地緣政治和企業危機，一波未平，一波又起，然而常常因為人類愛拖延的天性，而無法獲得解決。拖延可說是我們每日生活最常見的挑戰。其實，這不只是個人的問題，也是集體的通病。

就個人生活來說，我自己就有慘痛的經驗。在本書建立架構之時，我接受了兩次牙齦手術。我知道口腔健康遠遠比不上颶風或金融危機，但這種喜歡拖延的毛病，不只影響到個人，也會讓我們拙於應付巨大的災害。牙醫對我們耳提面命，要我們用牙線確實清潔齒縫，每半年定期洗牙，但我們常常把這樣的提醒當耳邊風。剛洗牙回來，你總覺得牙齒舒爽，也勤於用牙線清潔；然而幾天後就開始疏懶，跳過難清的臼齒……也許你只有幾天比較忙，所以略過，到後來就漸漸忘了，等嘗到苦頭才悔不當初。

我就是這樣。當牙醫告訴我，我需要接受牙齦移植手術時，那一刻對我來說，有如五雷轟頂。儘管手術令人畏懼，也是提醒人注意保健最好的方式。我現在有一整套牙齦清洗工具，有些我在手術前根本就沒看過，但是現在我天天使用。和很多重大威脅相較，牙齦炎可說微不足道，然而這卻是個好例子，讓人明白預防重於治療的道理。

死亡陷阱

在我居住的紐約市區一帶就曾發生這樣的悲劇：直到有三人喪生於輪下，大家才注意到一個再明顯不過的問題——我們每天通行的馬路就是死亡陷阱。

2014 年 1 月，一個下雨的週六晚上，我寫稿累了，正在看推特。突然間，推文此起彼落，說警察出現在我住的公寓附近。

街區封鎖，警車、救護車急駛至現場。原來是死亡車禍。9 歲大的庫柏・史塔克（Cooper Stock）和父親在家門前的斑馬線等待通行，綠燈亮了，才一起過馬路。沒想到一部計程車衝過來，撞上這對父子。受了傷的父親，眼睜睜看著兒子在輪下斷氣。

不到一個小時前，兩條街外的一部遊覽車，撞上了 74 歲的艾力克斯・希爾（Alex Shear）。希爾是知名的美國文物收藏家，被譽為「美國夢的吹笛手」。據說當時希爾闖紅燈，遊覽車司機因視線死角並沒有發現，他被拖行了一段距離，乘客尖叫，司機才停下來。

隔一週，我和鄰居、朋友去史塔克家門前，手拿蠟燭，參加追悼活動。很多朋友的孩子是庫柏的同學，認識希爾的人也去了。在庫柏被撞死那個路口，兩邊人行道都站滿了人。因為人太多，警方不得不封鎖 93 街，還有議員到場呼籲大家一起阻止類似的悲劇發生。

幾天後，26 歲的醫學生莎曼莎・李（Samantha Lee）在百老匯大街和 96 街交會口穿越馬路時，被救護車撞飛橫躺在馬路上，接著又被疾駛而來的車子輾斃。新聞起先報導，她利用穿越分隔島過馬路，後來監視錄影帶顯示，她走的是行人穿越道。

以衝擊性而言，也許死亡車禍和本書提到的許多重大危機無法相提並論，但是就死者家屬受到的影響來說，等於是世界末日。從個人遭遇的不幸來看灰犀牛，可幫助我們了解人性和政府的缺點會造成何種悲慘的結果。

前述三個行人的喪生凸顯這樣的問題早就存在卻遭忽視：交通設計不良，甚至交流道出口就在中學附近，而且撞死行人的司機只是受到輕微的告誡——以撞死庫柏的計程車司機來說，只是以「未禮讓行人」的罪名被傳喚。直到發生這一連串怵目驚心的車禍，市政府官員才注意到問題的嚴重性。

每次我要通過西端大道，總會特別注意左右來車，因為我認識的一個人幾年前就在這裡被車撞死。2005 年，《新聞周刊》（*Newsweek*）編輯湯姆・馬斯蘭德（Tom Masland）在 95 街與西端大道的交叉口被一輛休旅車撞到。因為一位多明尼加朋友的介紹，我和馬斯蘭德有一面之雅。儘管我和馬斯蘭德不熟，得知他的死訊，我非常震驚，還得打電話告訴那位多明尼加友人這個噩耗。任何住在上西區的人都知道，九十幾街一帶是死亡陷阱——西側高速公路的車流不斷湧入 95 街和 96 街。在 95 街和 97 街之間的西端大道總是擠滿要上高速公路的車子。

2008 年已有一份研究報告，[3] 提出讓紐約交通更安全的建議。2013 年 11 月，就在庫柏慘死的幾週前，紐約社區委員會又提出了一份交通研究建議書。[4] 就在那個月，已有人提出警告，自 2011 年開始，行人死亡的比例增加了 15%。2011 年，就有 7 個兒童被車撞死，2012 年車禍死亡的兒童共有 12 人，至 2013 年又增為 13 人。在紐約，行人死亡總數從 2012 年的 150 人，到了 2013 年已增為 173 人。[5]

庫柏・史塔克之死是個轉捩點。這個 9 歲男童的家人挺身而出，大聲疾呼，要求紐約市政府有所作為，不要讓這樣的不幸繼續發生。聲援他們的人很多，包括其他車禍死者的家屬和友人。這個悲劇是重要的教訓，讓顯而易見的危機得以受到眾人重視。

在連串悲劇發生之後，當局的做法令人震驚，包括嚴加取締不守交通規則的行人。一名 84 歲的華人老翁，疑似因為闖紅燈又言語不通，與攔截開罰的警察發生拉扯，被警方打到頭破血流。自 1 月至 2 月中旬，被開罰單的行人增加了八倍，而被開單的駕駛人反而減少。

紐約社區委員會一致要求市府加重對肇事駕駛的罰則，如因違反交通規則撞死人或使行人重傷，至少該永久吊銷駕照。這樣的建議似乎再合理不過，幾十年前就應該落實的。

2014 年 2 月，紐約市長比爾・白思豪（Bill de Blasio）根據瑞典的零願景模式（零交通死亡事故）提出了一份 42 頁的計畫書，希望不再有行人或駕駛喪生。他誓言將嚴格執法，取締違規駕駛。

只是，在他發表這份計畫書的兩天後，鏡頭捕捉到他開車超速的畫面；過了幾天，《紐約郵報》（*New York Post*）的攝影記者又逮到他過馬路時不守交通規則。這顯示積習難改，就算才剛經歷危機，也很容易忘記。

如果我們拙於辨識威脅，反應不及，該怎麼辦？萬一我們不能改變呢？雖然改變自我不是件易事，我們仍可從了解人性下手。洞悉人性的弱點，我們才知道如何決定，進而拿出行動。近年來，行為經濟學家研究了許多企業、組織、社群和政府，告訴我們該如何辨識顯而易見的威脅並及時回應。

我們無法及時、有效的回應和我們設立的系統有關，致使行動受到阻撓。我們的政治和金融制度都偏向短視近利，因此難以進行時間與資源的長期投資，問題才會變得愈來愈難纏。

《灰犀牛》就像一張地圖，讓你了解我們何以無法避開危險，陷入險境。你也可藉由這張地圖的指引，知道如何避免危機，減少損失，進而創造機會。

躲避灰犀牛有幾層意義。除了指面對威脅，把危機化為轉機，也代表避免傷害，把傷害減到最小。及時行動往往可化險為夷，至少可避免危機惡化，如 2008 年金融海嘯之後實行的經濟刺激方案。即使傷害已經造成，暫時無法回到正常狀態，如果能阻止更多的災禍，也是一大進步。保持現狀，不思求變，往往是死路一條。

第 1 章
灰犀牛來了

2001 年秋，葛倫・賴布哈特（Glenn Labhart）擔任戴能基能源公司（Dynegy）的風險長。這家公司正考慮吃下一家能源交易公司。該公司的股價在近幾週已跌了八成，在能源市場引發一波波的震盪。戴能基的總裁兼執行長查爾斯・華森（Charles Watson）自認對那家公司瞭如指掌，希望藉由併購，倚重該公司的能源行銷能力，穩定能源市場，並結合兩家公司之長。當然，他也未雨綢繆，做了盤算——萬一那家公司倒閉，戴能基該如何自保？戴能基在此扮演的角色正是「白馬騎士」，以擊退其他的惡意併購者，同時也可藉這個機會獲利。

賴布哈特是個有話直說、嚴肅務實的德州人，在石油與天然氣的交易有十七年的老經驗，以前擔任過企業風險顧問，目前負責的事業體包括能源交易、發電、能源資產及相關保險與信用風險，總金額高達 420 億美元。不久前，他才帶領戴能基安然度過 2000 年加州能源危機及 2001 年九一一恐怖攻擊的餘波。他發展出一套動態工具，可提供即時危機處理的訊息。此刻，他必須評估這樁 250 億美元的巨額交易，並提出意見給董事會參考。

他針對該公司做了風險值分析，產生了一套類似汽車時速表和油表的指標。顯然，如果戴能基公司真要買下那家公司就得浥注資金，並承擔該公司的債務。賴布哈特研究那家公司的財務報告，愈看愈覺得不妙。我們一起喝咖啡的時候，他告訴我：「我推算併購一年後風險調整後的收益，結果讓我倒吸了一口氣。」他實在不了解，那家公司的獲利率和現金流是怎麼計算出來的。儘管他試著去想像自己站在評等機構的面前，說明這筆交易的好處，但他發覺自己根本無法想像這一幕。

將近十五年後的現今，賴布哈特依然記得那天早上 7 點半在休士頓著名的貝克－博茨法律事務所（Baker Botts）參加調查會議的情景。戴能基公司的主管和律師對這樁併購案進行風險評估。賴布哈特直截了當的說：「如果我們要進行這樁交易，就得問對方他們如何評估非流動資產的風險。」他把他寫的風險評估報告遞交給董事會，警告說那家公司的財務數據有問題，最好再詳細調查，別貿然交易。賴布哈特回憶說：「我在報告書上說，我們必須問更多問題，但這個併購案已弓在弦上。真希望我有更多的時間可以查個一清二楚。」

戴能基要吃下的公司就是安隆（Enron）。這家公司可謂企業史最大的醜聞，讓無數查帳人員、分析師和投資人跟著滅頂。這家號稱擁有 900 億美元的能源巨擘，其實只剩空殼，是貪婪和無視警告的經典案例。

提到當年，賴布哈特說，他很快就擬好了企業改造藍圖，列出短期和長期的資產與負債，並算好現金流。他已注意到一個資產計算的問題，還在報告中特別圈出來並加上箭頭。安隆計算資產市值的會計做法，在證券交易頗為常見，只是安隆也用這種方式來計算其渦輪的市值。他問：「你要如何計算渦輪的市值？」渦輪可不像股票和債券，是笨重、龐大的機器，一般不會用來交易，因此市值難以估算。

賴布哈特希望董事會能重視他的報告，及早放棄安隆，以免賠了夫人又折兵。董事會雖然相信他在報告所言，仍然決定繼續進行這個併購案，只是在交易中加上保護條款。賴布哈特說：「如果你是風險長，看法難免比較悲觀，常往壞處想。」當然這是後見之明。然而，即使你往壞處想，仍有機會扭轉乾坤。

隨著併購日逼近，賴布哈特和管理團隊一直在和時間賽跑，希望安隆能接受他們提出的意外條款——如安隆無法完全履行合約，旗下的北方天然氣公司將歸戴能基所有——以降低戴能基的信用風險。畢竟這是安隆唯一擁有的天然氣管線，而且這長達 26,500 公里的管線是安隆獲利最多的實體。安隆同意了。

2001 年 11 月 19 日，安隆通知證交會，該公司新增 6 億 9,000 萬美元的新債務。此舉對戴能基的併購猶如雪上加霜。戴能基已浥注了 15 億美元給安隆，還替安隆承擔了將近 10 億的債務。評等機構於是將安隆的債券調降為垃圾等級。11 月 28 日，安隆的股價幾乎跌為 0 元，戴能基才決定抽手。[1] 由於併購安隆不利，戴能基的股價到年初也岌岌可危。幸好戴能基仍握有安隆的天然氣管線，才得以逐漸穩定。接下來的一年，全球風險控管專業人員協會（Global Association of Risk Professionals）頒發年度最佳風險管理者的獎項給賴布哈特。

戴能基的經驗和安隆的垮台也許特別戲劇化，其實這樣的情節，每天都在上演：就算危險迫在眉睫，我們還是閉上眼睛不去看。因為不想知道答案，於是索性不問，也不去想後果該怎麼處理。我們只願往好處想，不想面對事實。我們透過玫瑰色的鏡片來看危機，總認為自己不會那麼倒楣，一旦受到威脅，又常常過度反應。

即使我們已知危險近在眼前，政治和金融體系潛藏的不當誘因（如短視近利、資源分配不當、錯估風險）常常阻撓我們行動。儘管我們有設計絕佳的警示系統，發出震耳欲聾的警報聲，領導人還是錯失因應的良機。即使我們知道有危險，常常要到置身於威脅的陰影之下，才開始行動——但為時已晚。

種種人性黑暗和不當誘因的表現——如安隆案、世界通信公司（WorldComs）的假帳風波、長期資本公司（Long-Term Capitals Management）倒閉、倒塌的大樓和橋梁等無數歷史上的災難，以及發生在地緣政治和個人生活的悲劇，並非無可避免。

近年，行為經濟學家已找出許多我們常有的認知偏見。這些偏見扭曲我們的認知，致使我們在情感衝動和無理性的動機下做決定，無法維護自己的最佳利益。我們將在第 2、3 章探討這些偏見和因應策略。第 4 章討論的挑戰一樣艱困，也就是不當誘因、組織障礙、基於私利的算計。這就是所謂的「公地悲劇」(the tragedy of the commons)，亦即人毫無節制對共有資源壓榨使用的後果。不管是個人、企業和政府，明明知道眼前有很多問題，就是無法有所作為。

少數人看到危險，也願意說出來，有時至少能避免最可怕的災禍。這些人的成功就是領導力與品格的展現，了解人難免會被自己絆倒，也知道如何避免這樣的錯誤。有時光靠運氣就能否極泰來——例如，集結夠多的資源或是找到一群志同道合、勇於面對的挑戰者。

犯規

想像你到非洲大草原獵遊，希望在犀牛絕跡之前，親眼看看這巨獸活著的樣子。在五年間無人見過其蹤跡之後，2011 年國際自然保護聯盟宣布非洲西部黑犀牛已經滅絕。目前，其他黑犀牛的總數不過幾千頭，皆已瀕危。你知道，時間不多了。你曾在報章雜誌上看到犀牛被獵殺的慘狀。臉部血肉模糊，角被盜獵者砍下，正因犀牛角在亞洲是高貴藥材，甚至比古柯鹼和海洛因來得昂貴。

你和你的兩個好友已來此三天，急著想用手中的頂級相機捕捉難得一見的野生動物。這是個熱辣辣的豔陽天。你們三個已打定主意，非拍到讓大家瘋狂按讚的照片不可，於是把導遊的警告當成耳邊風，趁他不注意，悄悄溜走了。

就在你們筋疲力竭，想要放棄並歸隊時，牠們就突然出現在你們眼前：一頭母犀牛和犀牛寶寶。巨大的母犀牛不斷甩尾，以趕走蒼蠅，一對耳朵轉啊轉。這正是屏息的一刻。

小犀牛離媽媽有幾公尺遠，媽媽看著另一個方向。你悄悄前進，想找到最好的攝影角度。用望遠鏡頭拉近當然不如近距離特寫酷。你決定冒險一試。導遊已告誡過你們遠離犀牛的地盤，別去驚動牠們，盡可能待在下風處，別發出聲音。還說，你怕牠們，其實，牠們更怕你。

你的朋友也過於興奮，忘了要安靜。一個說：「設法讓小犀牛看你這邊，我們才能拍牠的臉。」另一個居然對牠吹口哨，完全沒考慮後果。小犀牛果然轉過頭來看你們。不幸的是，牠的媽媽也轉頭了。這下，你們才知道完了。你們驚動了一頭母犀牛。更糟的是，你們比母犀牛更接近牠的寶寶。小犀牛趕緊跑回媽媽身旁，但母犀牛生氣了。牠緩緩移動身軀，似乎在想下一步。

你的麻煩還不止於此。附近出現一頭公犀牛。牠也注意到你們幾個了。牠可是比那頭母犀牛大一號。牠低下頭，左腳爪子抓地，準備發動攻擊。這傢伙足足有兩噸重吧，牠的角正對著你們，就要衝過來了。

你已經疏忽了導遊的警告，也就是絕對別驚動犀牛，以免遭受攻擊。一旦犀牛衝過來，不可能擋得住。但現在已經太遲。公犀牛已開始加速，準備以時速 64 公里的極速衝向你。

你嚇得動彈不得。怎麼辦？爬到樹上？但附近沒有高大的樹木。丟個什麼到牠前面？發出巨響嚇跑牠？你也許可往反方向跑，或以「之」字形的路線逃跑，但你早被曬到虛脫無力。要是旅行團的車子不遠，你或許可跳上車，要司機把油門踩到底，但你已經脫隊。你看向朋友希望討救兵，然而他們和你一樣呆若木雞，不知如何是好。最後，你只能等犀牛更接近時，趕緊跳開。由於犀牛身軀龐大，無法及時反應，或許不會把你踩死。你想起導遊說的：萬一犀牛衝向你，絕對不要站在原地不動。但是，你現在似乎什麼決定都做不了，只是呆立在原地。

麻煩的厚皮動物

犀牛來了，該怎麼辦？很多面臨威脅的領導人也是這麼想，只是衝向他們的犀牛可能是對影響世界未來的地緣政治結構變化、市場擾亂或是管理的挑戰，影響所及可能是一家公司、一個組織、一個國家或一個地區；並且影響我們自身和家庭的重大決定。當危機來臨，領導人必須盡速做出決定。每一個選擇都和先前發生的事件有關，每一個錯誤都將加大賭注。如果能及時做出正確的決定，就像遠離憤怒的犀牛，命運將大有不同。一旦造成錯誤，賭注變大，最後的選擇已沒有好壞之分，只有壞或更壞，甚至糟到無可想像。

灰犀牛是很可能出現、衝擊力極大的威脅：就像一頭兩噸重、朝向我們衝過來的犀牛，我們不可能看不見。你會想，這龐然大物應該會讓我們繃緊神經、緊盯著牠。其實，恰恰相反。我們常常一再疏忽了顯而易見而且必然會發生的重大災難。國家元首、企業或組織的執行長，竟然也和我們所有的人一樣，面對突然衝來的灰犀牛和危機，也是呆若木雞。面臨這樣的威脅，這些領導者竟然不堪一擊，無法及時掌握問題，做出回應。

犀牛若是已朝著你的方向衝去，什麼都不做絕對是下下策。但這確實是常見的悲劇。危險很少來自完全的意外。先前，我們已有很多機會可以預防、可以注意警示，想辦法因應，只是我們都錯過了。在威脅當下，人往往難以動彈。有時，我們就是否認問題就在眼前，覺得什麼都不必做。更糟的是，在市場泡沫即將破滅的前夕，我們的所作所為反而是危險的。想想那些颶風來前不肯撤離的人家、戒不了菸的老菸槍、不怕得心臟病就是愛吃起士牛肉堡的總統、* 就算手被剁掉還是要賭的賭鬼等。

不當誘因和出於私利的算計會強化我們想要否認的衝動。儘管有人警告次級貸款是地雷，銀行業者依然不願抽手，政策制定者也不肯介入。（大家總認為「這次不一樣」，不幸的是，結果幾乎都一樣。）官員明知橋梁已年久失修，有崩塌的危險，還是一再拖延，不好好整修、補強。工廠領班已發現廠房牆壁有裂縫，仍不肯停工，直到工廠垮了，才悔不當初。有人舉報公司帳目有

---

* 儘管美國前總統歐巴馬曾公開宣稱最喜愛的食物是青花菜，他還是最常吃起士牛肉堡。因此，一個部落客甚至叫他「歐巴牛總統」（President Obeef）。

問題，監督者和主管卻坐視不顧。工程師已知點火開關會故障，因而造成危險，儘管這小零件只要價 57 美分，還是不去更換。一家公司本來是市場龍頭老大，在對手施展破壞性創新之時，窮於因應，在一夕之間市場就被搶走了，之後只能苟延殘喘。一個家族的大家長已行將就木，仍不願把公司交給下一代去經營。

今日世界面臨的很多重大問題都是灰犀牛。以氣候變遷為例，科學家已明白表示，二氧化碳濃度超過 350ppm 對地球不利，但現在環境中的二氧化碳濃度已超過 400ppm。到目前為止，我們在減碳上的努力似乎緩不濟急。海平面的上升不斷帶來極端的天氣和天災：紐約接連在 2011 年和 2012 年遭到艾琳和珊迪颶風的侵襲，這兩個颶風都是所謂「百年一遇的風暴」。2013 年襲擊菲律賓的海燕颱風更創下史上登陸最強風暴的紀錄。光是在 2013 年，氣候異常的重大天災共有四十一起，每一次災難發生帶來的損失都超過 10 億美元。[2]

很多國家都因國債高築、經濟成長停滯、勞動市場生變而無法應付金融危機。所得差距過大將加劇社會不安、政治動盪，激發暴動，政府倒下，經濟頹圮。全世界的水資源匱乏已威脅到人口、安定和供應鏈，而且只會愈來愈糟：[3] 聯合國預測，到 2030 年，由於水的需求量比供應量多 40%，全世界有一半地區將飽受無水之苦。農作物將因缺水而乾枯、饑荒四起，數千萬的人被迫遠離家鄉，水資源爭奪戰也愈演愈烈。

在全球各地，不管是已開發或開發中國家，都面臨青年失業問題，造成社會動盪不安、暴力頻傳，人力白白浪費。預估到了2045年，非洲15歲至24歲的人口總數將多達4億人。[4] 這些年輕人都需要工作，否則精力就會花在抗議或更糟的事情上。目前，年輕人已占非洲失業者人數的六成。青年就業問題只會變本加厲。非洲必須提供足夠的工作給為數龐大的新世代，否則就算出現阿拉伯之春這樣的社會運動，也將淪為一場兒戲。

如3D列印這種破壞性的創新科技將使一些產業走入歷史，就像過去二十年來網際網路大興，舊的媒體如無法因應變革，只有慘遭淘汰。搖搖欲墜的基礎建設不但會奪走人命，也會使城市和經濟一蹶不振。每週都有百萬人從鄉村搬到城市，到了2050年，全球三分之二的人口都將集中在城市。然而公共運輸系統超載、電力與下水道系統問題叢生、過時的經濟成長模式，加上都市居民習慣自掃門前雪，意謂都會地區人口快速增長，公共服務、就業機會等因應不及，也無法建立新的社會網絡。此外，大多數的大城市都在沿海區域，海平面升高和氣候遽變又為居民帶來生命、財產的威脅。灰犀牛現身次數愈來愈頻繁，預示全球將面臨更大的威脅。問題已非災難是否會降臨，而是何時降臨。

如果你問任何資訊安全專家，企業或組織的電腦系統遭到駭客攻擊的可能性多大。答案肯定是：超過百分之百。2015年，在瑞士達沃斯舉行的世界經濟論壇年度大會，思科（Cisco）執行長約翰・錢伯斯（John Chambers）就在會中論道：「世界上有兩種公司：一種是已被駭客攻擊過的，另一種則是不知自己被駭的。」像連鎖零售商塔吉特（Target）和精品百貨尼曼馬庫斯（Neiman Marcus）遭駭與未來的駭客攻擊事件相比，將只是小巫見大巫。索尼影業（Sony Pictures Entertainment）因《名嘴出任務》（*The Interview*）一片引來駭客攻擊，不只檔期遭撤下，也牽動敏感的地緣政治神經。而這些還只是起頭。

所有的挑戰就像在遠方地平線上吃草的犀牛，一開始似乎離我們很遠。等到牠們愈來愈接近，就愈不容易躲避。然而，危機還遠在天邊時（或是我們如此自我安慰），我們似乎也不可能做什麼。老是活在威脅之下的我們，可能變得筋疲力竭，好像在打一場必敗之戰，或者像溫水煮青蛙，等到水沸騰翻滾，已經跳不出來了。

在某些情況下，灰犀牛可能成群出現：海平面上升，位於海岸線上的大城市人口日增，於是遭到颱風和颶風襲擊的受害者也變多了。水和糧食短缺的問題也可能接踵而至。水和能源的短缺也是，能源的生成需要水，而海水轉化為淡水又需要能源。全球市場相連，意謂一國發生金融危機，全世界的金融系統都可能受到影響，也就是牽一髮而動全身，致使人民失業，引發街頭動亂。

在英文中，一群犀牛的群是用「crash」這個字眼。此字原指「衝撞」，因此這個單位詞很妙。上面描述的每一種威脅都有強大的破壞力，不可小覷。所有的威脅相加，就是破天荒的災難了。要區分輕重緩急很不容易。然而在日常的壓力下，就算是小小的問題，我們也可能應付不來，更別提更加複雜、艱困的挑戰了。

防微杜漸

你或許會說，這些危機再明顯不過，全球領導人應該知道這些危機的存在，正在想辦法，不是嗎？很遺憾，並非如此。根據我們的調查，就大多數顯而易見的危機而言，有很多已到了非常嚴重的地步。各國首腦參加了一個又一個眾所矚目的高峰會，從G20 經濟會議到聯合國氣候大會，儘管大肆宣傳，飯店、酒席、機票、保全等花費眾多，全國領導人還是有心無力。

每年，世界經濟論壇都會發送一千份問卷給各企業執行長、各國政府、媒體和非政府組織（NGO）領導人，請他們評比來年會遭到的潛在威脅以及威脅的衝擊程度。根據 2007 年《全球危機報告》（*Global Risks*）第二版，從嚴重程度來看，資產價格暴跌將是頭號危機，而這項危機在發生的可能性排行為第六。到了 2008 年，這項報告指出，價格偏離造成的金融危機是觀察重點，不到幾個月，雷曼兄弟（Lehman Brothers）就倒了。報告中也預言房市不振、流動性危機、油價攀升，金融風暴一觸即發。而這份報告是根據企業領導人的評估意見來的，發布時間就在 2008 年 1 月的全球經濟論壇年會。儘管企業領導人都聚集在瑞士達沃斯，卻把問題推到一邊，不想積極面對自己先前預測的危機。

根據 2013 年的調查，在危機排行榜上名列第一就是金融體系的崩潰，其次是溫室氣體的排放以及氣候變遷帶來的挑戰。其他可能出現的艱巨挑戰包括：貧富差距、國債高築、流行病、網路威脅、都市管理不善、水資源匱乏、糧食短缺、人口老化相關危機，以及逐漸失控的宗教狂熱。2013 年的調查研究還要求這些領導人就自己國家因應社經危機的能力給分，最低 1 分，最高 5 分。結果，填答問卷者已達關鍵多數的十個國家，其得分皆低於 3.5 分，有四個國家還不到 3 分。換言之，每個國家因應危機的能力都差強人意。得分最高的是瑞士、德國和英國，緊追在後的是美國和中國，俄國和日本墊底，印度、巴西和義大利居中。

其他調查報告的結果大致相同。2013 年，聯合國全球契約組織（United Nations Global Compact）與跨國管理諮詢公司埃森哲（Accenture）合作，對全球一千位企業執行長進行調查，只有 32％的執行長相信，儘管處於環境與資源的限制，經濟依然能因應龐大人口的需求，而且只有 33％認為自己的企業能面對挑戰，通過試煉。[5]

儘管兒童死亡率已大幅下降，根據聯合國兒童基金會的統計每天仍有 18,000 名兒童死於可預防的疾病：最主要的殺手是肺炎（17％）、痢疾（9％）和瘧疾（7％）。我們已知這些疾病的成因，只要一點點經費，就可使這些兒童免於喪命。每個人應該都同意把這些疾病的防治列為要務。

有時，即使我們認為問題已在掌控之中，其實還差得遠。例如海燕颱風在 2013 年 11 月逼近菲律賓之際，美聯社報導，菲律賓人正嚴加戒備，以避免傷亡。[6] 報導提到：「菲律賓政府官員不斷透過廣播、電視新聞和社交網絡警告民眾。總統艾奎諾三世

（Benigno Aquino III）保證，為了迎戰海燕，政府將進入備戰狀態，3 架 C-130 運輸機、32 架軍中直升機和飛機，還有 20 艘軍艦都在待命中。」二十四小時後，頭條新聞卻是「海燕過後，橫屍遍野」：1 萬人以上死亡，60 萬人流離失所。有時，不管再多的準備，還是不夠。

不只海燕，還有其他天災因領導人過於自信而造成嚴重死傷。2005 年 1 月，聯邦緊急救難管理總署（Federal Emergency Management Agency）對路易斯安那州官員發布了一份厚達 113 頁、詳盡的救災計畫書，模擬分析紐奧良遭到三級颶風「帕梅」（Pam）襲擊的情況：「數千死屍……浮棺、大量的垃圾在水上漂流，造成危險……災區空氣和飲水不潔，爆發傳染病。」同年 8 月，卡崔娜颶風來襲，宛如「帕梅」翻版。儘管官員已手握因應災變的計畫書，卡崔娜來襲的前一個月和當月甚至還舉辦了救災研討會，紐奧良市政府的反應仍慢了一步，幾乎無視所有的建議。卡崔娜颶風的威脅再明顯不過，救災計畫早就寫好了，但就政府的反應來看，似乎沒把颶風和防災準備當一回事。官員憑一些小小的不確定因素——如颶風何時登陸、規模多大——心存僥倖，認為不會那麼倒楣。

我們都知道，問題愈早處理，就愈好解決。所謂「小洞不補，大洞吃苦。」這個原則可追溯到希波克拉底：一分預防，勝過十分治療（Morbum evitare quam curare facilius est）。法國人說：「Mieux vaut prévenir que guérir.」德國人說：「Vorsorge ist besser als Nachsorge.」都是預防重於治療的意思。又如西班牙諺語：「不怕一萬，只怕萬一」(Mas vale prevenir que lamentar!)，瑞典人說：「涓滴成河」(Bättre stämma i bäcken än i ån.)，都意指防微杜漸的重要；小問題不處理，最後將演變成令人頭痛的大麻煩。

這些格言說得都很對，只是實行，又是另外一回事。人性中的怠惰是一股很強大的力量。我們明明看到威脅，依然無所作為，只會坐以待斃。學生明明知道早一點準備才能有好成績，然而總是到學期報告交卷期限快到了，才趕快找資料、動筆，或者考前才臨時抱佛腳；車子早就該換機油了，還是一天拖過一天——儘管你知道修引擎的費用遠遠超過換機油的錢。面對很多日常瑣事，我們都有拖延的壞毛病，因而自食惡果，試想所有在企業或政府機關工作的人以及每日都必須做重大的決定領導人，如果每一個人都習慣推遲延宕，是不是會讓無數人受害？

大家都知道這個老故事：荷蘭漢斯布林克有個小男孩發現堤防出現一個洞，於是用自己的手指堵住這個洞，阻止了堤防潰決，淹沒附近的田地和村莊。可惜，這只是一個美國小說家想像出來的故事。如果堤防裂了，絕不是小男孩一根指頭就可擋住的。但是，這個故事所要傳達的意念確實是對的，亦即及時、果斷的行動能轉危為安。

只是我們總是拖到事到臨頭，才不得不付諸行動，而且往往必須付出很大的代價。我們雖然想及早處理，但又擔心資源不夠，到頭來還是付出很大的心血和金錢。就像我們一直覺得換機油很貴，等到機件故障，那就真的得花大錢了。這就是灰犀牛的弔詭：當威脅遠在天邊，要因應會覺得綁手綁腳，沒有資源；等到威脅近在眼前，你不得不反應，也能取得資源時，就得付出極大代價。就看你是要減輕衝擊、降低傷害，還是等著收拾殘局。

問題不是災難是否會來，而是何時會來

塔雷伯在《黑天鵝效應》一書探討極罕見但會帶來巨大衝擊的意外事件。由於這樣的事例在人們的預期之外，甚至無可想像，因此心理毫無防備。以前，歐洲人只見過白天鵝，完全不知道黑天鵝的存在，直到親眼目睹黑天鵝。作者因而用黑天鵝來比喻超乎我們預期與經驗的意外事件。儘管黑天鵝很罕見，會帶來巨大的衝擊，而且無可預測，但回顧起來，引發這類事件的因素倒是清晰可見。塔雷伯在書中提到歐洲陷入第一次世界大戰、1987 年股市崩盤、網際網路的誕生、伊斯蘭基本教義派的崛起等預料之外的事件。

《黑天鵝效應》出版於 2007 年，正是房地產泡沫吹得最大、衍生性金融商品炙手可熱之時，翌年雷曼兄弟倒閉，引發一連串的金融風暴，致使全世界經濟深陷於泥淖之中，也就是所謂的史上第二次經濟大緊縮（Second Great Contraction）。該書的出版時機再好不過，因此成為強而有力的隱喻，有助於我們了解即將爆發的危機。

塔雷伯在書中批評人對自己預測未來的能力總是有過度自信。他開玩笑說，也許會有人寫一本白天鵝的書來反駁他。我寫《灰犀牛》不是為了駁斥，其實本書可補足他的論點。塔雷伯論道，如果讀者因為讀了他的書而想要預測黑天鵝下一次在什麼時候會出現，那就完全沒抓住重點。如果能神準預測難得一見的事件，那該有多棒。但那是不可能的。我們必須了解，就無可預知的事件而言，所有的推測都是枉然。

黑天鵝無法預知，灰犀牛則是顯而易見的威脅，只是我們常常閉上眼，以為看不到，問題就不存在了。大多數的灰犀牛並不是微弱的警示，而是我們故意疏忽，不予回應。即使是面對最明顯的威脅，有人總是固執己見，故意視若無睹。如果你頭腦清楚，面對這樣的威脅，就知道：這是灰犀牛，不是黑天鵝。

儘管塔雷伯認為我們高估自己預測未來的能力，在這個世界發生危機的機率大抵很高。目前領導人面臨最大的威脅並非難得一見的黑天鵝，而是出現機率很大的灰犀牛。我們也許無法算準灰犀牛現身的時間點等細節，然而灰犀牛那龐大的陰影，是我們難以忽視的。

如果你面對的是一隻兩噸重的傢伙，牠正卯足了勁，準備衝向你，你恐怕會嚇得屁滾尿流。在這節骨眼，你還擔心那百年難得一見的黑天鵝？灰犀牛很明顯，也很容易想像。你總不能說，你看到的犀牛顏色不同，就不是犀牛。不管是白犀牛、黑犀牛、蘇門答臘犀牛、爪哇犀牛、印度犀牛，都是灰犀牛。這些灰犀牛衝擊力很大，可能對政治、經濟、環境、軍事、人文帶來毀滅性的災難。其實，你已經見過灰犀牛了，市場崩盤、戰爭、心肌梗塞、颶風。在這些灰犀牛發動攻擊之前，你已得到警告。灰犀牛的出現已是必然，只是我們不知道何時會來。

有些人或許認為2007到2008年的金融風暴是黑天鵝，但是有很多人並不驚訝。這次的危機等於是一群灰犀牛進擊的結果。打從2001到2007年，不斷有人警告，金融泡沫愈吹愈大，已經快破滅了。不少人已預見了這場災難，並依據本能採取行動。只要是對金融市場波動及經濟史學家查爾斯・金德伯格（Charles Kindleberger）著作有研究的人都知道風暴即將來臨。國際貨幣基金組織（IMF）和國際清算銀行（Bank for International Settlements）也已發出多次警告。[7]根據聯邦調查局在2004年發布的報告，抵押貸款詐欺案件愈來愈多。到了2008年，斷頭屋的數目達到史上新高。前法國財政部長克莉絲汀・拉加德（Christine Lagarde）在2008年的G7高峰會上預警：金融海嘯即將來襲。聖路易聯邦準備銀行前總裁威廉・浦爾（William Poole）和路易斯安那州眾議員理查・貝克（Richard Baker）皆已預言：房利美（Fannie Mae）與房地美（Freddie Mac）「二房」在劫難逃。還有很多投資人（不管是個人或機構）也嗅到苗頭不對。有人見好就收，毫髮無傷；有人則反向操作，大賺一票。

我們現在知道高盛為客戶設計衍生性金融商品，為了控制交易風險，找上保險巨擘AIG承作信用違約交換（CDS）合約，害 AIG 差點滅頂。另一方面，高盛看準了這是發「災難財」的好機會，還和保爾森對沖基金聯手做空房市。風暴過後，高盛遭到起訴，我們這才發現，很多銀行早知房市不保，卻還是出賣地雷債券給客戶。顯然，2008 年的金融風暴在出現之前並非一點跡象也沒有。

很多人已提高警覺。還有一些人雖然反應不夠快，但至少是往對的方向走。正如蓋洛普投資人樂觀指數（Gallup Investor Optimism Index）所示，2000 年 1 月攀上高峰（178），到了 2007 年中，遽降到 95，至 2008 年夏，雷曼兄弟倒閉前夕則只剩 15。那年冬天的指數則是負 64。

政府官員和企業、金融界的領導人明明可以有所作為，卻認為問題不嚴重，坐視不顧。有些則不想面對壞消息而摀住耳朵；還有一些人雖然聽到了，但做了冷酷的成本效益分析，認為值得利用危機賭一把。這個系統也鼓勵自滿，不要求人負起責任。

有些人仍堅持：「沒人知道 2008 年金融風暴會來。」前聯準會主席艾倫・葛林斯潘（Alan Greenspan）也一再表示，他真的不知道這種事會發生。[8] 2013 年，他在《外交事務》（*Foreign Affairs*）雜誌撰文：關於這場災難「所有的知名經濟學家和政策制定者」都一無所知。其實不然。他們沒能及時對預警做出反應，就算後知後覺還是沒能拿出行動，這很常見。即使 2008 年金融風暴有如灰犀牛成群衝過來，仍有很多人堅持沒有警訊。

威脅明明就在眼前，還是一再否認，正是典型的灰犀牛現象。這種極可能爆發的危機並非空穴來風，而是一連串的錯誤累積而成，至少有些值得信賴的專家早已發出警訊。

索羅斯（George Soros）就看準了英國經濟不振，英鎊將持續走貶，於是拿出 100 億美元放空英鎊，加上在其他國家的利率期貨多頭和義大利里拉的空頭交易，總計利潤高達 20 億美元，被封為「搞垮英格蘭銀行的人」。時值 1992 年，他發現歐洲匯率體系（Exchange Rate Mechanism）即將失守，於是大舉拋售英鎊，購入馬克，使英鎊對馬克下跌 15%，對美元下跌 25%。不久，英鎊脫離歐洲匯率體系，改採浮動匯率。索羅斯預料英鎊岌岌可危，於是出手狙擊，大賺一票。灰犀牛最重要的一課就是在回應危機的當下，掌握機會。

乍看之下，灰犀牛是可怕的威脅，其實是禍是福還很難說，視你看問題的角度和因應而定。例如網際網路對電視台是一大威脅，但對雅虎和 Google 來說，則是機會。電視台花了一段時間之後，才了解如何把網路化為業務助力。高油價對高耗油的汽車是威脅，卻是油電混合車打入市場的契機。至少理論上是如此，只是消費者和汽車製造商的反應仍慢了半拍。

加拿大歌手戴夫・凱羅爾（Dave Carroll）搭聯合航空的飛機，在轉機的過程中，他那把價值 3,500 美元的泰勒牌（Taylor）吉他卻被摔壞了。聯合航空拒絕賠償。凱羅爾不只氣瘋了，還把這個遭遇寫成一首歌，並把自彈自唱的影片放在 YouTube 上。結果，影片一夜爆紅，觀看次數至今已達一千六百萬次以上。聯合航空小看了消費者透過社交媒體喉舌的力量。摔壞旅客託運物品是可以預測、常見的問題，這家航空不去解決，最後還是演變成重大威脅。雖然對大公司是威脅，對消費者來說則是天賜的力量，可督促企業做得更好，碰到問題要立即反應，以避免類似的不幸事件再度發生。社交媒體已成消費者主要的溝通管道，提供寶貴的產品或服務回饋給企業。

同樣的，疾病不但是威脅，也是機會。在已開發國家，過度肥胖已成為一種流行病症，致使醫療費用攀升，威脅民眾健康。過度肥胖還容易引發糖尿病、心臟病等併發症，可說是重大健康危機。但對醫療機構而言，肥胖治療前景極佳，生產減肥藥的廠商也可大發利市。

不流血，沒頭條

已有很多人探討危機發生的原因，以及發生前的一連串事件。但是了解危機為何不會發生，或者儘管發生，減輕災害，也一樣重要。儘管灰犀牛來勢洶洶，但得以化險為夷的案例也能讓我們學到重要的一課。遺憾的是，這樣的報導不多見。

新聞圈有「不流血，就沒頭條」一說。我們都知道，什麼都不做或做錯了，會使危機變成災難。轉危為安的例子雖然不能上頭條，但是我們學習的對象，可免未來的災難。

商學院有個引起大家熱議的案例，[9]就是根據真實事件「挑戰者號」(Challenger)太空梭的情境，也就是我們已經知道問題，仍決定繼續進行，後果往往是一場大災難。在這個個案中，學生必須衡量卡特兄弟賽車隊是否該在酷寒的日子出賽。如果氣溫太低，引擎可能會故障。由於賭注很大，這對兄弟面對參賽與否的兩難。如果他們出賽，而且贏了，將可獲得一大筆來自油品廠商的贊助經費。萬一爆缸，不但贊助經費沒了，他們的聲譽也毀了。如果退出，贊助經費將只剩下一點點。從過去引擎出問題的紀錄來看，卡特兄弟陷入苦思，不知該出賽與否。但是如果從比賽成功的前例來看，你會發現這幾個場次比賽時，當天的氣溫都比較高。顯然，天氣嚴寒不利卡特兄弟出賽。

挑戰者號太空梭的升空也引發太空總署的工程師激辯。總工程師認為固體火箭推進器後段的橡膠 O 環密封圈有設計瑕疵。這密封圈是用來阻截熱廢氣外洩，然而它對低溫極為敏感，升空前一晚因為溫度很低而結霜，變得易脆。然而主事者仍然決定升空。升空時，果然熱氣從 O 環的裂縫噴出，瞬間穿入主燃料槽，引發爆炸。早在 1977 年，太空梭的製造商已知道這個問題，直到挑戰者號的悲劇發生之後，才改良 O 環的設計。在太空梭升空的那個早晨，好幾個工程師警告說，由於研究資料不夠，他們無法保證這些密封圈在低溫之下不會出問題。太空總署團隊則駁斥，沒有證據顯示 O 環在低溫之下會故障。哈佛大學教授、《覺察力》（*The Power of Noticing: What the Best Leaders See*）作者麥斯・貝澤曼（Max Bazerman）論道：「很多工程師和經理人往往只看會議室中的數據，而不問測試氣溫假設所需的數據在哪裡。」如果太空總署的領導團隊注意到這一點，就會發現當日成功升空的機率很低，不如等到天氣暖和的日子再升空，那幾個太空人也不至於送命。[10]

這個悲劇一直在我內心深處迴盪著。1986年1月28日，挑戰者號爆炸的那一刻，我就坐在休士頓萊斯大學的學生交誼廳。很多同學和他們的教授與太空總署有合作計畫，要把他們的實驗送進太空梭。挑戰者號的爆炸對美國來說是很沉重的打擊，萊斯大學的師生尤其難受。

多年後，我在哈佛甘迺迪學院公共領導中心貝澤曼教授的帶領下研究挑戰者號。教授指派的案例正是前述卡特兄弟賽車隊面臨的兩難。儘管是很大的賭注，仍不及在挑戰者號事件中失去的人命。我們太重視成功的機率，認為從過去的紀錄來看，室外氣溫過低不一定是引擎故障的主因。如果我們找出完整資料，就會發現所有成功的例子都在一定的氣溫之上，勉強出賽絕不是個好主意。我們沒深究數據，提出適切的問題，因此主張出賽，正是忽略了如何才能不出錯。

挑戰者號悲劇的部分問題源於主事者小看了O環的瑕疵，沒能及時叫停，等問題解決，再發射升空。人性有許多缺陷和弱點使我們無法及時因應警告，包括拖延的老毛病、把警告視為文化禁忌、過分看重成功不願考慮失敗會如何、團體迷思或者過於倚賴傳統觀念、沒考量到種種障礙等。

即使我們已看到警示，依然常常沒能勇敢面對問題。我們知道防微杜漸的道理，還是沒能拿出行動。我們在一些誘因之下變得遲鈍，就算面臨最明顯的威脅，依然麻木不仁。

古希臘神話中也有一個災難預言者——卡珊德拉，特洛伊國王普里姆與王后赫丘芭的女兒。卡珊德拉拜太陽神阿波羅之賜得到預言能力。不幸的是，她因拒絕阿波羅的愛而被詛咒：儘管預言為真，也沒有人相信她。她看到灰犀牛：希臘人將進攻特洛伊。如果特洛伊人相信她，歷史將完全不同。卡珊德拉的故事已深植於西方文化之中，烏鴉嘴是不受歡迎的。

面對灰犀牛的五階段反應

我們將在後面的章節看到，文化並不是發出警示的唯一的障礙。人性、組織和社會系統都偏向保持現狀，並用玫瑰色的鏡片來看即將發生的事。正如前面提到的，在危機發生的前後，光是一個人持否定的態度就已經很難說服他注意警告，若是一大群人都否定，要說服他們注意警告，等於是難上加難。因此，行為經濟學家要我們小心團體迷思的現象。團體迷思重視一致、順從，拒絕接受與傳統觀念相牴觸的訊息。然而，如此一來常會做出糟糕的決定。人寧願和大家一起犯錯，即使自己是對的，也不願獨排眾議。

即使我們能超越團體迷思等障礙，發送明確的警訊，也很難教人行動。面臨灰犀牛的反應有五個階段，頭一個就是否認，第二與第三個階段都是基於不同原因而沒能拿出行動。在否認之後，接下來就是像在馬路上踢罐子一樣，迴避問題。等到我們意識到這麼做還不夠，就會想透過討價還價的方式設法掌控情況，正如臨終關懷之母伊莉莎白・庫伯勒－羅斯（Elisabeth Kübler-Ross）提出的喪慟五階段（否認、憤怒、討價還價、沮喪和接受）的第三階段。在這面對灰犀牛的第三階段反應儘管有點緩慢，但不失為有用的診斷練習。然而，我們通常會為了該怎麼做而出現爭執。不管是否認、迴避問題或是診斷，我們皆會在這幾個階段浪費時間和機會，受到不當誘因和集體行動的阻撓。

以法國的聖女貞德為例。她本來是一個農村少女，因得到「上帝的啟示」，於 1429 年帶兵收復英格蘭人占領的法國失地，與英格蘭人停戰，更促使擁有王位繼承權的查理七世得以加冕。後來，英法又發生衝突。貞德為勃艮第公爵所俘，甚至把她賣給英格蘭人。英格蘭的宗教裁判所以異端和女巫判她火刑。因為她的緣故，查理七世才能加冕，他卻沒去救貞德。貞德因而被處死。這則史事的教訓是：你挺身而出，解救同胞，最後被活活燒死，幾個世紀之後才會被封聖。

換言之，見義勇為反而為自身帶來災禍。這也就是為何沒有幾個領導人願意在關鍵時刻挺身而出，除非「受到上帝的啟示」，或仍是個天真、無敵的少年，或覺得自己沒什麼好損失的，或自認為是聖人。危機當前，開溜總是比較容易。

當今的金融、政治和社會結構往往鼓勵冒險，輕視威脅。如果我們要改變，第一步就是當心被不當誘因或根深柢固的偏見左右。然而基於金錢的誘因和心理偏好，我們總是會短視近利，不顧中、長期的策略。在獎懲制度之下，更使人逃避責任，不敢有所作為。我們總是把什麼也不做合理化。這種思考方式加上無理性的決策就會釀成災難。

難怪有那麼多人會被灰犀牛踩死。愈來愈多的投資人和政策制定者了解，我們在衡量風險和獎勵，或是基於自己已知的來行動時，不一定是憑藉理性。

即使人性的毛病不是阻礙，我們仍必須面對真正的難題，為如何做決定傷透腦筋。灰犀牛最大的問題就是時機難以預測。正如經濟學家凱因斯（Maynard Keynes）所言：「市場可以一直不理性，而你的資金早就週轉不靈。」[11] 太早因應威脅或想要把握機會，也有代價要付，如何準備和想好優先次序，並不容易。許多投資人提到放空日本國債就不勝唏嘘，稱之為「奪命交易」：過去二十年來，由於日本經濟疲軟、國債超高，很多交易者都賭日本國債會暴跌，因而做空日本國債，結果全軍覆沒。

創立傳人避險基金（Scion Capital）的麥可・貝瑞（Michael Burry）預見次貸風暴，自 2005 年開始下注。他深信次貸市場一定會垮，不斷加碼，然而他的投資人只在乎短期收益，抱怨他的績效不夠好。為了堅持到底，他不得不把公司一半的人解雇，賣掉其他部位。直到 2007 年，次貸風暴真的刮起，他操作的基金終於獲利破表：投資績效高達 726%，獲利將近 10 億美元。麥克・路易士（Michael Lewis）在《大賣空》（*The Big Short*）寫出了這個精采萬分的故事，[12] 顯示在威脅迫近之時，及時行動有多難，而且要口袋夠深，沉得著氣，才能成為最後的贏家。

太快行動也有問題。在網路發展史的早期就有不少公司倒下，到了 Web 2.0 的時代來臨，被更強而有力的公司取而代之。例如早期的搜尋引擎 AltaVista，後來被雅虎買下，到了 2013 年夏天還是壽終正寢。又如著名的網際網路服務提供商美國線上（AOL），在 2000 年以 1,640 億美元賣給時代華納（Time Warner）。這兩家公司的合併起初猶如天作之合，不料兩年後 AOL 時代華納就創下美國企業有史以來最大的虧損紀錄，時代華納不得不把 AOL 從公司名稱中拿掉，以免被 AOL 拖垮。

在面對多隻灰犀牛衝過來的威脅時，另一個阻礙是無法判定要先應付哪一隻。由於時機無法掌握加上資源有限，就難以區分因應的先後次序。有時，你只能同時應付，否則就會被踩扁。還有一些時候，被踩扁反而是對的做法。

不管領導人不能及時因應威脅的原因為何，遺憾的是，這正是常見的現象。不管是迴避問題、煩惱或爭吵都不能扭轉危機。接下來，就是面對灰犀牛的第四階段反應：恐慌。在恐慌來襲時的反應則視先前的準備或經驗而定：我們以前是否遭遇過類似的情況，一旦不得不採取行動，我們如何預知可能的選擇，以及身陷麻煩的我們還有多少選擇。好的決定可把衝擊降到最低，壞的決定則會帶來災難。

在第四階段（恐慌）出現之後，很快就會進入第五階段：行動或者被踩扁——也有可能在採取行動之後還是被踩扁。即使為時已晚，仍有重生的希望：領導人在收拾殘局之時，可想出因應之道，以免重蹈覆轍。例如荷蘭在 1953 年遭逢北海大洪水，將近 2,000 人喪生。荷蘭因而記取教訓，進行大規模洪水整治工程，圍堵海堤缺口，以抵禦萬年一次的大洪水。紐約和紐奧良等大城市也向荷蘭取經。[13] 由於天候變化導致海平面升高、海水表面溫度上升等情況，風暴因而愈來愈劇烈，沿海地區也變得更加脆弱，不得不早做防備。

看見灰犀牛

我們必須用更好的思考方式來看待灰犀牛，亦即在太遲之前認清問題、想好優先次序並積極因應顯而易見的威脅。

首先，我們必須分辨灰犀牛和其他威脅，特別是黑天鵝。白天鵝很常出現，但衝擊力低，因此我們最好還是把注意力的焦點放在灰犀牛上。黑天鵝或肥尾效應是極少發生的特例，衝擊力大，由於發生率很低且難以預見，唯一的因應之道就是建立具有韌性的結構和體系：注重基礎穩固、充分的資源和靈活的架構。

反之，灰犀牛出現的可能性很高，而且衝擊力大。我們愈早面對，付出的代價就愈小。不幸的是，我們總是在灰犀牛逼近的時候才不得不因應，如此一來，付出代價較大，能做的選擇也變得有限。本書就是為了扭轉這樣的心態和做法，讓人及早面對灰犀牛，增加成功的機率。

	出現可能性低	出現可能性高
衝擊力小		白天鵝
衝擊力大	肥尾效應、黑天鵝	灰犀牛

在灰犀牛逼近的五個階段之中，我們都有機會改變事件。在灰犀牛仍在遠方的地平線時，你還有足夠的時間應變，等到巨大的公犀牛與你四目相接，就會讓人驚慌失措、六神無主。在面對的灰犀牛的各個階段，都有其不同的選擇和策略。

首先，在面臨灰犀牛的威脅時，我們可能會否認灰犀牛的存在或小看了這個危機，因此逃避問題。我們可能一邊尋求解決之道，一邊責怪別人。到了灰犀牛即將衝過來的恐慌階段，就不一定有好的做法。最後，到了我們不得不拿出行動之時，常常已經太遲了。

領導人、組織或國家因應成功與否，都能給人教訓或啟示。最後的命運會如何，就看性格、運氣、環境、策略和領導人這幾個因素。能預見重大改變、及時行動者，往往就是能改變世界的勝利者。

如果領導人已得知警訊，決定置之不理或是做錯了，就會一敗塗地，成為歷史的罪人，就像張伯倫（Neville Chamberlain），而非扭轉乾坤的邱吉爾；胡佛和小羅斯福則是另一個鮮明的對照組。領導人必須等到威脅夠明確，才會在危機意識之下促使人民行動，但千萬不可拖得太晚，以免大勢已去，後悔莫及。

領導人擔心的應是灰犀牛，而不是黑天鵝，而且必須面對現實，不能有鴕鳥心態，並且必須改變誘因系統，才能及時反應。他們必須著眼於過去的危機，建立防災系統，以抵禦龍捲風、海嘯、颶風、流感等災難，以救人活命。首先，必須明察秋毫，辨識即將來臨的威脅，發送無可忽視的警報給可能受災的民眾，而且必須在事前教育民眾如何因應，建立災害收容所，讓民眾依照清楚的指示去做。最好在事前就有一套自動防故障的措施，以免領導人否認威脅存在，失去解決問題的機會。有先見之明的策略可以改變不當誘因，鼓勵領導人早一點採取行動，且讓我們克服人性弱點，以採取正確的做法。

如要避免被灰犀牛踩死，必須為社會打預防針，破除團體思考的弊害，讓新的思想注入辯論和決策。即使比較不重要的短期問題變得嚴重，領導人也必須盯著遠方的灰犀牛，傾聽各種不同的聲音，以免被熟悉的思考誤導。

如果要勝過灰犀牛，領導人一定要注意警訊，設法防範。要不然，也得從嘗試錯誤減輕威脅。

從領導人處理灰犀牛的案例，我們可學到很多，有助於國家、公司、家庭及個人問題的解決。灰犀牛教我們的第一課就是果決：只有下定決心、及時行動，才不會被踩死。我們必須告訴自己，灰犀牛近在眼前——而且非常、非常危險，千萬不可掉以輕心。

第 2 章
預測的問題

每年 1 月，黑石集團顧問服務部（Blackstone Advisory Partners）的副總裁拜倫・懷因（Byron Wien）總會公布他的年度十大驚奇預言。懷因對「驚奇」的定義是他相信該事件發生率大於 50%，但對一般投資人而言則認為發生率不到 33%。由於他挑戰傳統思維的勇氣，每年我都對他的預言非常期待。

1985 年是懷因在摩根士丹利（Morgan Stanley）上班的第一年，擔任投資策略分析師，在此之前他已當了多年投資組合經理人。他認為他在投資策略這個領域可以大顯身手。然而，有一個朋友認為他這麼做很可惜，問道：「你已經是非常成功的投資組合經理人，為什麼不繼續做呢？萬一新工作沒能讓你施展，會很難重操舊業。」這個朋友有一點說對了：即使大家都知道預言很難，還是要求預言者鐵口直斷。

懷因自知，他不見得比其他策略師要來得聰明，但他真的認為自己可以有一番作為，做別人做不到的事。懷因是個孤兒，讀的是芝加哥公立學校。他說，他能成為投資高手主要是基於一點：「我能賺錢，在於我的想法與眾不同，而且我是對的。」他向摩根士丹利建議公布年度十大驚奇預言時，由於這些預測與絕大多數的人想法背道而馳，一開始被公司否決。「公司說，算了吧，萬一我公布的十大驚奇預言都錯了，豈不尷尬？」然而他還是鍥而不捨，終於說服公司讓他試試。他告訴我：「即使我的預言有的不準，還是值得做，畢竟大多數人想的都一樣。」我們在黑石集團位於紐約公園大道的辦公室進行訪談。他又說：「大多數人都很保守，害怕犯錯。」

懷因看了一下從各種預測挑選出來的年度二十五大預言。他說，辨別共識很簡單，且有助於找出危險的群體行為。接下來，他再從二十五大預測找出十五個——這些事件發展軌跡可能與傳統思維同一個方向，但遠超過大家的預期，或者往反方向發展。

懷因說：「一開始，大家對我公布的年度十大驚奇預言好奇，覺得很有意思。有一年，我預測 IBM 的營收將是前一年的三倍，將在市場上揚眉吐氣。」對懷因的看法抱持懷疑態度的人，起先對他的預言嗤之以鼻，後來才拍案叫絕。「本來我以為預言準不準確是一回事，光是斗膽預測就會引來攻訐。後來才發現，我並沒有因為預測而被攻擊得很厲害，大家開始注意我預言的事件本身，準不準倒不是那麼在意。」先前提到他友人質疑他轉換跑道是否明智一事。他告訴那位友人：「你說，當策略師就像在很滑的桿子往上爬。然而，我到底部一看，發現那裡沒有人；也許那桿子沒你想的那麼滑。」如今，懷因已成華爾街最重要的思想家。他一開口，整個華爾街都洗耳恭聽。《富比士》（*Forbes*）雜誌說，他的預言有如神諭。2000 年 3 月，他代表摩根士丹利團隊警告：由於達康泡沫，高科技股已經過熱。

2005 年，懷因離開摩根士丹利。他想，由於年度十大驚奇預言大受歡迎，摩根士丹利應會繼續發布。他錯了。他說：「大家都認為預言容易出錯，會讓人認為你信口開河，因此必須承擔的風險不小。」因此，他的十大驚奇預言就跟著他到佩科特資本管理公司（Pequot Capital），最後跟他一起到黑石集團。

2013 年，懷因預言共和黨的移民政策會出現大轉變，移民改革政策將可過關。一年後，他對我解釋，他為何會做這樣的預測。「上次大選，共和黨輸了，如果他們那時就能推動移民政策改革，也許就能獲勝。目前美國的拉美裔人口已達 17%，不久將達到 30%。他們是天主教徒、反墮胎、具有創業精神，不是和共和黨氣味相投？只是共和黨一直沒能看出這點。」那年，懷因的預言很多都出錯，但就共和黨的移民政策改革而言，倒是被他說中了。

懷因說：「別怕出錯，出錯的結果不會像你想的那麼糟。每年，總有一些部落客會取笑我的預言。」的確，部落格 PunditTracker 就批評說，懷因在 2013 年預測金價將漲到每盎司 1,900 美元及標準普爾 500 指數將跌到 1,300 點以下，都是「該年度最離譜的金融預測」。[1] 懷因對自己的預言失準抱持平常心。「大多數的人都經常出錯。我當然也不例外。但大家看到像我這樣的人會說，這個人有膽子把話出來，即使出錯，也不退縮。」

從懷因的預言可以發現目前的共識有哪些，那樣的共識又有什麼問題。他要我們張大眼睛看清哪些事件很可能發生，我們卻看不到。我們會看不到，可能是因為不肯張開眼睛，或是不願和大家不一樣。懷因就是灰犀牛思想家：願意挑戰傳統思維，用心分析一個事件發生的可能性、多快會發生以及事件代表的意義。

曼德博式隨機

如果你問一屋子的人，什麼是「很可能發生」和「顯而易見」，也許你會得到各種不同的答案。對一個人來說顯而易見的事，在另一個人眼裡看來，也許就沒那麼明顯。

例如，佛羅里達有些居民很關心海平面上升的問題，還有一些則認為不會那麼倒楣，依然把錢投在濱海房產，而沒想到萬一這筆錢沉到大海該怎麼辦。有人認為，鑑於人口結構的改變，美國社會安全制度可能會垮，但因為倒塌時機難以預測，所以也不擔心。有些人因為平日仔細追蹤觀察，別具慧眼，因此得以看穿市場的弊病，如引發 2008 年金融風暴的抵押債務證券（CDO）。但對另一些人來說，因為對金融體系的了解有限、金融機構刻意隱瞞問題或是不願面對問題乃人之常情（見下一章的討論），所以看不見問題。金融危機常常發生，事前通常也有許多徵兆，畢竟股市會大漲就會大跌，然而世人還是一再錯失洞燭機先的機會。

有些問題會經常發生，如颶風、龍捲風和流行病，問題是難以預測發生的地點和時間。儘管如此，很多有識之士會將這些事件列為灰犀牛。灰犀牛事件的因應是很好的學習教材，因為已有警告系統，我們也知道該怎麼做以降低人身傷害及財產損失或避免疾病。

儘管塔雷伯在《黑天鵝效應》一書把焦點放在發生率極低、無可預知的事件，如第一次世界大戰等，他承認還有一些危機和灰犀牛類似。他在書中論道：「有些事件不常發生，而且影響深遠，然而是可以預測的，特別是對那些已經做好準備的人。他們握有了解這些事件的工具（而非只是聽信於統計學家、經濟學家，或是開口閉口都是鐘形曲線的騙子），這些事件類似黑天鵝，通常可用科學方式追查——你如果知道這些事例是怎麼發生的，就不會感到驚訝。這些事件是罕見的，但是可以預測。這些『灰天鵝』特例或可稱之為『曼德博式隨機事件』。」本華・曼德博（Benoit Mandelbrot）是傳奇數學大師，人稱「碎形理論之父」。他在 2010 年過世前，碎形幾何已成為描述大自然的幾何學——看似粗糙、隨機、隨處可見的現象，從大自然到金融市場，背後都有邏輯可循。很多交易員為了預測股價，就利用碎形理論來分析不斷波動的股市。

灰犀牛這個類別要比「灰天鵝」來得廣。黑天鵝與灰犀牛之間的差別在於相信灰犀牛的人有一定的數目，這些人認為灰犀牛事件很可能會發生，也願意說出來。一旦受人尊敬之人預測某一事件即將發生，問題不在大家是否相信這個人說的，而是願不願意拿出行動來改變這樣的事件。

灰犀牛是很可能發生、衝擊力大的事件，而且常常是可以預測的。面對灰犀牛的挑戰在於我們天性對預言的態度。如果只有一小撮人相信某個事件很可能會發生，試問：這事件到底有多明顯？你可能會以為，有多少人認為一個事件顯而易見，與事件發生率無關。但預言可能自我應驗或自欺欺人，如果我們認為某一個事件很可能會發生，事件的發生率就會變高。一個投資人賭股市會上揚，儘管他知道股市總有一天會大跌，在那大限之日來到之前，他可不會殺盤——除非他想要做空。

然而，預言終究是預言，不是無可避免、必然會發生的事。由於事件的走向不定，不想積極回應的決策者就有了藉口。他們會怪罪預言不可靠，或者責怪其他人沒能做出準確的預測。最常見的兩種說法就是——「沒有人知道這樣的事會發生」或是「這次不一樣」：不管是預言或是後見之明，都是一廂情願的想法。我們要問這些用陳腔濫調做為藉口的人，為何沒能看出明顯的危險、及時行動。

死亡螺旋

不想聽到的事傳到我們耳朵時，我們就會假裝聾了。我們對預言的態度，首先取決於我們是否能接納，其次就看發表預言的是什麼人。最後，其他人對預言的反應也會影響到我們。正如懷因發現有人把他的年度十大驚奇預言當成笑話，我們的確很難逃離共識的掌握。權威或德高望重之士，甚至只是一位受人信賴的同事，特別是一群同事，都可能影響我們對預言的看法或反應。2014 年我就在雷克雅維克舉行的北極圈論壇大會上無心捅了馬蜂窩。與會人士談到有關北極海冰的未來的預測，有一位科學家與意見不同的其他眾多科學家發生激辯，雙方吵得不可開交。

2013 年和 2014 年夏季北極海冰消融的照片在社群媒體瘋狂蔓延，我也曾看得目不轉睛。1984 年的海冰仍有 250 萬平方哩，到了 2012 年只剩 132 萬平方哩。數據是一回事，但是地圖和影像則教人怵目驚心——尤其是困在一小塊浮冰上的北極熊。可見，氣候變遷的災難已經來到，而不是又一次狼來了。

我既不是氣候專家，也不是科學家，只是一個好奇的旁觀者，想透過北極圈了解地球面臨的重大威脅，以及什麼樣的政策有助於解決問題。在英國劍橋大學（University of Cambridge）教授應用數字和理論物理學的彼德．華德翰斯（Peter Wadhams）上台報告時，我就大多數人一樣，聽得目瞪口呆。他用一系列的圖表顯示北極海冰持續消融的情況。他預測，到了 2020 年夏天，北極圈將是一片汪洋，沒有海冰了。華德翰斯以一張北極海冰的死亡螺旋圖來解釋，讓人一目瞭然又深深震撼。這張圖是根據華盛頓大學極地科學研究中心泛北極海冰－海洋模型和同化系統（Pan-Arctic Ice-Ocean Modeling and Assimilation System, PIOMAS）的資料繪製而成，以螺旋線條描繪海冰消融的情況。這張死亡螺旋圖顯示，北極海冰的體積在 1979 年仍有 3 萬立方公里以上，但是到了 2013 年 9 月只剩 3,673 立方公里，創下歷史新低的紀錄。

我利用推特做會議紀錄，同時也分享訊息給推友。於是，我用手機照了那張螺旋圖並發送出去。在我推文之時，其他與會者也利用推特猛烈攻擊華德翰斯。

華德翰斯在英國雷丁大學（University of Reading）的死對頭推文道：

> **ArcticPredictability** @arcticpredict Nov 2
> **華德翰斯**說海冰即將消融以及甲烷將產生脈衝式的噴發*，不過是一己之見，與跨政府氣候變化委員會(IPCC）第五次評估報告（AR5）的共識相左。
> #ArcticCircle2014
> **ArcticPredictability** @arcticpredict Nov 2
> **華德翰斯**要如何面對其他氣候科學家的挑戰？此君已面臨官司威脅：參看 http://ipccreport.wordpress.com/2014/10/08/when-climate-scientists-criticise-each-other/...
> #ArcticCircle2014

由於這些推文批判華德翰斯之見，我也轉推了，並上網查更

* 北極泥濘及大海底部的冰狀晶格結構含有的甲烷比大氣中的甲烷還多出三千倍。氣溫升高可能導致甲烷揮發進入大氣中，促使溫度進一步升高，排放更多尚未釋出的甲烷。如此惡性循環將造成全球暖化失控。

多的背景資料。結果發現，這不只是不同的科學意見，而且牽涉到個人恩怨。不管如何，這些爭議顯示，與主流意見不同者常會引發較為激烈的反應。

華德翰斯早已在2011年預言，到了2015年，北極海冰將消失——結果，此預言並未成真。我發現這點的時候，不禁有點生氣、尷尬。〔北極海冰消融的爭議其實很複雜：「海冰消失」的定義並非指完全無冰，根據美國國家冰雪資料中心（U.S. National Snow and Ice Data Center），只要海冰覆蓋面積小於15%，就算「海冰消失」，但是很多人仍以為海冰消失是指海冰覆蓋面積為0%。〕但我依然困惑。這次大會辦得很用心，我懷疑主辦單位會邀請一個瘋子來演講。在華德翰斯的報告講完後，有一個觀眾站起來，指控他的模型並沒有涵蓋科學或物理學。華德翰斯一臉無奈、義憤填膺的反駁道，他的預測不是源於模型，而是根據數據。又說，多年來，批評他的人多半來自推特。我因為好奇，就查證了一下。

接著發現，9月英國皇家學會召開的北極海冰會議，華德翰斯已遭到其他科學家圍剿。我查到華德翰斯寫了一封信給各研究機構首長，抱怨英國科學界不斷取笑他。在那次會議之後，華德翰斯又抱怨說，研究人員不該利用推特來辯論科學議題。這次辯論在推特上的討論串和文章顯示有一部分的問題和世代有關。像華德翰斯這樣的研究人員希望得到科學界的尊重，然而推特上的討論本來就傾向尖酸刻薄。皇家學會會議主辦人之一的馬克・布蘭登（Mark Brandon）不但捲入早先與華德翰斯的論戰，後來還把華德翰斯的抱怨信函全文刊出，再加上注解。整個事件因此愈演愈烈，簡直就像一場鬧劇。要是筆調幽默、辛辣的小說家大衛・洛吉（David Lodge）來寫，必然趣味橫生。

無論如何，我們可從這口舌之爭看出人類情感的複雜，特別是與眾人共識相左的意見。我自己的反應就很典型。不管持異議者說得對不對，基於本能，我們通常會敬而遠之。這是一種自然防禦機制，以免遭受打擊。我們總會偏向與自身信念或假設一致的訊息，不願考慮種種有關危險的預言。對預測抱持盲目信仰的人不願聽到異議者的看法，而反對某一預言的人自然會把矛頭指向發表這種預言的異議者。眾人不樂見的事實出現在某一個議題的辯論之中，而這些討論又和整個地球生態有關，於是引發軒然大波。就在華德翰斯在雷克雅維克發表研究報告的那一天，跨政府氣候變化委員會（IPCC）也發表了一份最新報告，警告氣候變化是個無可逆轉的問題。[2] 這次 IPCC 提出的事實代表科學家的共識，是無可否認的，也為翌年的巴黎氣候變遷會議立下基礎，以減緩溫室氣體排放與極端氣候生成的速率。

儘管氣候變遷已有許多無可推翻的科學證據，仍有一些科學家堅持氣候變遷不是嚴重問題。由此可以看出為何華德翰斯的預言會引來如此激烈的批評。科學家希望他們的發現是絕對客觀、科學的，沒有讓人懷疑的餘地，面對異議者的挑戰，他們不免不安，而他們的論點也容易被懷疑者攻破。

猴子射飛鏢

很多預言的確成真，問題是應驗的時間點。如果有一個人預測，某月某日將發生何事，結果這件事沒發生，大家就會說這人信口開河。即使再過一段時間，這件事真的發生了，因為沒能在他說的時間點應驗，所以沒有預言的功勞。關於股市，有個流傳已久的笑話：經濟學家預言了十次大衰退，但只應驗了兩次。如果預言不完全——例如我們都知道股市已經大漲，有一天必將大跌，然而就是不知道哪一天——預言的重要性就會降低，領導人也不會積極因應。

2013 年諾貝爾經濟獎的其中兩位得主，對於金融泡沫是否可以預測就有不同的見解。芝加哥大學的尤金・法瑪（Eugene Fama）曾提出著名的「有效市場假說」，後來更改進資本資產定價模型，解釋股票市場的平均報酬率受哪些風險溢價因素影響，因此短期（如幾天或幾週）價格難以預測。而耶魯大學的羅伯・席勒（Robert Shiller）發現短期股價雖難以預測，長期走勢是可以預測的。他最為人稱道的就是兩次神準預言金融泡沫破滅：一是 1990 年代的科技泡沫，另一則是在 2007 年美國房地產市場引爆的次貸風暴。法瑪和席勒的觀點看似矛盾，但呈現了一個重要的問題：我們對自己的預測能力能有多信賴？

預測能力有助於我們超越否認並積極因應灰犀牛。如沒有預測的能力，就難以因應危機。你要把威脅當一回事，不要一直在想威脅的「可能性」有多大。

我們的確有理由懷疑預言不準。要評估某一個事件是否會發生並不容易。我們知道有些預言應驗了，但更多預言並沒有成真。有時，那是因為預言本身就是虛假的。有時，預言就像氣象預報，很可能並不等於必然會發生。如果降雨機率 90%，不下雨的機率仍有 10%。很多人都曾開玩笑說道：如果帶了傘，就不會下雨，要是沒帶傘，鐵定會下雨。有時，由於我們已經看到威脅，也採取行動，威脅因此消失。然而最後結果究竟會如何，常常很難說得準。

還記得讓數百萬電腦使用者心驚膽跳的千禧蟲危機？當時各國政府都花費了很大的人力與物力，以避免因公元 2000 年到來資訊年序程式錯誤引發的電腦災難。無數程式設計師因此瘋狂的投入修正工作。這麼做可是反應過度？或是解決真正的問題？（對了，據說 2038 年還有一種名為 Y2038 的電腦蠕蟲在等我們。）如果當時全世界沒投入 4,000 億美元來解決千禧蟲，又會如何？答案至今仍無定論。當時嚴陣以待、積極因應，問題是否已解決得差不多了或是只是白費工夫？我曾在德州聽一些人說，千禧蟲是美國政府和光明會（Illuminati）用來控制國家的工具。由於這陰謀論的預言沒能成真，他們深表遺憾。

《華爾街日報》（*The Wall Street Journal*）曾出現這麼一句名言：猴子射飛鏢選股，績效勝過多數的基金經理人。部落格 PunditTracker 也曾指出，標準普爾 500 指數的預估一年比一年離譜：2011 年高了 9.6％，2012 年低了 7％，到了 2013 年更低估了 19％以上。該部落格指出，很多預測都很相近。六個預測中的五個彼此間的差距都不到 100 點，然而都沒有說中。

如果你看金融分析師每年的股市表現預測，就會發現在金融市場逐利者莫不希望股市屢創新高，幸福從天而降，如果有人預言市場衰退，就會遭到質疑。其實，很多人也是這樣。如果有人烏鴉嘴，我們總是希望那人說的不會應驗。雖然我們常是對的，然而如果我們錯了，恐怕要付出慘痛的代價。例如憂天小雞的童話故事：有一隻小雞被掉下來的橡實砸中，驚惶的跑到路上大叫：「天要塌下來了！天要塌下來了！」這個故事的寓意：不要一碰到倒楣事，就認為是大難將臨的預兆。就算時鐘壞了，指針都不走，一天也會出現兩次正確時間，不是嗎？作家加里森・凱勒（Garrison Keillor）曾虛構明尼蘇達有個地方叫烏比岡湖（Lake Wobegon），「那裡的女人都很堅強，男人都是帥哥，而兒童個個天資聰穎。」我們明知世界上不可能有這麼一個地方，還是心嚮往之。

神經科學家塔莉・夏洛（Tali Sharot）論道，透過玫瑰色的鏡片看世界是人之常情。[3] 我們總是高估好事的發生機率，低估壞事出現的可能性。換言之，我們常會犯了心理學家尼爾・韋斯汀（Neil Weinstein）所謂的「樂觀偏誤」（optimism bias）。夏洛出版的著作就叫《樂觀偏誤》（*The Optimism Bias*）。她在書上論道：「數據顯示，大多數的人都會高估自己將來的事業成就，期待自己的小孩天賦過人，算錯可能預期壽命（有時甚至有二十年以上的差距），希望自己比一般人要來得健康，比同一輩的人成功，大幅低估離婚、罹癌、失業的可能性，而且對未來充滿信心，相信自己一定可以過得比父母親那一輩的人好。」

這種衝動深植於我們的個性之中，也影響我們對樂觀偏誤的辨認和調適。夏洛曾在以色列魏茨曼科學研究所（Weizmann Institute）進行一項研究，要求志願受試者估算自己碰到一些事件的可能性，如癌症、潰瘍、車禍等。接下來，研究人員再告訴這些受試者這些事件真正的發生機率，再問他們一次，他們認為自己碰到這些事件的可能性大小。受試者了解自己如何被樂觀偏誤牽著鼻子走之後，再次評估自己碰到上述事件的可能性時，就會去調整自己的期待，然而還是會刻意忽略不樂見的訊息。

透過玫瑰色的鏡片看事情，無助於我們處理一些訊息，特別是我們可能因此沒能及時看到危險，疏於防範。但夏洛相信樂觀必然是一種重要的生物功能。她說：「樂觀也許是我們生存不可或缺的，因此已牢牢嵌入人體最複雜的器官，也就是大腦。」

但樂觀偏誤會影響我們的判斷力，特別是判斷哪些預言最可能成真。這也就是為何某些危險顯而易見，我們卻視若無睹。深植於我們腦中的樂觀讓我們產生盲點，看不到危險，甚至無視警告。夏洛舉例，由於我們低估健康風險，因此疏忽預防保健，常拿健康做賭注。

不過，夏洛也說，玫瑰色鏡片有時對我們也有幫助。「低估未來出現災禍的可能性可減輕我們的壓力和焦慮，這對健康的確有幫助。」她還提到，適度的樂觀也可成為自我應驗的預言。她引述杜克大學進行的一項研究結果：適度樂觀的人工作更加勤奮、有較多的儲蓄，菸也抽得比較少；極度樂觀者則恰好相反。

我們將在後面的章節看到，樂觀有助於重塑我們對灰犀牛的反應，把危機化為轉機。如果我們要避免被犀牛踩死，首先我們一定要相信自己能逃過一劫，才不至於萬念俱灰、坐以待斃。

今日神諭

你也許會說，人常用投機的方式來看預言。如果預言與我們想要的結果相符，我們就全心全意相信。若預言的事件是我們不願意看到的，我們就嗤之以鼻。不管如何，如果是幸福的預言，我們就視之如值得追尋的聖杯，鍥而不捨，不到手絕不干休。

其實，現在預言的正確性已提高很多。日新月異的科技和不斷演進的系統都有助於我們了解現在、預測未來，如群眾外包、數據融合、製圖、預測市場 * 等。

大數據是下一波風潮。Google、微軟、臉書等科技公司都在研究如何運用資訊來預測消費者行為和更大的趨勢。又如歐亞集團全球政治風險指數（Eurasia Group Global Political Risk Index）

* 預測市場（prediction market），以進行預測為目的而產生的一種投機市場，如台灣的「未來事件交易所」（然而此交易所是以虛擬貨幣進行投注，和國外預測網站有所不同）。

和政治動蕩工作小組數據庫（Political Stability Task Force）提供的指數，得以精確指出即將在世界各地暴發動亂的熱點。有些數據不可靠（如中國的 GDP），分析家就轉而參考電力消費量。有些批評家認為 GDP 本身並非精確的衡量標準，決策者於是尋找其他可供參考的經濟健康指標。

社群媒體正在設法用新方式發送警訊——有些警訊是對的，有些則是假警報，還有一些則能得到立即結果。例如，2008 年問世的 Google 流感趨勢預測（Google Flu Trends），就是想要讓人上網搜尋流感爆發的訊息。但是大多數以為自己得了流感而就醫者，其實並沒有得到流感。儘管 Google 一直努力在修改預測變數，準確度仍差強人意。此流感趨勢預測推出沒多久，就爆發 2009 H1N1（豬流感）疫情，網站卻沒預測到這波的流感。根據研究，Google 流感趨勢預測在 108 週中有 100 週的預測不準，在 2011 到 2013 年研究期間經常高估流感病例數量。[4] 儘管如此，我們已知大數據的應用將使預測愈來愈精準。雖然 Google 流感趨勢預測的準確度還不高，但科學家仍可利用這方面的數據來做感冒和流感季節的指標或其他運用。

雖然每一個人的預測反覆無常，結合眾多人的預測結果可能精準得多，如詹姆斯・索羅維基（James Surowiecki）在 2004 年出版的《群眾的智慧》（*The Wisdom of Crowds*）一書的剖析。[5] 科技使我們更能利用群眾力量去獲知各種想法。社交媒體幫助我們匯集所有獨立觀點，使我們得以做出更精準的預測。群眾外包的力量就在攫取所有訊息。

奈特・席佛（Nate Silver）正是利用這樣的原理來預測大聯盟賽事和總統大選的結果，從而樹立新的預測規則。[6] 他警告說，他的專業有限，而且訊息瞬息萬變，很快就會教人招架不住。因此，我們愈謙遜，預測的準確度愈高。正如他在《精準預測：如何從巨量雜訊中，看出重要的訊息？》（*The Signal and the Noise*）解釋為何很多預測都是錯的：「我們常聚焦於好事的訊息。但這好事只是我們一廂情願的想法，不一定真的是好事。我們所忽略的風險最難衡量，甚至這樣的風險可能已對我們造成莫大的威脅。」

席佛認為 2008 年金融風暴是判斷和預測發生重大失誤的結果，罪魁禍首就是信評機構。他說，標準普爾預測評級為 AAA 的債務抵押債券，在未來的五年內違約的可能性只有八百五十分之一。事實上，違約率要高出兩百倍以上。標準普爾宣稱「沒有任何人」知道房貸危機會降臨。席佛論道，然而的確有很多人已預見了這波風暴，而且多次在公開場合示警。2005 年，「房市泡沫」見報的次數已達一天十次。如果你那一年在 Google 搜尋「房市泡沫」，顯現的結果已比前一年要多十倍。席佛又說，根據標準普爾內部備忘錄，該機構已考慮到房價在兩年內可能跌 20%，但不敢發布這樣的預測，以免引發抵押債券下跌。

為什麼專家不能預知這樣的問題？因為信評機構是投資銀行花錢請來為自己發行的債券評級的，信評機構可不想得罪這些付費的大爺。信用評等失準可說是 2008 年金融風暴的始作俑者。問題愈大，即使有少數人未卜先知，這些人也無法說服執迷不悟的大眾。

未知的已知

2002 年，美國準備對伊拉克開戰。有人向當時的國防部長唐納・倫斯斐（Donald Rumsfeld）提出質疑：伊拉克是否真的擁有殺傷力大的武器，乃至美國非參戰不可。倫斯斐搬出一套玄之又玄的說詞來解釋情況難以確知。他說：「我們都知道，有些事是『已知的已知』，也就是我們知道自己知道；有些則是『已知的未知』，亦即我們知道自己不知道，但是還有一些事屬於『未知的未知』——我們不知自己不知道。」

雖然這可說是一套萬用的政治說詞，然而實在教人聽得一頭霧水，倫斯斐因而獲得簡明英語運動組織（Plain English Association）頒發「天花亂墜」獎。

其實，倫斯斐的論點沒那麼糟。這樣的論點和心理學家在 1955 年所提出一套評估關係的周哈里窗（Johari Window）有異曲同工之妙。所有組織心理學的學生都知道這種工具。領導人可利用倫斯斐的分類來思考。

「未知的未知」就是黑天鵝。然而這種無法預知的未知只是極少數極端的例子。至於顯而易見的威脅，有些是「已知的已知」，有些則是「已知的未知」。

至於第四種，哲學家斯拉沃熱・齊澤克（Slavoj Žižek）認為這就是灰犀牛威脅的第一階段：亦即「未知的已知」，即故意拒絕承認威脅的存在。

著名的語言學家傑佛瑞・普倫（Geoffrey K. Pullum）則引用波斯格言為倫斯斐辯護：[7]

自己不知，但不知自己不知，這人是傻瓜，離他遠一點；
自己不知，然知道自己不知，儒子可教也，那就教他吧；
自己知道，但不知自己知道，這人睡著了，把他喚醒吧；
自己知道，也知道自己知道，這人是先知，跟隨他去吧。

「未知的已知」就是灰犀牛：我們早已知道，只是我們不肯面對，推說是「未知」，而不肯採取行動。

當心神諭

我們難以追查上述波斯格言的靈感來源，然而波斯王薛西斯（Xerxes）和他征服希臘的野心正是最佳實例。

公元前 481 年，薛西斯欲進攻希臘。儘管有人警告他，結果恐怕和他預期的不同。他心裡雪亮，然而還是推說不知。希臘人知道，而且運用已知戰勝強大的敵人。這場大戰的勝負，除了看預言能力，還有對警示的態度，以及是否及時反應。根據希臘史學家希羅多德（Herodotus）的描述，這場戰事出現了很多神諭、夢境、靈視，除此之外，消息與軍師的揀選也很重要。

薛西斯是波斯大流士（Darius the Great）之子、塞魯士（Cyrus the Great）之孫。大流士在公元前486年駕崩，由薛西斯執掌王位，他立志繼承父王遺志。大流士曾進軍希臘，卻在公元前490年的馬拉松戰役（Battle of Marathon）慘敗，也沒能在有生之年捲土重來。

薛西斯計劃完成父王的遺願。他的連襟軍事統帥馬鐸尼斯（Mardonius）是軍師中最敢直言者。馬鐸尼斯說道，要將波斯帝國的領土擴張到地中海，恐怕不是明智之舉。什麼能阻擋得了薛西斯的大軍？馬拉松戰役的殷鑑不遠，薛西斯和他的軍師應該心裡有數。

薛西斯最信賴的兩個軍師也勸他不要輕舉妄動，但他不聽。他的叔叔阿爾塔班（Artabanus）也提出這樣的假設：「要是……我們與希臘人發生海戰，打敗我們，返回希拉海（Hellespont），把橋拆了。陛下，這可是真正的危險。」[8] 薛西斯聽了，勃然大怒，後來還是認真思量阿爾塔班說的。但是，據希羅多德所述，薛西斯夢見了一個高大、英俊的男人，這個人不斷威脅他，說他如果不進軍，就會失去王位。

薛西斯的密友德馬拉托斯（Demaratus）曾是斯巴達國王，被推翻後，流亡到蘇薩（Susa）。德馬拉托斯警告薛西斯，無論波斯軍隊再如何強大，就算其他希臘人倒戈相向，斯巴達人都不會屈服。他們會抵抗到最後一刻：「因為他們的主子就是律法，怎敢拂逆主子？相形之下，敵人根本沒什麼好怕的。」儘管薛西斯曾為了阿爾塔班怒髮衝冠，倒是沒對德馬拉托斯發脾氣，客客氣氣的請他退下。但是薛西斯依然沒聽德馬拉托斯的建言，在公元前 483 年集結大軍，發動攻擊。

後來，斥候向薛西斯報告，斯巴達人已在拉科尼亞（Laconia）嚴陣以待。薛西斯把德馬拉托斯找來。德馬拉托斯依然堅持先前的警告：斯巴達人沒那麼容易屈服。德馬拉托斯說的沒錯。薛西斯第三次把他找來，問說究竟要如何才能擊敗斯巴達人。德馬拉托斯說，派一支軍隊到離海岸不遠的塞瑟島（Cythera），牽制住那裡的拉凱戴孟人（斯巴達人的別稱），使他們無法幫助其他希臘人。他說：「如果不這麼做，可能會如何？伯羅奔尼撒有個地峽。所有的伯羅奔尼撒人將團結起來對付你。因此，你將在這個地峽遭遇最頑強的敵人。」薛西斯再次把德馬拉托斯的話當耳邊風，反倒聽從連襟馬鐸尼斯的建言，要海軍待命，支援陸上的軍隊。

薛西斯於是如此備戰，相信自己終會獲勝，因為他已在夢中看到自己成為「掌控全人類」之王，稱霸全世界。然而根據希羅多德所述，神諭顯示互相矛盾的結果。在薛西斯的大軍經過希拉海之時，出現了一件怪事：一匹馬居然生下了一隻兔子。儘管這件事預言很明顯：薛西斯以高大驕傲之姿進攻希臘，最後將抱頭鼠竄，回到原點。雖然希羅多德認為此事見人見智，可能有好幾個說法，不管怎麼說，這場戰爭會如何，已有多個徵象，最後不一定會符合薛西斯的預期。

希臘人很快就了悟，波斯人這次捲土重來，不見得會像公元前 490 年那樣容易趕走，於是請示德爾菲神諭。女祭師證實波斯人來勢洶洶，但希臘人將得到「一堵木牆」的保護，老少都能毫髮無傷。希臘人於是化解彼此間的衝突，決定同心協力對抗波斯人。他們除了經常請示德爾菲神諭，也把結果明確的宣揚出去，不會只讓少數核心份子知道。最後，他們採取曾在馬拉松戰役立功的雅典將軍地米斯托克利（Themistocles）的建議，打造由兩百艘戰船組成的艦隊：形成護衛希臘人的「一堵牆」。正如德馬拉托斯的預言，希臘人用這支艦隊來迎戰波斯人。公元前 480 年 9 月，希臘人在愛琴海薩羅尼克灣內的薩拉米斯島（Salamis）擊敗波斯人。薛西斯逃回波斯，讓馬鐸尼斯繼續苦戰。翌年，希臘人就完全殲滅波斯艦隊，馬鐸尼斯戰死，波斯人徹底退出伯羅奔尼撒，元氣大傷。

希臘人能以寡擊眾，是因他們很快就看清危機來了，行動果決，終於能克服威脅。由於賭注很大，他們不敢過於自信，致力於集結各方意見。至於波斯人因軍力遠超過希臘人，志在必得，把戰敗的可能性看成是無可想像的黑天鵝。反之，希臘人則把波斯人的攻擊看成是灰犀牛，勇敢面對這顯而易見的威脅。

希羅多德稱道希臘人解讀神諭的能力。但希臘人能獲勝，並不在推測天意，而是基於神諭，積極行動。薛西斯在戰前已得到多次警告，由於那些說法讓他覺得刺耳，就不當一回事。其實，很多人也是如此：如果是自己不想聽到的消息，不是當耳邊風，就是拒絕接受。

凱洛琳・狄華德（Carolyn Dewald）在 1998 年翻譯希羅多德寫的《歷史》（*The Histories*）一書注解道：「薛西斯的希臘軍師已給他許多意見。如果他願意聽這些軍師的意見，進攻希臘勝算較大。可惜，他被自己的設想和有野心的臣子蒙蔽了。」狄華德也提到掌權者的毛病——「這個世界雖賦予他們權勢，也有限制，但他們卻疏忽了。儘管有些訊息是有用的，如果他們覺得不在自己掌控之中，就不予採納。」[9] 不只是薛西斯，他的祖父塞魯士和里底亞末代國王克羅伊斯（Croesus）也是。

前面曾述，我們常高估好事、低估壞事的發生率。這可解釋為什麼薛西斯不聽阿爾塔班和德馬拉托斯的實際建言。儘管波斯人在公元前 490 年吃了敗仗，還是沒能記取教訓。正因他們過於自信，不願面對挫敗。

薛西斯衡量了對立兩方的意見，最後還是聽連襟馬鐸尼斯的話：因為馬鐸尼斯跟他最像，一樣擁有龐大的野心。波斯人會慘敗，正因薛西斯不斷否認威脅，一心一意實現稱霸世界的計畫，無視許多徵兆和警告。敗給希臘人之後，他依然未能覺悟：一回到波斯，他就大興土木，弄得國庫虛竭，加上橫征暴斂，最後因宮廷政變，死於阿爾塔班之手。

情感理性

其實，每個人和薛西斯一樣，沒能認清威脅、拿出行動。法國神經學家奧立佛・奧里耶（Olivier Oullier）說，我們常是依據「情感理性」來做決定。所謂的「情感理性」（emorationality）就是理性和情感動機的混合體。奧里耶指出，我們一方面過度自信，另一方面又喜歡跟隨或模仿別人，即使知道承認損失可以停損，依然不肯面對問題。他論道：「生而為人，我們總是必須做決定。但是在做決定之時，總是會受到心理偏誤的影響。這種做法其實並不利於我們的演化。」[10]

我們是否相信預言，心理偏誤就是重要因素。如果我們相信預言，注意警示，或許可趨吉避凶或化險為夷。近來相當熱門的行為科學也有助於我們了解，為什麼人不能看清威脅，甚至面對警報，依然若無其事。若我們知道自己的心理偏誤，設法補償，就能像扭轉乾坤的古希臘人，而不至於淪為執迷不悟的波斯人。

頭一個也是最可怕的心理偏誤就是團體迷思（groupthink）：這也可說是狹隘的島民心態，對所有外來威脅或警告視若無睹。團體迷思是心理學家厄文・詹尼斯（Irving Janis）創造的詞彙。根據他的研究，群體決策和行為不但沒能解決危機，反倒使情況變得更糟。團體迷思使我們難以脫離傳統思維，看不清前方危機。除了團體迷思，確認偏誤（confirmation bias）也會使我們困在思考的框架中，想不出其他解決之道。這種偏誤是指我們偏好與自己既有信念一致的訊息。此外，如果我們周遭的人都相信一件事，我們的想法就很容易變得跟他們一樣，不管這種想法是對是錯。

另一種偏誤會扭曲我們接受訊息和對預言做出反應的方式，也就是促發偏誤（priming）。會出現這種心理偏誤是因為我們在處理訊息時往往和訊息來自何人有關。如果訊息源於「專家」，我們就會非常重視這樣的訊息。要是我們完全不思考、質疑，對專家的訊息照單全收，可能會出現嚴重的後果，如諾瑞娜・赫茲（Noreena Hertz）在 2013 年出版的《老虎、蛇和牧羊人的背後》（*Eyes Wide Open: How to Make Smart Decisions in a Confusing World*）一書中的描述。她在書中提到，在一項研究中，一群成年受試者在聆聽專家的建議之後做決定。在這個過程中，研究人員透過 fMRI 觀察這些受試者的腦部神經運作情況，發現其腦部負責決策的額葉完全沒有作用。赫茲論道：「專家說話時，我們似乎停止思考。這是個很可怕的現象。」她又解釋說，有鑑於很多專家也會犯錯，這點特別讓人膽顫心驚。[11] 例如：醫師每診斷六個病人，就有一個遭到誤診；有七成的基金經理人都敗給大盤；花錢請稅務顧問申報退稅，甚至比自己處理容易出錯。

上述團體迷思、促發偏誤和確認偏誤又可能因為逆火效應而強化。「逆火效應」（backfire effect）是指，我們的想法受到挑戰，事實證明相反的意見才是對的，我們非但不會改變想法，反而會更加固執己見。在薛西斯夢裡出現的那個高大、英俊的男人就是他的自我（ego），也是這種逆火效應的展現。

另外，「現成偏誤」（availability bias）也是我們常有的毛病，指我們判斷某一件事發生的機率時，如果這種事件容易想到、印象鮮明，就會認為這種事發生率很高。例如，只是一時僥倖，我們卻認為自己永遠不可能失敗。波斯人只記得公元前 485 年征服埃及的光榮，忘了大流士更早曾經被希臘人擊潰。

我們面對預言的態度以及因應危險的能力都會受到這些認知偏誤的影響。儘管如此，我們還是可以學習破解這些認知偏誤，加強及時反應的能力。

優良的判斷力

我曾參加「優良判斷力計畫」（Good Judgment Project），並學到一點：留心自己的心理偏誤是很重要的一步。這個計畫是由美國情報先進研究計畫（U.S. Intelligence Advanced Research Projects Activity, IARPA）贊助，集結數百位各行各業的人士，請大家就未來可能發生的國際事務發表預測，從北韓、歐元區、中東到中國、俄國的經濟成長率等，預測總數多達數十萬條。優良判斷力計畫的目的在於我們如何增進預測的準確度——如果預測的準確度高，才可能做為決定行動的依據。

這個長達四年的研究計畫是在賓州大學和加大柏克萊分校等學術機構進行。研究人員招募人員，將這些人分成若干團隊，然後請他們就某一事件發表預測，判斷該事件發生的可能性以及他們對自己預測的信心。研究人員以布賴爾評分（Brier score，在此計畫定義為預測機率與真實事件之間的誤差平方）來衡量預測的準確度，包括預測者及所屬團隊對預測結果的信心。所得分數將介於0和2之間，愈接近0代表預測準確度愈高，如得分為0，就是預測完全正確。如果預測像猴子射飛鏢，一半是對的，一半是錯的，得分就是0.5分。若是有人預測某個事件發生率為100%，但該事件並沒有發生，就會得到2分。因此，預測者過度自信或信心低下，分數都會很糟。

我們往往對自己的預測能力過度自信。我參與「優良判斷力計畫」之初曾接受評量測驗，就發現自己也有這樣的問題。我的每一項預測經過指導老師的嚴格評定之後，之後再做預測就有改善。一開始，我總忍不住想去看隊友的預測，於是我學習忍耐，要看別人的預測也得等自己做了決定，如此就不會受到團體迷思的影響。隨著時間的推進，一些世界大事的結果也揭曉了，我再追蹤自己的進步和我們團隊的表現。我特別留意自己的信心指數，不斷質問自己預測依據的資料以及可能犯了哪些偏誤。我的預測成績果然有了進步。

計畫主持人芭芭拉・梅勒斯（Barbara Mellers）與麥可・霍羅威茲（Michael C. Horowitz）研究我們的預測結果，得出的結論是預測準確度受到三組因素的影響。第一組是心理因素，「包括歸納推理、型態辨識、思想開放，以及是否會去尋找與自己意見相反的訊息，也和政治知識有關」。第二組是預測的環境，包括概率推理的訓練和基本原理的團隊討論等。最後，努力就能看出成效：預測人員花愈多時間考量自己的預測，表現愈好。[12]

優良判斷力計畫顯示，預測人員如果對自己的心理弱點提高警覺，留意自己是否過度自信或信心低下，也能提高預測的精準度。大衛・布魯克斯（David Brooks）在《紐約時報》（*New York Times*）的專欄寫道：「如果我是歐巴馬總統或國務卿約翰・凱瑞（John Kerry），就會參考賓大和柏克萊的預測。情報單位也許不高興。畢竟，這個圈子的老將不想讓外人來評估自己的分析。但是參考這樣的預測或許有助於政策制定者了解各方看法，使他們設想更多的可能。」[13]

如果我們評估與預測的能力增進了，是否就會更加留心今日神諭所言？由於我們注意自己的心理偏誤和缺點，至少能避免一些差錯，對未來的預測也變得比較準確。然而，這只是一部分的問題。有時，我們因為透過玫瑰色的鏡片看事情或是因為心理偏誤而出現盲點，乃至於沒能看到眼前的危機。

然而，問題並非警報系統品質不良或是我們預測能力不足，而是心理偏誤和決策系統的影響造成的。有時，問題就是出在我們一再否認。

灰犀牛心法

- **別怕出錯**。大多數的預測都不準。如果我們先看周遭人的意見，再形成自己的觀點，又特別容易出錯。與眾不同的預測能對抗團體迷思，也比較能夠看到明顯但大多數人卻看不出來的問題。
- **別被熱情沖昏頭**。我們通常比較會相信樂觀的預測，不願面對悲觀的看法。如果你發現自己喜歡透過玫瑰色的鏡片看事情，那就得換一副鏡片。
- **預測很複雜**。我們和預測的關係可能會讓我們無法辨識很可能發生的事件。
- **集思廣益**。集結各方預測，比較能看清事實。
- **預測是可以學習的**。勤能補拙。如果我們能先破解心理偏誤，預測就會比較精準。

第 3 章
否認：為什麼我們看不到灰犀牛？

索爾・比約哥弗森（Thor Bjorgolfsson）曾是世界上排行第 249 名的富豪，也是冰島第一個億萬富翁。在他 40 歲之前，就藉由投資俄羅斯釀酒廠賺了將近 40 億美元，以借短投長、高度槓桿的擴張方式進軍製藥、電信產業，在東歐市場表現亮眼。他在 2007 年生日那天，包下一部全部改裝為可平躺的商務艙座位的波音 767 飛機，招待 120 位友人去牙買加渡假，還請饒舌歌手五角（50 Cent）和雷鬼教父巴布・馬利（Bob Marley）之子奇曼尼・馬利（Ky-Mani Marley）為他們表演。

比約哥弗森擴大事業版圖之際，不禁自覺就像被女海妖歌聲魅惑的水手。他後來說：「我們都知道泡沫會破裂，但在無可避免那一刻來臨之前，是多麼好的機會。」那一年，比約哥弗森成為跨國學名藥大廠阿特維斯（Actavis）第一大股東——這家藥廠在 2002 年營收只有 5,000 萬美元，到了 2008 年，藉由積極併購，營收已達 73 億美元。2007 年，比約哥弗森槓桿收購阿特維斯，提供融資的主要是德意志銀行。比約哥弗森建議德意志銀行找其他銀行來共同融資，以減少風險。但德意志銀行想獨立承作這筆融資，以賺取可觀的手續費，並打算之後再透過銀團貸款，將貸款分割出去。

比約哥弗森的銀行業務也烏雲罩頂。自 2002 年到 2008 年，冰島的銀行皆以高利率來吸引其他歐洲國家的資金。比約哥弗森和他的父親一直是冰島第二大銀行冰島國民銀行（Landsbanki）第一大股東，銀行資金在這個時期膨脹了十倍。似乎沒有人注意到，冰島三大銀行吸收的資金已是冰島國民生產毛額的十一倍。問題是，這些錢幾乎都是借來的，不是冰島官方貨幣克朗。

比約哥弗森說：「我曾批評冰島的金融泡沫，也曾在 2006 年和 2007 年想要做點什麼。我盯著數據，心想：這下子市場崩盤了，結果沒事。」這是他多年後告訴我的。他的人生有如雲霄飛車：他在金融風暴中破產，從億萬富翁變成過街老鼠，之後起死回生，重新坐擁億萬美元。他坦白說：「我太依賴正面的消息，相信一切平安，不願面對負面事實。」儘管情況惡化，他不得不放棄先前的信念，但還是無法想像他的祖國竟會破產。

身為世界上最成功的投資人，他向來勇於冒險，卓而不群，並以這樣的性格自豪，和旅鼠般的一般股民完全不同。「我是獨行俠，喜歡反向操作，因此不會跟大夥兒做一樣的事。對我而言，那很危險，而且代價很大。」

但是他還是在 2008 年栽了。第一個倒下的是阿特維斯。德意志銀行沒來得及辦理銀團貸款，金融海嘯已席捲全球，金融市場緊縮。在此之前，阿特維斯本身不但面臨人事變動，而且被食品藥物管理局盯上，必須回收自家公司某一個廠生產的藥物。完美的風暴已然成形。由於阿特維斯股價不斷跳水，股東權益蒸發了，德意志銀行要求股東投入更多的資金。在冰島破產的前幾天，比約哥弗森成功從冰島國民銀行貸了 2.3 億美元當成救命錢，浥注到阿特維斯；但對冰島國民銀行而言，這卻是致命的一擊。

於是，冰島國民銀行倒閉，冰島的金融體系和經濟都垮了。比約哥弗森成為全民公敵。在那幾個月間，他的資產淨值從 40 億美元變成負債 10 億美元。他投資的很多公司都得拱手讓人，他在雷克雅維克的住所和名車都被噴漆。

他告訴我：「回首那段經歷，我並沒有靈光乍現的一刻。那一切就像拼圖，直到冰島銀行倒閉的前一、兩天，突然愈拼愈快，我才知道我在拼什麼——完成的圖像讓我毛骨悚然。」在風暴過後，他只想著一件事，就是趕快把債務解決，重新站起來。他也與人分享心得，希望別人不要再犯像他那樣的錯誤。

他在報紙頭版上公開道歉。他承認錯誤，從金融泡沫到冰島金融體系的崩潰，他都有份兒。「明明我的周遭已出現警示的紅旗，我依然志得意滿。對不起，我真是錯了。我已發現風險，還是一意孤行，不聽本能告訴我的。我要向所有的人致歉。」

下一步就是清算資產。阿特維斯已從 2008 年的危機脫困，美國學名藥大廠華生製藥（Watson Pharmaceuticals）顯露吞併的野心，終於在 2012 年 10 月用 60 億美元併購這家藥廠。這樁交易使比約哥弗森得以在 2014 年 10 月償還所有的債務。[1] 2015

年，他重新登上富比士世界億萬富豪榜。

比約哥弗森原本亮麗的紅髮和紅鬍已出現花白，他一再的想：如果他在危機發生之前就知道可能發生的一切，會不會有不同的做法？要是他不是故意輕忽那些警告，是否能逃過一劫？他告訴我：「我拚命想，如果我知道大難臨頭，當初該怎麼做，能怎麼做。當然，我不只一次咒罵自己陷入這麼大的風險，惹得身敗名裂。」

「每一個曾身陷險境的人都會說，該在無可挽回之前，及時抽身。但這是後見之明。從很多實例來看，他們的確可以抽身，就是不相信情況會那麼糟。我們常常因為賭注太大而不肯輕易放棄。有人經過許多次的風風雨雨，相信自己這次也能平安脫身。這也就是為何有很多人最後還是無法及時脫困。這是無可避免的。不能脫身也有可能是因為怠惰，討厭艱難的決定。」

「我應該把焦點放在已經知道的，而不是自己想要的。這兩者常是矛盾的，」比約哥弗森說：「我已得到令人無法置信的成功。我該從教育和經驗得知這樣的成功只是一時，不是永遠。一廂情願的想法很危險。」他引用美國女星瑪麗・馬丁（Mary Martin）的話：「別痴心妄想，好好深思熟慮，構思自己的願望。」他已牢記這句話。「千金難買早知道。儘管當初我已經知道大事不妙，卻告訴自己那不是真的。我們都是這樣，就像吸食了一種會讓人快樂的鴉片，上癮了，無可自拔。我已徹底悔悟，決定依賴已知的，而非一廂情願的想法。」

不見棺材不掉淚

忽視警告的不是只有比約哥弗森一人。在 2008 年金融風暴爆發之前，已有許多跡象，不只出現在冰島，美國和整個歐洲都有人知道苗頭不對，但是每一個掌權者都不相信這些警示是真的，因而沒能拿出行動、積極因應。

為什麼？原因包括不知不覺跑出來的心理偏誤、一廂情願的以為事情不會那麼糟，乃至失算，或是可怕的驅動力：自私自利和不當誘因，讓人進一步否認警報。有人甚至故意欺詐，以免其他人看到問題、出手干預。正如我們在第 2 章的討論，預測不一定會成真，如果能有選擇，我們還是會選擇相信最樂觀的結果。

否認是深植於人性的防衛機制，也是面對威脅典型反應的第一階段。我們以否認來應付震驚。否認可保護我們，使我們不至於在面對問題之時完全癱瘓。在某些情況之下，否認能幫我們把焦點放在問題的解決上，再來適應可怕的新現實，並調整、修正自己的行為。因此，對人類而言，否認既是護身符，也是詛咒。在所有的動物之中，唯獨人類可事前意識到威脅即將降臨。

如果可以及時行動，我們都有機會可把威脅化為最小，然而如果我們一直提高警覺，擔心威脅會來，最後也會變得彈性疲乏。神經內分泌學家羅勃・薩波斯基（Robert M. Sapolsky）論道：「從動物王國演化的角度來看，最近才出現持續不斷的心理壓力，大抵只有人類和其他有社交生活的靈長類有這樣的壓力。有時，我們可以預知何事將發生，壓力反應系統就開始運作了，就像事情真的已經發生一樣。」如果我們有預期和行動的能力，這是理想情況。但是如果危機一直存在，那樣的預期對身心而言都是嚴重折磨。[2]

如果一個問題大到我們無法應付，似乎也不可能集結必要資源來因應，或者威脅接二連三而來，我們就可能變成鴕鳥，把頭埋在沙子裡，以為看不到，問題就不存在了。

根據庫伯勒－羅斯在《論死亡與臨終》（*Death and Dying*）一書的描述，否認應該是短暫的。她論道：「在晴天霹靂的消息出現時，否認具有緩衝的功能，能讓病人鎮定下來，之後再用其他比較緩和的方式來因應。[3] 否認通常是暫時的機制，很快就會被部分接受取代。」之後，她又說，否認來來去去。否認的最終階段與憤怒的起頭相連。這時，也會出現希望。在庫伯勒－羅斯的架構中，憤怒與希望是面對所有震驚和威脅的兩個關鍵因素。她建議讓所有的病人否認事實，畢竟大多數的人很快就能通過這個階段。我很好奇，對臨終病人和他們的家屬而言，從否認到接受事實，這樣的轉變是希望和憤怒帶來的嗎？或者希望和憤怒是這種轉變的結果。不管如何，如果領導人要脫離否認階段，希望和憤怒都是重要動機。

明明有些訊息可讓我們減少威脅的代價，甚至可為我們創造機會，我們卻利用一些複雜的策略故意忽略這樣的訊息。有些策略是無意識的產物，就像庫伯勒－羅斯說的自動駕駛般的自我防禦機制。大多數的人都不知道自己本身具有這些策略。有時，我們會利用某些策略脫離否認，找到更適當的反應。了解自己的本性就比較不會錯失警示或被他人牽著鼻子走，乃至看不到顯而易見的危險。即使我們知道心理偏誤的存在，如不能彌補，也是一種否認：有意的疏忽。

所謂的「無可預見」

不管哪一天，只要你翻開報紙來看，就會發現有許許多多的警示遭到忽略的例子。例如歐巴馬力推的美國全民健保法案（Affordable Care Act），網站 2013 年 10 月 1 日開放讓民眾登記，不到幾個小時網站就掛了。幾天前在測試之時，儘管只有 500 個使用者，系統已有不堪負荷的跡象。團隊成員太小看問題，延緩民眾上網登記該是比較明智的做法。[4]

2015 年 6 月，兩個被定罪的謀殺犯從紐約柯林頓監獄（Clinton Correctional Facility）脫逃。儘管多年來，獄方已接獲警告，事情還是發生了。根據《紐約時報》的報導：「柯林頓監獄長久以來一直是全國戒備最嚴密的監獄，此次有兩名重犯逃脫，並非獄方保全措施有任何錯誤。兩週前的越獄事件可說是多年來一連串疏忽造成的，現在不得不勞師動眾，全面追緝。」[5]

據調查，失蹤的馬航 MH370 客機有兩名乘客持偷來的護照登機。國際刑警組織已建構了護照遺失資料庫供各會員國利用，上面有 4,000 萬筆以上護照被偷及遺失登錄資料，國際刑警組織和很多外交人員已一再警告會員國，將有愈來愈多人持偽造護照登機，然而只有美國、英國和阿聯酋三個國家經常查閱。[6] 儘管我們不知 MH370 消失之謎是否和有人持偷來的護照登機有關，這場悲劇對很多未利用國際刑警組織護照遺失資料庫的國家和航空公司來說，應是重要警告。

華盛頓州 3 月份雨量最多的一年是在 2014 年，[7] 山邊出現 535 萬立方公尺的土石流，也把山坡上的百來顆樹捲走，在史蒂拉瓜米許河（Stillaguamish River）飄流，西雅圖以北 80 公里的城鎮歐索（Oso）因而淹沒在黃泥中。這是另一個被否認或忽視的問題。《紐約時報》專欄作家提姆・伊根（Tim Egan）論道：「請不要說沒有人預見這場美國史上最可怕的土石流。」他在發表文章之時，已有 25 人喪生，90 人失蹤。「雖說沒有人預見——事實上，土石流警報已出現了六十年，特別是 1999 年的一份報告已提到華盛頓州山區可能會出現『大規模的天然災害』……災害明明近在眼前，我們依然視若無睹，用漂亮的謊言來欺騙自己。要不是我們美國人習慣這樣看事情，就是人性使然。」[8] 儘管已得到警告加上該山區每十年就會發生一次大規模的土石流（最近一次發生在八年前），還是有人在那裡蓋房子。加上林木濫伐，山坡變得光溜溜的，土石、瓦礫紛紛滾下，災情因而更加慘重。然而，負責救災的官員依然堅持沒有人知道會發生這樣的災害。

試問災害的哪一部分源於故意否認，又有多少源於人性、官僚決策和政治阻礙？這些問題可以讓我們辯論很久。但是這樣的悲劇類型是無可否認的：應該有所作為的人，不是一再否認，就是小看警報訊號的重要性。

組織理論學家伊恩・米特洛夫（Ian Mitroff）論道，組織必須校正其訊號偵測系統，以辨別普通訊號和代表危險的訊號，並得讓有能力處理的人確實接收到。米特洛夫說，根據波士頓學院（Boston College）茱蒂絲・克萊爾（Judith Clair）的研究，組織無法偵測到重要訊號主要有幾個原因。他說：「儘管很多訊號顯而易見，也很重要，但是因為我們視而不見，因此不知道這些訊號的重要性。」這正是灰犀牛思考的精髓：問題那麼明顯，我們為何看不見？克萊爾的第一點是：首先你必須具備偵測訊號的機制。米特洛夫說：「訊號本身也許算明顯，但是還是不夠明顯，大多數的組織才會無法偵測出來。」即使組織有訊號偵測系統，也不一定會注意異常訊號。他舉例說，有一次因一條電纜故障，引發停電，紐約拉瓜地亞機場和甘迺迪機場的空中交通管制系統因而停擺。在停電當時，有一部備用發電機應該立即啟動，由於啟動失敗，於是發出警報。但當時沒人注意到警報。[9] 諷刺的是，當天很多空中交通管制員外出受訓，以熟悉新的備用系統。（我不由得連想到一個思考實驗：「如果森林中有一棵樹倒下，但是周遭沒人，所以沒有人聽到樹倒下的聲音，那麼：樹倒下的時候，是否發出聲響？」）如果要能有效的因應警報訊號，還要知道誰有權威行事，且用什麼方法來因應。最後，系統各部分的訊號必須能夠傳送到其他部分。

如第2章所述，我們已經改善了警告訊號系統。比較複雜的是，我們如何更敏於接收訊號。米特洛夫說，我們有一套自我防衛機制，使我們誤以為自己很強，故意忽略訊號：包括否認（把可能受到的衝擊最小化）、理想化（不會發生在我們身上）、自大（以為自己能力高強，可以抵擋危機）、推諉（會發生問題，都是別人的錯）、推想（把問題發生的可能性極小化）以及切割（想像遭殃的是別人，自己所受的衝擊有限）。如果我們能辨識一個組織面對壞消息時的防衛機制，就能比較容易測試自己的反應，克服故意否認的魔障。

約翰霍普金斯大學（Johns Hopkins University）已開發出一種簡單而且讓人不易疏忽的警報系統，以觸發立即反應，也就是包含五個步驟的檢查表，以避免中央靜脈導管引發致命的血液感染。每年在美國就有6萬個病人死於中央靜脈導管汙染引發的感染，耗費的醫療費用更高達30億美元。這張檢查表很簡單，只是要求醫護人員確認下列幾項：洗手、病人皮膚注射部位消毒、以無菌鋪單覆蓋病人全身、盡量避免從鼠蹊部下針，以及導管一推到預定部位，盡快移除導線。如果檢查表上任何一個步驟沒做好，團隊就不得繼續下一步。在最初的試驗中感染案例已不再發生。密西根醫療協會在100個以上的加護病房正式實行三個月後，血液感染率已從高於全國醫院的平均值變成零。三年後，實行成效依然良好。[10] 醫師作家阿圖・葛文德（Atul Gawande）曾在《檢查表：不犯錯的祕密武器》（*The Checklist Manifesto: How to Get Things Right*）描述檢查表的威力，各行各業都可利用檢查表來避免犯錯，如飛機駕駛、摩天高樓的建築以及開刀房等。[11] 在高風險的環境之下，疏忽任何重要指標都可能致命。檢查表是找尋問題的重要工具，如發生重要疏失，團隊的每個成員都有干涉的權力。如果一個組織面臨危機，不管威脅進展緩慢或似乎很快就會來到眼前，類似系統都能防範否認事實、不肯拿出行動。

經濟指標會引發金融市場波動，接下來，中央銀行和經濟政策制定者就得做出決策。有人或許會認為這些指標和檢查表很像，可以幫助我們發現問題，矯正弊端。的確，股市的自動交易系統就利用股價呈現的訊號，自動買入或賣出。然而銀行和政策制定者在面臨選擇之際，並不見得總是能把警報轉化為行動。訊號確實已經出現，但我們就是拙於辨識。

如果是「雷曼姊妹」呢……

訊號似乎顯而易見，但就是無人發現，原因有二：要不是警示系統出了差錯，就是訊號的接收與反應有問題。

2013 年，前聯準會主席葛林斯潘在《外交事務》（*Foreign Affairs*）雜誌撰文解釋為何在 2008 年「沒人看得見問題」。他認為問題出在警示訊號太弱，解決之道就是建立一個更好的預測模型，把人性的一些特點整合進去，如風險嫌惡、時間偏好和群體行為。[12] 但是問題並非警示訊號太弱，而是沒有人願意正視問題，而且決心採取行動。這意謂光是改善警示系統還不夠。我們必須想出更好的辦法，把訊號轉化為反應。第一步就是克服否認。能否認真看待威脅就看我們是不是願意面對問題（這關係到開放的文化），以及訊號的品質。

2008 年聯邦準備理事會（Federal Reserve Board）多次召開會議，討論如何處理經濟低迷和雷曼兄弟倒閉事件。會議紀錄充分顯示確認偏誤、觸發偏誤與逆火效應，難怪我們難逃經濟風暴的劫難。

2008 年 1 月 9 日，聯邦準備理事會因為失業率飆升，聯準會主席班・柏南克（Ben Bernanke）、副主席唐納德・科恩（Donald Kohn）和聯邦準備銀行舊金山分行總裁珍妮特・葉倫（Janet Yellen，2014 年接任聯準會主席）於是召開緊急會議。柏南克和葉倫語帶悲觀，警告經濟很可能會出現反轉。柏南克提到股價下跌、製造業成長緩慢、借款費用增加、失業率急遽上升、GDP 成長依然牛步——儘管 GDP 靠不住，仍是重要指標。此外，聯邦資金利率（美國聯邦儲備系統各會員銀行拆借市場的利率，其中最重要的是代表短期市場利率水準的隔夜拆款利率）已超過兩年期公債殖利率。有鑑於經濟情勢嚴峻，葉倫建議銀行當天就該調降利率。她說：「這一波漫長而且嚴重的房市反轉和金融危機已把經濟推到衰退的邊緣。」

聯邦準備銀行達拉斯分行總裁理查・費雪（Richard Fisher）說道：「我跟三十位房地產業之外的執行長談過，沒有一個人覺得經濟已步入險境。有些人只認為成長較為遲緩。此時此刻，沒有一個人看到我們已陷入經濟泥淖。不久，《新聞周刊》的封面故事將出現重大警訊：『通往衰退之路』。」2014 年，聯邦準備理事會公布 2008 年的會議紀錄之後，新聞媒體皆認為聯準會當時與現實脫節，未能看清事實。*《紐約時報》就出現這樣的新聞標題：「2008 年金融危機：聯準會誤判情勢」。

聯準會並非毫無作為。2008 年 1 月 21 日，聯準會等不及召開例行會議，突然宣布將聯邦資金利率調降 75 個基點——削減幅度可謂二十年來之最。1 月 30 日又再下調 50 個基點。那一年，不少人質疑聯準會是否有能力挽救經濟、解決危機，擔心更激進的做法會帶來反效果。

如果說次貸風暴是場大地震，2008 年 9 月雷曼兄弟倒閉則是地震引發的海嘯。以後見之明來看，當時聯準會明明已經火燒屁股，還擺出不食人間煙火的姿態。當時，在聯準會官員發布的聲明中，「危機」只出現十三次，「通貨膨脹」卻多達一百二十九次。他們只看到通貨膨脹，看不到衰退。

聯邦準備銀行波士頓分行總裁艾力克・羅森葛倫（Eric Rosengren）指出，不到五個月，失業率已上升 1.1%，這是一大警訊，更別提雷曼倒閉、貝爾斯登（Bear Stearns）被併購、美國國際集團（AIG）差點滅頂以及二房（房地美和房利美）財務

* 柏南克在2008年6月的會議上說，儘管他認為雷曼兄弟可能是一大隱憂，但是3月出現的危機氣氛已明顯消退。

危機。羅森葛倫警告說：「金融窘迫的情況愈來愈明顯。」〔儘管羅森葛倫可以參加聯邦公開市場委員會（FOMC）的會議，但是沒有投票權，因此不能左右結果。FOMC 共有十二位投票成員，其中七位是聯邦準備理事會董事，包括聯準會主席及副主席、還有一位是聯邦準備銀行紐約分行總裁，其他四位則由十一位地區聯邦準備銀行總裁輪流擔任。〕儘管警訊再明顯不過，那年 9 月 FOMC 的十二位投票成員一致反對調降利率。

直到 10 月，聯邦公開市場委員會才看清事實。葉倫在 10 月 28、29 日的會議中說：「經濟下滑的軌跡令人怵目驚心。顯然，全球已陷入巨大的危機之中。」她主張聯準會應採取更積極的行動。雷曼兄弟倒閉引發的混亂終於讓聯準會動了起來，不再推一步、走一步。一生致力於大蕭條研究的柏南克終於展現鐵腕，不惜下猛藥，使美國中央銀行體系盡全力穩定市場。到了年底，聯準會幾乎已把利率調降到零，自 1 月以來，共調降八次。儘管如此，聯準會內部仍有人認為問題沒那麼嚴重。聯邦準備銀行里奇蒙分行總裁傑佛瑞・拉克（Jeffrey Lacker）即在 2008 年 12 月的會議中將情況描述為「中等規模的衰退」。[13]

為何聯準會的行動如此遲緩？為何有些聯準會成員不願承認這是場史無前例的金融風暴？部分原因是源於貨幣寬鬆政策。聯準會前主席葛林斯潘在 1990 年代因應金融動盪的解方就是把利率壓低。儘管他一度被尊為繁榮年代的「守護者」。到了 2007 ～ 2008 年，金融海嘯席捲全球，葛林斯潘則被人唾棄，說他是資產泡沫的始作俑者，日後才會出現次貸危機等金融災難。我們的政府官員還在從後照鏡看問題，而不是看著前方，如此就難以吸收新的訊息。更大的威脅就在眼前，心裡卻還在想過去的問題。

如果你把目光鎖定在黑天鵝……

我們辨識警訊、及時反應的能力部分取決於過去面於危險的經驗。政策分析家凱洛琳・考斯基（Carolyn Kousky）、約翰・普拉特（John Pratt）與理查・澤克豪瑟（Richard Zeckhauser）論道，我們並沒有自己想的那樣理性。根據他們的分析，人若是遭遇沒經歷過、甚至壓根兒都想不到的危險（如車子衝進自己家裡），總會高估同樣事件再次發生的可能性。當初的事件愈歷歷在目，愈會讓人誤以為這樣的事件很可能會再出現。至於曾經歷過的危險，如擦撞之類的小車禍或是電腦當機，你則可能會低估這類事件發生的機率。[14]

儘管飛機失事的機率遠遠小於死亡車禍，由於飛機失事報導總是鋪天蓋地，很多人因而出現搭機恐懼症。雖然大家都討厭安檢人員要你脫鞋子接受檢查，由於曾經有人在鞋子裡藏炸藥企圖炸掉飛機，加上班機遭到恐怖襲擊的前例和搭機恐懼症，也就不得不乖乖配合。

我們可從遭遇沒經歷過的危險引發的現象來了解，為何大家會對黑天鵝危機過度關注。因為這類事件激發我們的好奇和想像。我們常沉溺於這些衝擊力極大但發生率很低的事件，因而無視發生率高的威脅，也沒能及時因應。我們只是注意自己想要看到的，而疏忽重大問題。如果你把目光鎖定在黑天鵝，當然看不到灰犀牛。

金融危機則是我們曾經歷過的危險。經濟史學家卡門・萊茵哈特（Carmen Reinhart）與肯尼士・羅格夫（Kenneth Rogoff）說得很清楚：不過之前發生過多少次的危機，總是會有一群人齊聲說道：「這次不一樣。」這就是否認最典型的例子。[15] 所謂福兮禍之所伏——如 1920 年代、1990 年代末和 21 世紀初的長期繁榮都是警訊。已開發國家在 1990 年代看到墨西哥、俄國和亞洲發生金融風暴，都置身事外，自認不會碰到這樣的問題。天鵝都是白的，哪有黑的？沒想到下一個就輪到自己。

多元化的必要

2008 年聯準會是否有其他做法，以力挽狂瀾？儘管主事者的不積極因應並非出自惡意，甚至因為加強資金的流動性、滿足市場所需而為人稱道。（當然，不斷降息和大量買進公債等量化寬鬆的做法也招致不少批評。）問題是，為何聯準會不能早一點看到重要證據，特別是有些成員提出質疑之時。顯然，聯準會的決策結構有弱點：這個團體的成員都很相像、同氣連枝。

在聯準會做決策的官員幾乎都是男性。雷曼兄弟董事會也是：九位董事是男性，只有一位是女性。金融風暴爆發時，法國財政部長克莉絲汀・拉加德（Christine Lagarde）曾說：「如果雷曼兄弟能像女性一點，也許就不會釀成這樣的悲劇。」*

2007 年，也就是雷曼兄弟垮台的前一年，冰島有兩位女性——荷拉・托瑪斯多蒂爾（Halla Tómasdóttir）和克麗絲汀・佩特斯多蒂爾（Kristín Pétursdóttir）——創立了以創投為主的奧度金融服務公司（Audur Capital）。翌年，在全球金融風暴的衝擊之下，冰島一樣損失慘重，只有奧度逃過一劫。奧度能夠逃過重創，一個原因是這家公司規模很小，不像其他銀行已吸收龐大的外國存款，另一個原因是其業務主要是財富管理、私募股權、企業顧問服務，非資本密集型，也不做投機交易。儘管如此，該公司創辦人對風險胃納有重要見解。儘管托瑪斯多蒂爾常搬出法國財政部長拉加德的「雷曼姊妹理論」，她並不認為奧度與冰島其他銀行大異其趣是因為這家公司的老闆是女人。[16] 她說，她和佩特斯多蒂爾「體內都充滿睪固酮」。她這樣比喻是因她們也充滿雄心壯志，敢大膽冒險、炒短線。但是她也強調奧度的核心價值，也就是有風險意識、有話直說、情緒資本、獲利要有原則和獨立——這才是奧度獨樹一格之處。有一次女性公司董事會議在紐約舉行，請佩特斯多蒂爾來演講，我也去現場聆聽。佩特斯多

* 如果創立雷曼的是雷曼家的姊妹，而非兄弟，基於女性比較具有風險嫌惡的特質，雷曼公司也許就不會倒閉。參看 Tim Worstall. "Of Course The Crisis Would Have Been Different If Lehman Brothers Had Been Lehman Sisters." *Forbes*, March 29, 2014. http://www.forbes.com/sites/timworstall/2014/03/29/of-course-the-crisis-would-have-been-different-if-lehman-brothers-had-been-lehman-sisters/。

蒂爾指出，冰島的災難有一大部分來自於決策者不夠多元。

的確，一家公司董事會成員愈多元，公司的表現就愈好。根據倡導職場女性權益的非營利組織觸媒（Catalyst）的研究報告，董事會女性成員的比例最高的，其成果表現與那些女性成員比例最低的相比，至少超過53%。[17] 此外，商業數據供應商湯森路透（Thomson Reuters）在2013年發表的研究顯示，董事會成員清一色是男性的，公司表現要比成員有男有女的來得差。[18] 該研究分析的公司當中，只有17%董事會成員女性比例達20%以上。

在一家公司，女性通常勇於發出不一樣的聲音，願意說出別人不敢說的。聯邦存款保險公司（Federal Deposit Insurance Corporation）董事長席拉・貝爾（Sheila Bair）就曾高聲批評金融業者「大到不能倒」的概念。梅格・惠特曼（Meg Whitman）曾針對市政債券（各州及地方各級行政當局發行的債券）發出警告；電影《永不妥協》就是單親媽媽艾琳・布羅克維奇（Erin Brockovitch）揭發電力公司汙染地下水的真人真事；辛西雅・庫珀（Cynthia Cooper）是世界通訊公司帳務稽核員，以一介女子在龐大的企業體中孤軍奮戰，發現公司以做假帳方式隱瞞38億美元的虧損，而在2002年獲選為「時代風雲人物」；伊莉莎白・華倫（Elizabeth Warren）為消費者購買金融商品的權益喉舌。可別忘了還有卡珊德拉和聖女貞德。準確預測2008年金融風暴即將成形的新聞記者中有多位是女性：如《紐約時報》的葛瑞琴・摩根森（Gretchen Morgenson）和戴安娜・哈里克斯（Diana

Henriques）、《金融時報》（*Financial Times*）的吉莉安・泰特（Gillian Tett）和《財星》（*Fortune*）的貝瑟妮・麥克萊恩（Bethany McLean）。

但女性並非多元思考唯一的來源。如果雷曼兄弟或聯準會積極尋求不同的意見——來自不同性別、族裔、年齡層和各種專業背景人士——或許就能早一點看到問題。任何組織也是一樣。關於領導，第一個問題就是組織是否能建立一個能引進不同視角、採納各種意見的結構，以挑戰現況。組織是否已找到不同背景的專業人士？是否願意接受諫言？是否願意花點心力預防，以免遭遇不測？

別被團體迷思拖下水

團體迷思和從眾行為很常見。1950 年代心理學家所羅門・艾希（Solomon Asch）從一系列的實驗發現，在一個團體中，一大部分的受試者會附和大多數人的意見，即使這樣的意見顯然是錯誤的。（儘管前面提到一些有些女性勇敢揭弊或示警，但根據艾希的研究，團體中的女性往往比男性更會順從眾人的意見。[19]）其他研究人員如史丹利・米爾葛蘭（Stanley Milgram）也在類似實驗發現不同國家的人從眾行為有所差異。（如，挪威人比法國人從眾，亞洲人比美國人不敢拂逆多數人的意見。）儘管如此，米爾葛蘭懷疑文化在這種差異扮演的角色。他論道：「有人會問是否所屬國家與這種行為差異有關。我認為除了國家，還包含文化、環境和生理特徵等。在很多情況之下，國家本身代表長久以來對共同文化的認同。」[20]

我問泛太平洋投資集團（General Atlantic）的法蘭克・布朗〔Frank Brown，歐洲工商管理學院（INSEAD）前任院長〕，以各國公司對威脅的辨識及因應能力而言，文化扮演何種角色。不同國家或地區是否會因文化障礙而否認威脅的存在？他的回答發人深省：問題不在文化本身，而是文化對一群決策者的影響。他說：「團體迷思或許可做出更好的決定，而且比較有趣。」然而如果是一個同質性高的階級社會，往往難以應付挑戰，也不能把握機會。「設法和來自不同背景、長相、思考、談話和行為都大不相同的人混在一起。例如房間裡有六個人，如果這些人都來自不同國家，就比較能想出更好的答案。」

台灣連鎖餐廳王品集團前董事長戴勝益以創新和跳脫框架的思考聞名。戴勝益在 1993 年開了第一家店，到了 2013 年，該公司的市值已達 10 億美元，他也登上《富比士》雜誌的台灣二十大企業家。戴勝益將他的成功部分歸功於在集體管理納入人為本的儒家思想及道家的無為而治。他被譽為「最另類的 CEO」，除了有一年曾在王品尾牙秀戴金髮、穿細肩帶紅色亮片小禮服反串女神卡卡，更令人稱道的是博采眾議式的管理——他總會主動尋求不同的意見。

王品集團經營團隊共 25 人，由旗下各品牌餐廳總經理與區經理組成。這些主管每個月都必須蒐集來自全台兩百多家分店的意見反映，以認清威脅、把握機會，例如不使用免洗筷、不迷信、不使用來自瀕危物種的食材等。[21] 王品在決策過程中特別鼓勵員工提出新想法，壓抑團體迷思。該公司也採納不同領域的專家意見，如學術、醫學、科技、時尚等。王品每週都會開一次管理會議，討論決策時，允許高階主管進行不記名投票，不過戴勝益保留百分之五的否決權，也就是 100 個提案，他有 5 次否決權，可推翻最後表決結果。

最佳企業領導人總是會留心團體迷思及相關弊害：包括充分顯示確認偏誤、觸發偏誤與逆火效應。他們能看出這些認知偏誤、勇於面對問題，並在決策過程引導人說出新鮮的意見。

赫茲論道：「無數的研究和實驗顯示，如鼓勵團體成員公開表示不同的意見，不但大家比較願意分享訊息，而且能用比較有系統、不偏頗、公平的方式來討論問題。」[22] 她還引用一位主管所言，那位主管說，他必須扮演的角色就是「挑戰者」。這正是破除群體決策偏差的重要概念。赫茲問道：「想想看，不管在工作場合或是在家裡，你的挑戰者是誰？」

儘管一家公司董事會成員愈多元，該公司的表現就愈強，但這是個雞生蛋或蛋生雞的問題。華府智庫國際企業女主管（Corporate Women Directors International）董事長愛琳・納提維達德（Irene Natividad）對我說：「公司並非突然想通了，增加女性董事的名額，公司表現就愈來愈好。」事實上，常常是公司先了解自己的市場，發覺需要聽取女性的意見，於是增加女性董事的人數，如此創造出良性循環。

日本企業讓獨立董事加入董事會之後，至2009年，日本女性董事的比例已從1.4%升高到3.1%。雖說從2005年至2009年成長了兩倍多，但之前的女性董事真是有如鳳毛麟角，有統計樣本過少的問題。2014年日本首相安倍晉三甚至推動「女力經濟學」，除了增加25萬個幼兒園服務人員名額，增加女性就業機會，並以減稅的誘因鼓勵企業增加女性主管和董事的人數，並延長育嬰假。儘管還有長遠的路要走，不管怎樣，已經起步了。

建立良好的制度有助於看清威脅。如果能讓人表達各種不同的想法，就能避免確認偏誤。如果能靈敏感知各種不同的危險，也就能克服現成偏誤。如果我們對自己不想看到的就視若無睹，要破解這樣的魔障，就得靠這些方法。有時，我們必須時時提醒自己睜大眼睛，才不會出現要命的疏漏。

否認一籮筐

人性弱點和故意否認的界線很模糊。日本福島核災就是疏忽重大威脅的典型案例。福島第一核電廠因反應爐爆炸，備用發電機遭海水淹沒，爐心熔毀。第二核電廠就在南方11公里。第一核電廠蓋在海平面以上10公尺的地方，而第二核電廠則蓋在海平面以上13公尺處。儘管第二核電廠也遭到海嘯破壞，但關鍵差異在於：第二核電廠將備用發電機設置在較高的地方，因而沒遭到海水淹沒。這就不是警告訊號太弱的問題。第一與第二核電廠很相似，也獲得同樣的訊息，只是第二核電廠的人想到預防備用發電機遭淹沒的危險，而第一核電廠的人沒想到。

齋藤浩幸是日本官方福島核電廠事故調查委員會的一員。他說，這是故意忽略造成的災難。正像聯準會坐視次貸風暴愈演愈烈，福島核災也是許許多多的因素造成的。不管次貸風暴或福島核災，握有權力得以改變情況者應能透過決策防範災害，而且該把危機的預防視為第一要務。然而除了團體迷思與組織設計不當帶來的偏誤和盲點，故意否認更是致命的做法。

否認是人性的一部分，會讓人看不見問題。碰到災難時，大夥兒只會一逕否認。史丹佛科技史教授羅勃・帕克特（Robert N. Proctor）與語言學家伊恩・柏爾（Iain Boal）創造出「比較無知學」（agnotology）這個新字，用以描述文化中刻意引導的無知或懷疑，尤其是出版錯誤或誤導世人的科學資料。[23] 帕克特論道：「無知有很多朋友，敵人也不少，舉凡廣告宣傳、軍事運作或是兒童朗朗上口的口號都看得到無知。」他細述香菸產業自 1950 年代開始就用各種手段要人懷疑香菸之害，暗示肺癌是其他原因造成的，也就是利用「相關並不等於因果」的觀念。有一段時間，菸廠似乎成功了。根據 1966 年的哈里斯民意調查（Harris poll），超過半數的人都認為抽菸不是肺癌的主要成因。

從香菸產業到酸雨到石棉到氣候變遷，希望維持現況藉以獲利者總是鼓動我們否認事實。這些既得利益者與專家和權威人士串通好，要社會大眾懷疑不利於他們的真相。

科學史家娜歐蜜・歐瑞斯克斯（Naomi Oreskes）與艾瑞克・康威（Erik Conway）在其合著的《販賣懷疑的商人》（*Merchants of Doubt*）一書詳述有影響力的科學家與企業合作，左右公眾對科學事實的了解，以達到干擾公共利益和政府職能的目的（本書已拍成紀錄片）。[24] 作者說：「商人知道只要提出疑問就能製造爭議，即使你已知事實，也莫可奈何。他們於是處心積慮，把科學共識扭曲為爭議。」

歐瑞斯克斯與康威論道，早在 1950 年代，香菸產業已知抽菸對人體的危害，然而直至 1964 年，美國民眾才從衛生總署的報告得知真相。這是過濾七千篇以上菸害研究報告得到的結論：抽菸使罹患肺癌的人數大幅增加。歐瑞斯克斯與康威指出，衛生總署勇敢挑戰聯邦政府的既得利益——政府長久以來不但補助菸草生產，並從菸稅得到可觀的稅金。他們說：「如果抽菸會要人命，政府不就是幫兇？」美國 46 個州的州政府因菸害造成醫療保健費用大幅攀升（更別提無數因抽菸死於肺癌者）而聯合對四大香菸公司提出訴訟，經過數十年的纏訟和反菸運動者的努力，終於在 1998 年，香菸公司總計以 2,060 億美元和解，抽菸人口的比率也下降了三分之一。

氣候變遷爭議也是商人操作的結果。歐瑞斯克斯與康威論道，自 1960 年代以來，已有很多科學證據出爐，證明氣候變遷的問題日益嚴重。跨政府氣候變化委員會（IPCC）最近也不斷證實，人類活動已使全世界氣候受到影響。兩人舉出一個例子：

美國國家科學院根據氣候研究委員會的意見，在 1980 年提出書面報告，卻把焦點放在不確定的因素，而非扎實的研究結果。「儘管國家科學院已知，氣候變遷的速率要比模型預測的來得快，現在不先想辦法預防，以後將付出慘痛的代價，仍不願正視問題。經濟學家則認為現在還早，問題也許沒那麼嚴重。」這就是典型的樂觀偏誤，加上容易小看未來的問題，科學家因此刻意淡化悲劇發生的可能性。

如果先前有關氣候變遷的辯論顯示認知偏誤的影響，使我們否認顯而易見的事實，經過一段時間之後，有人就會故意疏忽證據。石油大公司不惜花費數百萬美元，請一些科學家或專業人士扮演公正的第三方，否認氣候變遷的嚴重性。[25]

世界各地的人面對氣候變遷的態度皆有不同。根據 2013 年皮尤研究中心（Pew Research Center）的調查，每 10 個美國人只有 4 人認為氣候變遷是重大威脅，其他接受調查的還有 38 個國家，這些國家的民眾則有半數以上（54%）認為氣候變遷會帶來巨大災難。[26] 儘管皮尤這份調查研究並未探討民意是否受到操控，顯然科學共識和可操控的民意之間是有距離的。

企業除了操控民意，也知道如何利用數據來否認事實。[27] 很多投資人向來懷疑中國的經濟指標，只能概括參考。希臘早就債台高築，但是藉由高盛之助，利用歐盟規定漏洞混入歐元區，隱藏赤字，再大舉借債，直到 2010 年山窮水盡，才露出馬腳。1990 年代初期，我寫書討論拉丁美洲經濟問題時，很多國家的實際經濟數據都很難查清楚。各國政府從國際債券市場募集的資金愈來愈多，也了解必須展現漂亮的經濟數據才拿得到錢。儘管不少國家的經濟數據要比二十年前亮眼，但是也有例外。像阿根廷近年的表現反而退步。2001 年底，阿根廷政府無力償還外債，引爆金融危機與銀行擠兌潮。為了粉飾太平，阿根廷政府索性下重手操弄經濟數據，並威脅經濟學家不得發表自己的統計數據。由於手段過於卑劣，到了 2012 年，《經濟學人》（*The Economist*）宣布無法採信阿根廷官方發布的各種經濟指標。阿根廷政府知道數據是重要的改變工具，只是這種改變無法帶來真正的利益。

只有建立良好的警示系統，而且用良善的誘因引導人民注意，才是正途。我們現在已知金錢誘因與利益衝突的糾葛很複雜，難怪安隆與世界通訊的帳務稽核員難以走出假帳的迷宮。

哈佛大學教授貝澤曼在《覺察力》一書論道：「會計事務所必須讓客戶滿意，客戶才會回流，也才有收入。」如果他們不能為客戶的帳目背書，客戶就會流失。此外，他們提供的顧問服務也會造成利益衝突的問題。事實上，不少帳務稽核人員像華盛頓政客和遊說者會透過旋轉門到企業服務。貝澤曼說：「這些現象都不利於安隆和安達信會計事務所（Arthur Andersen）之間的獨立稽查。自從 1986 年，安隆創立不久，這家能源公司一直是安達信會計事務所的客戶，最後兩家公司也同歸於盡。」

貝澤曼和其同事特別設計了一連串的研究，以評量稽核制度利益衝突的影響。他們請學生分別扮演一家虛構公司的人員和稽核人員，發現結果令人憂心：「在這種情境之下，儘管公司人員和稽核人員是假設性的關係，稽核人員的判斷還是受到客戶的左右。」貝澤曼認為會計事務所長久以來一直在否認利益衝突，也不願解決這樣的問題。安隆就是不當誘因加上短視近利的典型之例，加上利益衝突，致使公司和會計事務所雙方長期的利益皆遭到破壞。2008 年的金融危機如出一轍。貝澤曼稱這些真實案例為「可預料的意外」，讓人愈來愈能透視危機。貝澤曼論道：「直到最近，會計學者才開始正視我們的研究。」

貝澤曼提出一些合理的建議：[28] 公司聘請會計事務所的時候必須簽訂合約，合作期間，公司不得任意解聘會計事務所，合約結束之後，也不得再聘用；合約到期後，會計事務所稽核人員不得到客戶的公司任職，以及禁止稽核人員提供稽核之外的服務。

其他研究人員也發現，系統可能從中作梗，讓人否認事實，看不到明顯的威脅。麻省理工學院的伊瑟・杜夫洛（Esther Duflo）、麥可・葛林斯東（Michael Greenstone）與哈佛大學的羅希尼・潘德（Rohini Pande）和尼可拉斯・萊恩（Nicholas Ryan）組成一個研究團隊在印度古吉拉特邦（Gujarat）測試新的汙染查核規定的實施情況。控制組使用舊規定，查核人員自行選擇要檢查的工廠，也由該工廠付費。反之，使用新規定的實驗組，查核人員由第三方付費，有些查核人員的報告必須接受檢查，如報告詳實則可獲得獎金。結果採用新規定的實驗組 80%

查核人員都照實報告，汙染指數要比用舊規定的廠房高出 50% 到 70%。[29]

如果有人必須負責揪出動機衝突的問題，最簡單的做法就是否認問題的存在。如果稽核人員證明沒有問題，就能阻止別人挖掘問題。

我們能汲取什麼教訓？如果你聽到一則消息，不知該用怎樣的態度來處理，那就看消息的源頭吧。

從否認到接受

我們如何能從否認轉為接受？庫伯勒－羅斯認為，這種轉變最好是自然發生，不可強求。

美國詩人埃德溫・馬克翰（Edwin Markham）曾說：「挫敗和勝利一樣，都能撼動靈魂，展現光榮。」的確，我們可能在震驚之下大徹大悟，進而付諸行動，如艾爾・高爾（Al Gore）致力於氣候危機的防範。高爾經常講述一個故事：他兒子在 6 歲那年差點死於車禍，他突然想到必須採取行動，以免失去這個世上最寶貴的。兒子的車禍使他不得不想像最難以面對的——也就是他可能失去兒子。如此痛苦的經驗讓他張大眼睛，看看他還可能失去什麼寶貴的東西。他因而領略到地球的壯麗——這是前所未有的經驗。接著，他開始擔心失去這個我們生存的星球。他在 2006 年出版的《不願面對的真相》（*An Inconvenient Truth*）一書中寫道：「我兒子差點喪生，這對我的衝擊很大。我於是重新思索每件事，特別是對我來說，哪些是當務之急。」他在 1992 年民主黨全國代表大會演說中提到：「當你從孩子無神的瞳孔看到自己的身影，不知他下一刻能否繼續呼吸，你突然了解，我們活在這個人世，並不是只要滿足自己的需求。我們只是大我的一小部分。」他正視氣候變遷問題的嚴重，刺激各國採取行動對抗全球暖化，因而獲得諾貝爾和平獎的殊榮。有三種領導人：一種成功逃過灰犀牛之劫、一種被灰犀牛踩死，還有一種則是被踩踏，但努力爬起來了。為何會有這樣的差異？關鍵就在是否能看著前方、及早察覺威脅、採取行動，才不至於和別人一樣淒慘。

思考如何解決問題的人常像書呆子，注重細節，而且沒有說服別人的口才。他們以事實和數據為主，再用理性來爬梳。政策是屬於邏輯的領域，不能感情用事。但是要征服否認，不管否認是故意或是無意，也都必須從感情下手。我們必須痛下決心才能破除本來的想法或希望，也才願意摘下玫瑰色的鏡片。

一旦我們了解為何無法看到灰犀牛，就能超越否認，趨向行動。我們必須破除認知偏誤，第一個要克服的就是團體迷思。由於警示機制已有改善，我們必然能做得更好。

能生存下來的公司、政府和組織都是願意傾聽諫言的。如果我們能注意自己的盲點、質疑自己的思考，建立讓人無法忽視的警示系統，儘管否認會像反射一樣出現，我們仍能進入行動反應，就不會錯過或忽略灰犀牛，並擬定優先順序。採取行動不只是為了不被踩扁，經過灰犀牛的試煉後，我們必然能更上層樓。

哈佛行為經濟學家已從麥爾坎・葛拉威爾（Malcolm Gladwell）、丹尼爾・康納曼（Daniel Kahneman）、布朗夫曼兄弟（Ori and Rom Brafman）等卓越的作者獲得洞見，使政府和企業運用社會心理學和行為經濟學來改善政策。哈佛大學甘迺迪學院的麥斯・貝澤曼、馬札林・巴納吉（Mahzarin Banaji）、愛麗絲・波奈特（Iris Bohnet）、赫曼・里歐納德（Herman "Dutch" Leonard）等教授所開設的全球領導力和公共政策課程，都讓我獲益良多，使我形成自己的思考架構，看出哪些是能面對威脅、及時採取行動的領導人，哪些不是。

有一次上課，巴納吉要我們班的同學觀察一段有人打躲避球的影片，計數白球和黑球的數目。影片播完後，巴納吉問我們，是否發現有什麼不尋常的。只有兩位同學注意到有一個女人撐傘，從鏡頭前走過。接著，我們看重播，這次所有的同學都看到那個女人了。這和克里斯多夫・查布里斯（Christopher Chabris）和丹尼爾・西蒙斯（Daniel Simons）的實驗「為什麼你看不見大猩猩」有異曲同工之妙。[30] 全世界心理學系所和商學院都把這個經典實驗納入課程。

查布里斯和西蒙斯指出，在大多數的情況之下，沒能看出不期然出現的事件其實沒什麼影響。然而，聯準會只盯著通貨膨脹，就沒發現更大的災難，於是雷曼公司倒閉、經濟跳水、失業者眾。政客煽動對移民的仇視、在社會議題方面提出讓人大翻白眼的意見，或是針對地緣政治發表不當言論，我們不禁要問：他們到底不想讓我們看見什麼？

我們明知灰犀牛在哪裡但否認這些犀牛存在，這樣的自我欺騙可能為我們帶來災禍。這和大象遊戲剛好相反。如果有人告訴你，不管如何，就是別想到「大象」，「大象」反而揮之不去，一直出現在你的腦海中。你知道不可忽略某件事，但是這件事是你不願聽到的，你輕輕鬆鬆的就可把這件事拋到九霄雲外。

灰犀牛心法

- **從新的地方去找警訊**。新科技與數據流都能給我們預測和辨識類型的新能力。
- **質疑傳統思考**。小心被團體迷思同化，你必須挑戰自我，要自己傾聽其他解釋。如果你能注意認知偏誤和集體盲點，質疑自己的想法是否正確，就能看到灰犀牛，知道該用什麼順序來處理，避免被踩扁。
- **克服團體迷思的魔障**。培養對警訊敏感的文化。負責決策的團體必須有多元的聲音，並提出異於傳統思考的概念，以免威脅當前還不可一世。不管是政府、企業或組織都必須建立一套警訊的辨識系統，以及時行動、應付危險。
- **不要一直否認**。有時，我們會在無意間被自己的天性欺騙。有時，人則是為了私利而故意否認。要知道兩者的差別。

第4章
不作為：為什麼看到犀牛還不快跑？

在明尼亞波利斯，35號州際公路西線密西西比大橋紀念園有一塊晶亮的黑色大理石碑，上有一段白色字體刻的碑文：「生命的定義不只是在我們的生命中曾發生什麼，還包括我們如何面對；不只是生命帶給我們什麼，還有我們給生命浥注了什麼。無私的行動和同情使我們走出悲劇事件，創造更強韌的社群。」在這塊石碑前方，立著十三根鋼柱，代表2007年8月1日下午6點5分因這座州際公路大橋崩塌殞命的人。鋼柱上刻了許多首詩和悼文，追念不幸喪生者：一個唐氏兒和寵愛他的母親同遭不測、一個墨西哥移民、一個趕著到希臘正教教會教舞蹈的女老師、一個來自溫尼貝戈印第安人雷族的女性、四個孩子的父親、明尼蘇達維京人隊和雙城隊的球迷、柬埔寨難民等。這個紀念園要獻給「這個災難的往生者、倖存者以及心有所感者」。

黑色大理石碑之上，在上面那段碑文之下，也刻了一百七十一位倖存者的姓名。夏日，流水從石碑頂端汩汩的往下流，形成一道水牆。然而，我在一個冬日來到石碑之前。明尼亞波利斯剛歷經五十年來最嚴寒的冬季，冰雪開始消融。石碑上方的冰柱慢慢融化，水珠有如淚痕，一點一滴往下，流到地面。沒掃淨的枯葉在我腳邊飛舞。石碑後方和下方的密西西比河依然冰封，只有橋底下有一小塊已經雪融，可見流水。河的對岸有座堂皇的紅磚建築，四支煙囪在藍天中聳立，飄散出縷縷煙羽。

紀念園的左側有兩座橋，其中一座是有鐵軌的舊石橋，讓火車把磨坊的穀物運送出去。右側，在一排樹的後方就是興建好的新橋，以取代已崩塌的舊橋。已塌的舊橋就是多年無視警告、拖延修補的結果：連接鋼梁的角牽板設計不良問題如果早解決，就不會發生悲劇。即使沒有這樣的設計瑕疵，橋梁更新進度之慢，讓人無法置信。自 1990 年，美國運輸部（U.S. Department of Transportation）已把密西西比大橋評定為「具有結構缺陷」。2006 年，檢查人員注意到此橋已出現裂縫和彈性疲乏：每天仍有 14 萬輛車通過這座橋，只是不知何時會釀成災難。在 2020 年之前甚至沒有修建新橋取而代之的規劃。舊橋崩塌之後，新橋以驚人的速度興建完成，似乎是為了彌補先前的麻木、拖延。2008 年 9 月 18 日，舊橋坍塌才過一年，新橋正式落成，此橋和帝國大廈一樣，每晚都會亮起彩色燈光。

我來到密西西比大橋紀念園是為了省思這麼一件事：就算負責單位承認問題存在，決定不作為要付出什麼樣的代價？他們已知問題在哪裡，但還是決定擱置。這個決定致使橋梁崩塌就是典型的灰犀牛第二期：已經了解問題，但不能或不願面對。

紀念園設立的地點離磨坊城市博物館不遠，兩者看起來相當格格不入。然而從歷史、建築結構以及受到的威脅來看，瓦許本磨坊和密西西比大橋的命運頗為類似——曾經毀於災難，之後又以新的面貌出現。這裡本來是世界最大的磨坊，1965 年關閉，1991 年失火，差點全毀。這座磨坊是明尼亞波利斯最古老的，動力來自聖安東尼瀑布（Saint Anthony Falls），使明尼亞波利斯發展成繁榮的麵粉之都。1878 年 5 月 2 日，瓦許本磨坊發生粉塵爆炸，造成 18 名工人喪生，磨坊和其他四座工廠都被摧毀。此即所謂的「大磨坊災難」（Great Mill Disaster）。災難過後，廠房重建，也實施重大改革，促進安全。

第一次世界大戰之後，磨坊改用化石燃料，移向其他城市發展，明尼亞波利斯的磨坊業因此蕭條，這個城市於是轉往價值高的食品加工業，磨坊區於是吹起熄燈號。密西西比大橋崩塌和磨坊業的衰退不是單單一個城市的問題。其實，在面臨變化之時，所有的城市都面臨嚴峻的選擇。磨坊業蕭條，由其他產業取代，這代表一種創造性的破壞：新的想法和新科技破壞了舊的，也帶來更多的財富。如果我們能做出明智的決定，知道什麼該保留、加強、修補或放棄，以出現更好的東西，創造性的破壞就能成功。不管看待未來或過去，如果我們能看到更好的選擇，該棄絕的就不要捨不得。

有關基礎建設的決策常會涉及創造性的破壞。我下榻飯店附近的電車軌道已經廢棄，而這個城市的高速公路動不動就大打結，即使是星期六晚上也不例外——這是很多城市因商業與社交活動密集所面臨的人口運輸問題。密西西比大橋和每日行經車輛也代表運輸的演化，從最早的馬匹到馬車，到近代的火車、有軌電車、公車和汽車。

根據麥肯錫全球研究所（McKinsey Global Institute）的調查，美國每年為了交通阻塞耗費的時間和燃料，換算成金錢達 1,010 億美元。由於人口不斷遷往都市，這樣的問題不只發生在美國，也會出現在全球各地。我們從聯合國的研究得知，今日全球人口的半數以上（39 億人）都住在都市。到了 2050 年，由於全世界的人口將增加 25 億人，預計屆時居住在都市的人口將多達 66%，總數高達 60 億人。[1]

即使美國為了整頓大眾運輸要採取比較激進的做法，還是少不了已有的基礎建設，而且必須仔細維護和更新。儘管幾百年來，交通演變頗大，目前的基礎建設——如道路、橋梁、港口、鐵路和下水道系統——短期內還不大可能被嶄新的科技取代。這些基礎建設仍需要大筆資金的浥注，以發揮原來的功能，同時還得因應都市人口日益增加的需求。

麥肯錫全球研究所預估，從現在起到 2020 年這段期間，全球交通和能源基礎建設的維護和建造將花費 57 兆美元，比那些基礎建設本身的價值來得高。[2] 這數目的確驚人，然而麥肯錫論道，如果事先規劃，及時升級，考慮到更大的架構來評估、選擇案子的進行，將可省下 40%的經費，約是每年 1 兆美元。若不投資在道路、港口、通信電纜等基礎建設，等到災難發生或是交通、電力、自來水系統等不堪負荷，我們就得付出更大的代價。

聯合國估計，居民達 1,000 萬人以上的巨型都市，目前有 28 個，到了 2030 年將增加為 41 個。[3] 這些都市必須好好思考交通基礎建設的問題並投入資金維護及改善。現在還有時間規劃鐵路線，將來好應付數百萬人通勤之需。

儘管我們面臨很大的挑戰，這也是增加生產力、提升經濟的契機。根據麥肯錫全球研究所的估計，各國若在基礎建設上投資 GDP 的 1%，將增加很多就業機會：如印度，340 萬；美國，150 萬；巴西，130 萬。

如果不能投資在基礎建設上，除了生產力下降、就業機會減少等經濟損失，還可能賠上人命，如密西西比大橋崩塌事件。這樣的代價很清楚，也有詳細的紀錄。該做的事，就得趕快行動，不能再坐視不顧了。

爲何不作爲？

城市基礎建設的問題就是典型的灰犀牛第三階段：你明明知道問題在哪裡，就是不去解決。就像踢皮球，認為把問題推給別人，自己就沒事了。不作為的藉口很多：預算不足啦、在政治上行不通啦、不管怎麼做都沒用，反正會完蛋啦……等等。這是企業、政府、個人生活和財務常見的現象。2008 年金融危機也是。像花旗集團前執行長查爾斯・普林斯（Charles Prince）的不作為藉口已成經典：「只要音樂還在播放，你就得起來跳舞。我們都還在跳呢。」

即使決策者已超越否認階段，還是可能無法果決行動。每次發生危機，只有極少數的領導者會及時行動、避免危機的發生，其他幾十個只會踢皮球。不能拿出行動的原因包括系統設計不良、資源不夠、領導力薄弱、問題大到讓人不知從何做起、無人當責等。認知差錯也會妨害行動，如對危機的認知錯誤、誤解以及動機不足。

忽略不拿出行動代價比較容易，相形之下，採取行動犧牲少數以避免更嚴重的後果則比較難。前者是不作為造成的傷害，後者則是採取行動造成的傷害。基於道德直覺，我們寧願不動手，儘管會有更多人受傷，也不願動手使少數人愛到傷害。例如，心理學家提出的電車難題：如果把一個人推下電車，可使電車停下來，以避免電車撞到軌道前方的一群人，你是否願意這麼做？大多數的人都不願這麼做。即使犧牲一個人可以救很多人，但是要我們動手的話，我們則不願這麼做。在其他版本的電車難題，例如把一頭猩猩推下電車，就可救很多人，由於猩猩不是人，受試者就比較願意這麼做。如果區分贏家和輸家才能解決問題，由於輸家也是人，大多數的人都不願做決定。要是能讓多數人受益，同時彌補少數人的損失，那就比較容易有所突破。

我們裹足不前，是因依賴奇蹟的想法：我們常想像最後必須會出現解決之道。在好萊塢的電影中，英雄常用三種方式脫困：

天行者路克和絕地武士在慘烈的戰爭中以力量和絕技擊敗死星；蝙蝠俠在千鈞一髮之際，意外得到貓女之助——他一直以為她是背叛他的人；在電影《星戰毀滅者》（*Mars Attacks!*），人類即將被火星人殲滅之際，一部小小的收音機突然傳出史林・惠特曼（Slim Whitman）的歌曲「印第安愛的呼喚」，火星人聽了之後，腦袋就爆開了，跑出綠色腦漿，就此全軍覆沒，人類得以反敗為勝。只是人生不是電影。

其實，好萊塢所在的加州正面臨不少隻灰犀牛：缺水、貧窮、住房不足、預算鬥爭等。《經濟學人》特別提出兩份研究報告，顯示加州的貧窮問題要比我們先前想的要來得糟——23.8％的居民過著貧窮的生活，這樣的貧窮率在美國各州當中是最高的。報告中引用經濟學家約翰・修辛（John Husing）所言：「每一個人都知道這是個大問題，然而就是沒有人提。」[4]

今日，美國人健康最大的威脅就是肥胖。[5] 早在 2010 年，肥胖已遠遠超越排名第二的抽菸，成為健康最大的殺手。三分之一以上的美國人過度肥胖，這些過度肥胖的人每人每年花費的醫療費用要比體重正常的健康人多出 1,429 美元，每年總計耗費 1,470 億美元。儘管醫學證據很明確：只要多吃蔬果，就能減少罹患心臟病的風險，血壓和「壞的」膽固醇也能下降，也許還能降低罹癌機率。

心理學家和領導力顧問羅勃・基根（Robert Kegan）和麗莎・雷希（Lisa Lahey）指出，研究顯示每 7 個心臟病人只有 1 個會依照醫師的囑咐，改變飲食習慣，以免身亡。基根和雷希論道，這樣的現象出自我們「對改變產生的抗體」：[6] 習慣性的行為和心態阻礙我們行動，就算是面對生死交關的大事亦然。

難道有人不知道吃太多甜食和脂肪有害健康？這一代的兒童肥胖率比起前一代增加了三倍，罹患糖尿病、氣喘等疾病的風險也高出許多。[7] 每 20 個兒童，只有 1 個攝食足量的蔬菜。整體而言，美國人實際吃下去的蔬菜只有應攝食分量的一半。我們還不知如何改變這個現象。麥可・莫斯（Michael Moss）在《紐約時報雜誌》（*New York Times Magazine*）上論道：「垃圾食品廣告請明星和卡通人物代言，挑動我們的食欲。我們也許知道多吃蔬果有益健康，然而我們往往不敵垃圾食品廣告的轟炸——尤其是兒童。無可否認，如食品產業的科學家所言，咀嚼青花菜的『口感』不如吃洋芋片。」莫斯還指出，有些誘因也不利消費者，例如有機、健康食物昂貴，他們負擔不起，再者農夫生產新鮮蔬果的獲利不如種植餵養牲畜的穀物或生產加工食品。就算投入經費到補助、保險和研究上，也不見得能促進健康食物的生產。莫斯下結論道：「在目前的農業系統之下，農夫幾乎沒有誘因去生產有益健康的農作物。」[8]

深植於金融與政治系統不當誘因將使人把焦點放在短期利益和選舉週期，犧牲長期利益，鼓勵無所作為。即使成功避免危機，也不算功勞。今日社會中的卡珊德拉為了避免災禍發布警訊，卻常常惹人攻擊。如果因為你高聲疾呼，說危險即將到來，使人改變行為，要是你的預言不準，就可能淪為笑柄。

我們不想拿出行動是因擔心做了錯的決定，就會更糟，不如什麼都不做。我們總會牢記別人做過的錯事：胡佛在 1929 年實行緊縮政策，使股市崩盤，惡化成經濟大蕭條。他因為犯了這個嚴重失誤而成為罪人，沒有因為拿出行動而為人稱道。

有些組織面臨威脅的反應尤其遲鈍。責任從官僚系統的漏洞流失，組織文化充斥損失嫌惡，個人應負的責任都被稀釋掉了。由於我們都怕做錯事，天生具有損失嫌惡的傾向，災難的風險反而增加。

我們如何從踢皮球變成積極行動？政策促進者深知光靠理由和事實還是無法使決策者改變：必須找到情感的觸發點，從潛意識的開關下手。因此，在為危機下定義之時，必須讓有權力做事的人有共鳴之感。我們也必須設法改變金融與政治的底層誘因，才能及時行動。如果我們能正確估算出避免威脅省下的費用，就能有很大的轉變。

這樣的選擇就像考慮要不要現在為汽車換機油：現在換機油比較好，或者以後換引擎好？如無視明顯威脅，一再拖延、疏忽，只會因小失大。

斷裂的臨界壓力

隨時可能發生崩塌的不只是密西西比舊橋，其他很多重要基礎建設也是：評定為「結構缺陷」的橋梁多達 77,000 座，很多都像密西西比舊橋不但結構有問題，而且已面臨斷裂的臨界壓力：一個零件毀損或故障就可能會垮下。然而州政府財務困窘，苦於無米之炊，不要說幾百座危橋，即使是幾十座，一下子也應付不來。[9]

什麼也不做，雖可立即免除痛苦，但是日後將會為威脅付出更大的代價。災難之後重建的花費要比按照時程修建更高，更別提失去的人命和經濟受損。

如果聯邦和州政府在預算辯論時加入定期評估不作為的費用，與維護的費用相比，或許就能注意基礎建設年久失修帶來的危機。密西西比新橋使用年限預估為一百年，造價達 2 億 5,100 萬美元。崩塌的舊橋讓明尼蘇達州居民每日因繞路等造成的時間與經濟損失達 40 萬美元——總計在 2007 年耗費 1,700 萬美元，2008 年則是 4,300 萬美元。[10]

明尼蘇達州眾議員凱斯・埃里森（Keith Ellison）在宣布新橋即將開通的記者會上表示：「我希望我們能牢記這個悲劇的教訓，未來不再犯同樣的錯。我們應該藉這個機會，好好檢修所有的基礎建設，包括橋梁、河堤、道路、轉運系統和自來水供應系統，滿足民眾的需求，讓他們過得安全，而且也可增加更多的就業機會。」

美國基礎建設每四年評分一次，從垃圾處理到港口、航空、高速公路、河堤等，總計有 16 個項目。根據 2013 年的成績單，美國土木工程學會（American Society of Civil Engineers）的總評分為 D+。該學會警告說：「42％的美國大都市公路依然擁擠不堪，使人浪費時間與燃料，造成的經濟損失每年約當 1,010 億美元。」美國土木工程學會估計，在 2020 年之前，美國起碼必須在基礎建設上投入 3.6 兆美元的維修和興建費用，但根據 2013 年提出的規劃，政府只能拿出 2 兆美元。[11]

高盛證券分析師艾力克・菲利普斯（Alec Phillips）在 2015 年 1 月發函給客戶，警告說美國基礎建設老舊，更新速度龜速，將成經濟的一大隱憂。[12] 如果政府能在基礎建設大手筆投資，就有刺激經濟之效。

基礎建設是全世界國家的一大挑戰。我在 1988 年初次踏上多明尼加共和國，動不動就碰到停電，因此該國流傳了一個笑話：總統是盲人，因此停電也不知道。不過，他們的總統巴拉格（Joaquín Balaguer）的確是盲人，而且總統府和總統官邸從未停電。將近三十年後的今天，多明尼加的停電危機還沒解決。

印度的高速公路非常壅塞，卡車和公車行駛速度皆低於時速 40 公里。據估計，印度的電力和自來水供應系統落後，約使這個國家每年損失 GDP 的 2％。投資人比較印度和中國，由於印度基礎建設不佳，因此很多人偏好到中國投資。世界銀行估計，非洲 90％的民眾和貨物都靠道路運輸，是全世界車禍發生率最高的地方。[13] 如投資 120 億美元修補道路，省下的金額將可達 480 億美元。

對發展迅速的城市來說，公共建設不先興建好，等到房屋櫛比鱗次的出現在土地之上，未來要徵收就難上加難。2011 年，我到中國訪問，我們開車離開大連（人口已超過 650 萬）約一個小時之後，似乎已駛進荒郊野外，新建好的多線道高速公路幾乎空空如也。雷曼兄弟垮台、全球陷入經濟危機，中國為了刺激經濟，於是努力興建基礎建設，也就是先把土地規劃好，以利未來發展。

芝加哥則是明顯的反例。我在紐約住了很多年，2014 年才遷居芝加哥。我發現市區紅線（高架電車）擁擠不堪。由於電車軌道兩旁都是密密麻麻的建築物，要徵收土地、拓寬軌道，談何容易？看來，芝加哥的通勤問題似乎無解，只會愈來愈嚴重。

長痛不如短痛？

心理學家丹・亞瑞利（Dan Ariely）在 18 歲時因一場爆炸意外，全身皮膚 70%灼傷，長期住在燒燙傷病房。每次浸浴、換藥，他都覺得生不如死，特別是護理師快速撕開繃帶的時候——她們認為，如果慢慢撕開繃帶，病人會比較痛，只是這點並沒有什麼科學證據。亞瑞利在 2008 年出版的《誰說人是理性的》（*Predictably Irrational*）一書中論道：「護理師沒考慮到治療前的恐懼，治療後疼痛起起伏伏很難應付，有時則不知疼痛何時會來襲，何時會結束。」這段經歷使他在大學就讀心理學系之時就開始進行實驗，進而投入行為經濟學研究。他請志願者和朋友當受試者，測試他們對各種身體和心理疼痛的反應。（朋友顯然和他交情深厚，才願意參與如此痛苦的實驗。）後來，亞瑞利回到醫院，把實驗結果告訴為他治療燒燙傷的醫護人員：「疼痛期間很短但是非常劇烈，不一定會比疼痛時期長但疼痛程度較低來得好。」[14] 對許多不積極拿出行動解決問題國家而言，亞瑞利的發現也許是個適切的比喻：為了不要使痛苦的時間拉長，寧可不要那麼快處理。

心理學家丹尼爾・康納曼和多倫多大學的唐納・瑞德邁爾醫師（Donald Redelmeier）也曾以一系列的實驗來客觀評估疼痛。他們研究在清醒的情況下接受大腸鏡檢查和腎結石手術的病人。有些病人的檢查或手術幾分鐘就完成了，有的則長達一個小時以上。病人在檢查或療程中自述疼痛的程度，最後並評量整個過程的疼痛之感。康納曼和瑞德邁爾發現：疼痛評估的平均值主要是看兩個時間點——即感覺最痛的那一刻以及結束的那一刻。疼痛感受的平均值與時間長短無關。[15]

從康納曼和瑞德邁爾對疼痛心理的研究可以看出，為何有些領導人喜歡踢皮球。這是人類天性，如康納曼所言：「我們偏好什麼是一回事，這樣的偏好是不是對我們有利，又是另一回事。」不管如何，我們還是可以利用系統的建構來克服抗拒改變的天性。

合理的延宕？

我們可從一些經濟例證看出人類心理偏向漸進式的改變。俄羅斯經濟學家弗萊達密爾・波波夫（Vladimir Popov）論道，一國經濟成長的關鍵不在改革的速度，而是在決策的力量。從中歐五國的發展可看出波波夫的漸進主義與激進主義的差別。愛沙尼亞、土庫曼、烏茲別克、白俄羅斯、哈薩克都歷經緩慢改革——至於波羅的海國家則在 1990 年代初期就採行激進主義。結果，波羅的海國家經濟陷入緊縮，走出谷底兩年後，經濟部門的表現依然只有 58%——與高峰相比下降了 31%，至於烏茲別克則只縮減了 18%，兩年內就復甦了。[16] 換言之，改革速度不一定是最重要的，要改革必須具備先決條件。

拉丁美洲花了二十年才走出獨裁政治，進入民主時代，但是轉變仍未完全，經濟成長速度也不如東歐。波波夫解釋說，這是因為拉丁美洲政府力量薄弱，加上貧富不均，社會壓力大，因此遲遲無法建立有效能的政府。

波波夫指出，強大的政府必然注重法治，而注重法治不一定包括尊重人權。他說，中國就是漸進改革的典範，不只是始自 1979 年的改革，中國的改革可追溯到 1949 年的大躍進和文化大革命。他認為中國的成功在於強大的政府效能、改善基礎建設、增加人力資本，而且循序漸進的改變，而非驟下猛藥。

張維迎在《中國市場的邏輯》一書中論道：「改革錯誤要比不改革來得糟，有些計畫可能會阻礙更重要的改革。」[17] 張維迎是中國經濟體制改革研究所的研究員，他深深贊同鄧小平全方位的經濟改革。他以蕭爾博士基金會訪問學人（Dr. Scholl Foundation Visiting Fellow）的名義在芝加哥國際事務委員會進行研究時，我曾與他進行訪談。

我問，為何中國能進行經濟改革，面對危機？他答道，時機就是關鍵：如果毛澤東早一點或晚一點死，中國的政治生態將完全不同；鄧小平的領導無疑非常重要。即使是最高明的領導人，常常也需要情勢的配合才能成功。管理理論家隆納德・海菲茲（Ronald Heifetz）與馬提・林斯基（Marty Linsky）論道：「改變現狀必然會帶來壓力，隱藏的衝突因而冒出來，挑戰組織文化。人類本能喜歡秩序與平靜，組織和社群能忍受的痛苦有限。」他們以「適應性的領導模型」探討如何讓人有足夠的急迫感以面對挑戰，同時忍受無可避免的壓力。「壓力必須在可忍受的範圍之內。壓力過大則大家都想放棄，也不要太小，以免陷入呆滯。」[18]

社會如何感知變化，以及領導人如何掌握底下成員的信念，就是延宕或漸進策略是否能成功的關鍵。領導人也許會根據應付出代價多寡及民眾的接受度來衡量既有的選擇，如歐盟和中國——儘管西方人常認為，由於中國在極權主義的架構下，所以能推動重要改革。有時，表面上看來是否認或短視，其實是精明的政治打算。在我看來，區別在於領導人是否知道有必要進行更大的改變——當然有些改變並不是立即可以推動，而是要等待時機。這樣的策略能不能成功就看領導人是否能夠掌握界限，知道最晚必須進行改革，否則恐怕會演變成失控的局面。1789年的法王路易十六、1917年的俄國沙皇、1979年伊朗國王巴勒維都犯了同樣的錯誤，[19] 也就是無法處理醞釀已久的問題，乃至在革命的浪潮中翻覆。

我曾聽過很多人說過，近幾十年來中國之所以能推動經濟大變革，是因中國政府的集權作風，如要憑藉西方式的民主，恐怕難以達成。或許這麼說沒錯，但我懷疑真正的原因並非如此。不是集權政府會消滅異議，因此比較容易推動改革；而是集權政府比較能掌控變革的時間表——這就不是眾聲喧譁的民主政治所能允許的。然而，要讓抗議消聲也有風險：人民自由表達意見也是重要訊號的來源，如壓制不同看法的表達，領導人可能錯失重要提示，不知必須及時轉向。

如果愈來愈多人能表達出對公眾事務不滿之處，這樣的異議當然可以創造出回饋循環，加速變革的腳步。戈巴契夫（Mikhail Gorbachev）雖然已在蘇聯推動經濟改革和開放政策，但是時機掌握得不好，致使經濟急遽惡化，蘇聯最後因此解體。戈巴契夫的改革直覺是對的，只是步調太快，所謂欲速則不達。他和法國大革命、俄國革命和伊朗革命那些君主一樣，無法掌控時機的部分原因就是沒能正確判讀不滿的臨界點，蘇聯共產黨因而垮台。

好高騖遠

如果有所選擇，我們寧可痛苦的程度低一點，即使必須忍受痛苦的時間較長也能接受（如亞瑞利在燒燙傷病房接受治療的感受），加上必須考慮到前提，這就是為何歐洲對經濟問題的解決傾向循序漸進。顯然，如果歐盟不解決歐元區日益嚴重的失衡問題，必將面臨政治與經濟的內部分裂。但對很多投資者而言，歐盟改革的步調實在慢得令人無可忍受，不但陷入漫長的痛苦，也使歐洲可能出現更進一步的問題，而且在短期內無可解決。紐約智庫新經濟思維研究所（Institute for New Economic Thinking）在2012年7月召集了十七位經濟學家，發表了一份措辭嚴厲的聲明：「歐洲正在夢遊，朝向無可估量的巨大災難前進。」儘管有人提出解決之道，歐洲領導人並未採納。

為什麼？可能拿出行動嗎？2013年，我去瑞士達沃斯參加全球青年領袖世界經濟論壇，曾和卡亭卡・貝瑞許（Katinka Barysch）在會議廳一邊喝咖啡一邊討論。貝瑞許當時是歐洲改革中心（Centre for European Reform）的副主任，她對我說，她相信，面臨經濟危機的歐洲唯一能做的就是什麼也不做。她認為，歐洲還無法團結成為一體來進行由上而下的改革，像是組成銀行聯盟、政治聯盟與財政聯盟。很多分析師論道，歐元能否存續的關鍵就在這些改革。由於歐洲在整合完成之前就先採用單一貨幣（也就是歐元），這一步走得太急、步伐太大，有好高騖遠之嫌。好了，現在危機來了，歐洲必須在最艱難的時刻急起直追，建立政治共識。現在，唯一的選擇就是一次一小步，循序漸進，必要時在原地打住。

2015年8月，我和貝瑞許又在世界經濟論壇碰頭。她已換工作，現在是德國安聯金融集團（Allianz SE）政治關係部主任。

歐洲政策的兩難也有了更進一步的演變。歐元區的經濟成長已經復甦，大多數歷經重大經濟危機衝擊的國家也都穩定下來。西班牙和愛爾蘭經濟成長強勁。葡萄牙和義大利也都走出衰退。然而希臘債務經濟危機日益嚴重，希臘與歐元區領導人仍為了應該怪誰，以及如何解決，吵得不可開交。

貝瑞許說，希臘有些問題早在幾百年前就存在了：出口商品無幾（包括有潛力的出口商品）、公部門與民間企業的「恩庇－侍從關係」致使公部門過度膨脹、數百種受到保障的職業、政府貪腐、私部門死抱既得利益等。私部門的薪資遠比不上公部門。她覺得希臘的問題很複雜，不像新聞標題寫的「要撙節，還是要財政刺激？」那麼簡單。她說：「希臘的沉痾不是一下子就可解決的。」

她很懷疑歐洲是否有能力大刀闊斧進行改革，以利歐元的長期運作。無法進行這樣的改革，歐盟只能頭痛醫頭，腳痛醫腳，一次解決一個國家的問題。她說，我們應牢記終極目標是廣泛改革。「什麼是可行的，當然還有很多可以討論的，然而我們必須想出遠大的解決之道，如此我們才有一個丈量的標準。問題是，我們不一定了解，何以宏遠的解決之道才是對自己有利的。然而，如果一步一步來，也許能改變你對自我利益的認知。」

貝瑞許認為拿歐盟和美國來比較是不公平的，畢竟前者是28 個主權國家形成的聯盟，而後者是單一國家。她指出：「分析師和政治人物一直呼籲歐元區必須以財政聯盟和政治聯盟來彌補貨幣聯盟的不足。然而，至於什麼是財政聯盟，什麼是政治聯盟，歐盟各國仍無共識，還在雞同鴨講。」例如，法國和南歐各國討論財政聯盟，他們指的是富國金援窮國。對德國和北歐國家而言，財政聯盟指的是財政監管的中央權力。由於德國是歐洲最大的債權國，也是最強大的經濟體，結果如何當然要看德國怎麼說。貝瑞許說：「如我們依照很多人的建議，在危機的高峰成立財政聯盟，在這麼一個聯盟，必然唯德國馬首是瞻，什麼都德國說了算。對其他國家而言，這當然是不能接受的。有如德國將在歐盟各國設立提款機，然而沒有人知道機器裡該放多少現金才夠。」換言之，由於歐盟各國面對問題的方式和經濟現實的差異，各國看如何能符合自身的利益也有所不同，因此很難找到解決之道。然而，貝瑞許依然抱持審慎、樂觀的看法。她說：「現在歐元區既然已經穩定下來，要強化歐元並非不可能，應該有機會找到一個有用而且各國願意接受、妥協的做法。」

歐洲領導人在面臨最大的威脅之時，並非什麼也沒做——他們唯一做的就是盯著深淵。股市跌幅愈大，歐洲領導人只能以放鬆信貸來安撫自己的恐懼，再怎麼不願意也得紓困陷入危機的國家。儘管有些國家的經濟政策與其他國家不同調，反對紓困，由於已在深淵邊緣，也就不得不和其他國家一致。

2015 年 9 月，希臘債務風暴終於告一段落，希臘續留歐元區。儘管如此，希臘經濟萎縮、前景黯淡，對國際債主承諾的大改革也不知能否履行，希臘對歐盟而言，依然是個燙手山芋。儘管歐洲的確需要在銀行、財政與政治這幾方面進行完全整合，只是在現今這依然是個白日夢。

歐洲領導人多次決定按兵不動，雖然這是個理性的策略，仍不足以預防更大的災難。再怎麼拖延，終有一天還是得要面對無可避免的災禍。或者，正如貝瑞許所言，最後歐洲只能藉由妥協了事。

擁抱不確定性

任何一個人或領導人如何因應衝擊、是否能採取行動及如何適應不斷變化的環境，往往受到文化因素的影響。在東歐的西方企業和美國工作的跨文化領導顧問妲娜・柯斯達許（Dana Costache）在紐約中城與我一起喝咖啡時告訴我：「這關係到你對不確定性的接受程度。」柯斯達許在羅馬尼亞長大——自冷戰結束、鐵幕消失之後，這個國家在二十四年間換了 24 個政府。她說：「說到不確定性，活在這麼一個混亂的環境之下，你自然比較會思考如何解決問題。愈能靈活應變的，就愈能勝出。」

在瞬息萬變的環境之下，如果你能平靜沉穩的面對不確定性，那將是一項了不起的優點，特別是在變化莫測之中，你唯一能預測的就是，無可預期的障礙隨時可能出現。她表示，與美國和西歐的文化相比，拉丁美洲和東歐的不確定性比較高。

西方企業領導人面對問題之時，通常已先設想好某種結果，即使在旁人看來，其他結果比較可能發生，他們也不管，就是一心一意追逐自己設想的目標。由於過度自信，碰到突如其來的變化，就不知如何應付。領導人因而不知應該隨著情況不同而改變，並以新的策略來因應。柯斯達許認為，很多美國和西歐的企業領導人不知變通，一旦處於變化多端的環境，如羅馬尼亞和其他東歐國家，就會苦於應付。

這也可以解釋為什麼有人面臨問題，依然什麼也不做。柯斯達許說：「如果你相信命運在你的掌握之中，就比較可能成功。例如，我擬定了一個長期計畫，相信命運操之在我，那我就很可能會成功。另一個人也做了同樣的計畫，然而如果認為能不能成功，自己只占10%，90%取決於別人，這人的成功機率就很小。」如果領導人認為周遭環境不利於自己，或是對自己的能力沒有信心，難以達成自己想要的結果，就不大可能會有什麼行動。反之，領導人在過度自信之下，盲目的依照錯誤的策略而行，以後見之明來看，似乎無所作為是比較好的選擇。

不作爲的代價

基礎建設年久失修，一旦釀成災難，收拾善後必然得耗費巨資。這是政府不作為的一個例子。另一個例子是醫療保健。可防治的疾病每年皆造成巨大的生產力損失，約當2,600億美元以上。一旦病人確診，醫師就把焦點放在避免併發症的出現。2014年伊波拉病毒疫症爆發，美國國會隨即同意撥款60億美元全面圍堵——這筆金額幾乎是疾病控制與預防中心（Centers for

Disease Control and Prevention）一整年的預算。

疾病控制與預防中心估計，疾病的預防往往只是治療費用的一小部分。儘管如此，仍有人對疾病防治是否能省錢進行激辯。問題是，我們要如何定義「預防保健」，以及把多少次昂貴的檢驗費用納入計算。儘管如此，某些預防行動的成效確實是有目共睹的——兒童疫苗注射、戒菸、高血壓或高膽固醇的篩檢、減肥及糖尿病的預防和控制等——這些預防保健措施確實讓政府省了不少錢。

非營利組織美國衛生基金會（The Trust for America's Health）估算，如果在每個美國人身上投資 10 美元，進行預防保健，在未來一、二十年間，總計可節省 180 億美元的治療費用，這個數目還不包括工作所得和生活品質。[20] 根據計算，在預防保健投資每一美元，在兩年內獲利幾乎加倍，如果時間延長為十年以上，投資報酬率甚至可達六倍以上。例如，據一個調查研究，在美國如第二型糖尿病和高血壓的病例數量減少 5%，即可省下 50 億美元的治療費用。另一個研究也有類似的結果。根據大英國協基金會（Commonwealth Fund）的調查，光是靠減少抽菸和減輕體重，經過十年，全國醫療費用則可減少 4,740 億美元。[21]

然而很多簡單的預防保健措施卻遭遇阻礙，難以推行。1987 年，保羅・歐尼爾（Paul O'Neill）執掌總部位於匹茲堡的美鋁公司（Alcoa）隨即建立一項制度：在工廠內發生任何意外傷害事件，都必須在事發二十四小時內通報，且說明原因，以防同樣的傷害再度發生。歐尼爾在美鋁當家的十三年間，失工日發生率從 1.86 降為 0.23，到了 2013 年只剩 0.085，使公司得以省下巨額的費用，增加生產力——他後來在 2001 年當上美國財政部長。《為什麼我們這樣生活，那樣工作？》（*The Power of Habit*）的作者杜希格論道，美鋁在歐尼爾執掌時期淨所得增加四倍，關鍵就是這位領導人知道如何防範未然。

歐尼爾之後也曾在匹茲堡的亞勒格尼總醫院（Allegheny General Hospital）採取預防做法，一樣成效驚人。該院只投資 85,607 美元，就幾乎剷除三種院內感染，經過兩年，醫院獲利因而增加 5,634,269 美元。可見只要花一點錢做預防，就能帶來極大的效益。2004 年，賓州要求所有的醫院實行新的通報系統，醫療失誤進而減少了 27%。歐尼爾估算，美國每年因院內感染和醫療疏失的花費高達 6,000 億美元。他告訴《匹茲堡郵報》（*Pittsburgh Post-Gazette*）的記者：「我實在不解，明明預防措施不但可挽救人命，也可省下大錢，為何在全國醫療院所推行會如此困難？這件事，我已經講了十五年，如果能夠落實，會有很大的成效——每年將可省下好幾兆美元。」[22]

2012 年，歐尼爾寫了一封公開信給歐巴馬總統，要求總統宣布針對榮民醫院及軍醫院體系正式實施病人安全強制通報制度，之後再擴大到全美的所有醫院及護理之家。依照規定，院方必須在每天早上 8 點，上網登錄前一天（二十四小時內）發生的病安事件，包括院內感染、病患跌倒、給藥錯誤，及照護者的人身傷害。遺憾的是，榮民醫院不但未能正確通報，更別提在二十四小時內通報。根據內部稽查，120,000 名以上的榮民在急診等候多時，未能及時獲得治療。[23] 顯然，榮民醫院擺爛，無人出面負責。儘管榮民醫院有這樣的問題，我們不禁要問，賓州醫院可以成功，為何這種成功的案例無法在其他地區複製？

亞勒格尼總醫院實驗的個案研究凸顯了一個我們無法忽視的問題：在美國，每年院內感染的案例有 200 萬例，醫療費用高達 50 億美元，每 10 個住院病人就有 1 人可能出現院內感染。理查・夏農醫師（Richard Shannon）在報告中指出：「無疑，院內感染會造成無可計數的損失，所有的醫護人員都不希望看到這樣的事件。我們需要一個系統性的做法來提供醫療照護，並確實檢討究責，以避免這樣的傷害。」他探討為何醫療改革會遭遇這麼大的阻力，發現這涉及文化障礙和不當誘因。他在報告中論道：「首先，我們認為院內感染只是間接傷害，凡是複雜的醫療處置，都難以避免。其次，我們相信院內感染不嚴重，只要給病人抗生素治療，就可解決。第三，儘管個別醫院必須就品質與病安數據向民眾公告，但醫院多半只求過關。最後，由於院內感染是複雜醫療處置常見的併發症，醫院和醫師可因治療院內感染得到額外支付。[24] 因此，病人不幸發生院內感染，院方和醫師的收入反而變多了。」

這就牽涉到不當誘因。雖然我們不作為可能源於行為或文化因素，但是不當誘因也是一個重大原因。醫院即使努力減少院內感染的事例，也不會得到獎勵。如果以總收入來評判醫院的表現，當然院方會把焦點放在如何增加收入。賓州拜卓越的領導力之賜，得以使州內醫院超越不當誘因的障礙，致力於減少院內感染。如果要了解像院內感染這樣嚴重的問題，並做出適當的反應，就得了解醫院營收和醫療費用這兩個因素。賓州的成功就是一例。這也顯示領導力的重要，卓越的領導力才能使人不再遲鈍、呆滯，戒除壞習慣。

民衆與政客

儘管大多數的民眾都不斷支持變革，政治決策結構卻像大石頭一樣，擋在路中央。為何決策者不肯有所作為？這樣的現象令我憂心。以美國政治制度為例，只有最積極的人會參加初選，讓一些激進、善於製造對立的候選人成為眾人矚目的焦點。

移民改革就是一個明顯的例子。儘管無數次的民調顯示，大多數的美國人支持移民改革，讓幾百萬名在美國生活和工作的移民得以合法居留。如此一來，美國經濟也會變得更有競爭力。例如，據 2013 年夏季蓋洛普民意調查，87%的美國人贊同給移民申請入籍成為公民的機會。

然而，為什麼移民改革不能成功？常常，要有改變，人必須要先覺察到危機。危機關乎個人感受到的衝擊。首先，儘管近九成的公民贊成移民改革，大家也都認為原來的移民制度確有問題，但對美國民眾來說，移民問題並非迫切的危機。然而，對那

1,100 萬的無證移民來說，沒有申請成為合法公民的管道，當然是重大危機。只是這些移民沒有決定權。反對移民改革的國會議員則認為移民對美國人的認同將構成一大挑戰。直到最近，視移民問題為危機且認為自己必須有所作為者，卻是和絕大多數美國人唱反調。儘管移民對美國的貢獻頗大，感覺受到移民威脅者，已被恐懼淹沒，不管事實是否能支持自己的想法。

近來，移民改革的支持者已從更大的框架來思考問題，亦即共和黨的未來。如第 2 章所述，懷因在 2013 年的年度十大驚奇預言就提到，共和黨的移民政策會出現很大的轉變。除非共和黨支持移民改革，否則將會失去移民族裔的支持——畢竟他們是全美國人口增長最快的族群。共和黨如不支持移民改革，不但會拉不到中間選民，民調結果對他們也很不利。有鑑於這樣的危險，溫和派共和黨人開始表態，支持具備一些條件的無證移民申請成為美國公民。2013 年，一個由 4 名共和黨和 4 名民主黨參議員組成的跨黨派小組，草擬了內容廣泛的移民改革——這也反映了民之所欲。儘管這個改革計畫獲得大多數參議員的支持，然若干議題仍有爭議（如邊界執法與國內安全），加上程序障礙，移民改革之路依然坎坷。

可見，在混亂的民主制度之下，少數人依然可以推翻大多數人的意見。民主並不善於解決利益衝突——例如，每個人都知道問題的存在，然而若要自己付出代價才能解決問題，那就免談。

我在 2014 年秋天搬到芝加哥，剛好碰到市長選舉。難以相信芝加哥問題叢生，然而多年來一直在打混仗：包括公務員退休金缺口龐大、十年來政府債務增加為將近原來的二倍、政治瀕臨癱瘓。2015年初，芝加哥公立學校預算未能過關，教育經費捉襟見肘，伊利諾州最高法院反對縮減公務人員的退休金福利，芝加哥市政府債券也被穆迪投資降為垃圾債券等級。伊利諾州州長布魯斯・朗納（Bruce Rauner）宣布：「芝加哥深陷於泥淖之中。」他警告說，芝加哥的事必須自己解決，不要巴望州政府來解套。其實，這點仍有爭議，畢竟該州經濟產出約有70％來自芝加哥，如果芝加哥完蛋，伊利諾州也會跟著遭殃。但是他的警告聽來很真切。

雖然芝加哥的霓虹燈吸引了很多財星五百大公司前來，人口數目也很穩定，與蕭條、破舊的底特律截然不同，但底特律破產事件仍是我們無法忽視的悲劇。專欄作家不時辯論，芝加哥是否會像底特律。儘管芝加哥人堅持他們和底特律不一樣，他們仍在否認階段：否認過度花費、否認市府貪汙，也否認投資不足的問題，更別提作為了。底特律走到破產保護的地步才積極思變。底特律讓步，把財政大權交給州政府，債權人（包括領退休金的公僕）才同意債務重整，投資和人口也才會回流。

儘管芝加哥市長拉姆・伊曼紐（Rahm Emanuel）想要達成預算平衡，如透過增稅（至今仍未成功）和削減公務員的退休金，除此之外，芝加哥並沒有什麼作為。芝加哥已陷入財務困境，它能否躲過像底特律那樣淒慘的命運？能實現資源分配的均衡計畫嗎？是否願意在短期內忍受痛苦，以換取長遠的利益？這些問題都涉及灰犀牛。不管是民主政體或是專制國家都可能面臨這樣的挑戰。要找出解決之道通常吃力不討好。全世界的領導人都面臨這樣的兩難：保持現狀，或者死於自己的劍下。

預知死亡紀事

加布列・賈西亞・馬奎斯（Gabriel García Márquez）在《預知死亡紀事》（*Chronicle of a Death Foretold*）描述善妒的新郎因新娘已失去貞操，憤而將新娘送回娘家。新娘的雙胞胎哥哥誓言殺死奪走新娘貞操的人。整個城鎮的人都在注意這個事件的發展，然而他們只是旁觀者，坐看危機一個個慢慢浮現，沒能插手阻止。最後，據說奪走新娘貞操的那個年輕人果然被砍死。有時，我們認為還有時間可以處理，因此不急。19 世紀的科學家說道，如果你把一隻青蛙丟進裝有熱水的鍋子裡，牠會立刻跳出來。但是，如果把青蛙放在一鍋冷水，慢慢加溫，青蛙就會被煮熟了。儘管根據實驗，青蛙在水溫升高到 60 度以上就會跳出來，不會被煮熟，然而「溫水煮青蛙」不失為一個生動的譬喻。就像孩子成長一樣，如果你天天看，則難以察覺他們的變化，如某一個問題進展緩慢，就不容易看出會變得多嚴重。這也就是為何我們總是等到太遲了，才突然覺醒，但這時再採取行動，已經來不及了。常常，你必須受到震撼，才知道要去處理危機。

不作為的代價與行動效益的算式有時是能改變的。一個方法是改變代價的估算方式，讓家庭、組織或政府真的了解省一分錢就是賺一分錢的道理。如果是必須花大錢修補或投資的項目，如基礎建設或教育，就很容易遭到擱置。你應該聽過這種說法：由於短期需求急迫，所以沒錢。這樣的邏輯會造成惡性循環。正如我們所見，不作為的代價很大，一碰到危急就完了。

培養面對威脅得以轉危為安的能力，就是得以超越不作為階段的重要策略。若是問題看起來似乎非常巨大，個人能做的也許很有限，如果將之視為在一定的範圍之下是可以處理的，也許能讓人生出信心，願意採取行動。以氣候變遷為例，可有人相信，個人的行動可以影響整個星球的未來？如果你能從另一個角度看問題，從個人能力所及的範圍來看，反應也許大不相同。像是離開房間就把電燈關掉，也許只是個不假思索的小動作。儘管這麼做似乎無法扭轉氣候變遷，也許如此，然而至少我可以省下一點電費。

有時，不作為是唯一合理的選擇。只是政客太常用這種說法做為藉口。如果改變已經發生，儘管十分緩慢，則可以先觀望。如果歐洲已慢慢傾向結合成一個體系，不作為將是正確的選擇。然而，灰犀牛正在歐陸的後面窮追不捨，我們不知歐元區是否可以跑贏。

有時候，你必須做出抉擇：如果一下子出現太多隻灰犀牛，可能要先不管其中幾隻，或是先把比較小的危險放在一邊。但是在多個危機互相牽連之時，就不得不同時進擊。

漸進式的改變或許可把不作為納入其中，然而還是要放在更大的框架中來看。（有人也許會批評說，這樣毫無作為，其實這也是一種策略，也就是建立行動的基礎。不管如何，這種漸進策略包括嘗試錯誤，有如在黑暗中摸索。）

如要推動改變，正確解讀員工、顧客或民眾的意願非常重要。此外，同樣要緊的是給危機下定義以及讓人感覺到危急。如果是情況危急，不得不改弦易轍，也得具備共識，看是要進行哪些改變、先不行動或是採取漸進的做法。如果我們真的不知道該怎麼做才好，先按兵不動是可以接受的。正如前述，知道該做什麼只是個起頭，還不足以成事。這也就是為何領導人必須先判別灰犀牛的本質，才能決定該怎麼做、先對付哪些危險，以及如何改變以免被灰犀牛踩扁。

灰犀牛心法

- **不作為的代價很大**。如古諺所言：「一分預防，勝過十分治療」，基礎建設、預防保健、金融危機等一直拖延下去，終將自食惡果。
- **時機的衡量**。太早或太晚行動都不好。我們通常到為時已晚才拿出行動，光是分析要等待或者行動，已浪費太多時間，讓機會溜走了。
- **改變誘因，賞善罰惡**。在一家公司，可設定表現指標來獎勵及早發現問題、做出因應的員工。如員工坐視不顧，讓問題失控，則應予懲罰。

- 如果為了大我著想，必須讓一群人犧牲，則**必須公平**，讓每一個人所受的痛苦差不多。
- **正確評估開支、儲蓄與投資**。讓制定政策者因創造未來的收益享有功勞，包括在預算方面減少開支。
- **有時不作為是唯一的選擇**，但是要當心政客太常用這種說法做為藉口。

第 5 章
診斷：正確與錯誤的解決之道

一旦領導人覺察到威脅，他們有幾種選擇：做對的事、做錯的事，或者什麼也不做。正如第 4 章所見，要及時行動其實很不容易，前方往往有很多阻礙。以誘因來看，並不鼓勵行動。即使你能超越否認和不作為的階段，你採取的行動不一定是對的。從否認到行動，關鍵就在判別灰犀牛的種類，找出問題的源頭，你才知道該怎麼做。

野生灰犀牛分為五種：黑犀牛（*Diceros bicornis*）、白犀牛（*Ceratotherium simum*）、蘇門答臘犀牛（*Dicerorhinus sumatrensis*）、爪哇犀牛（*Rhinoceros sondaicus*）和印度犀牛（*Rhinoceros unicornis*）。這些犀牛看起來都是灰白或灰黑，各有特質。黑犀牛的原產地是非洲，嘴型較尖，和白犀牛相較，較喜歡孤獨，脾氣也比較差。白犀牛的原產地也是非洲，體型比黑犀牛大很多。白犀牛的「白」字源於荷蘭語的「*wijd*」，意思是「寬」，[1] 也就是指其嘴唇寬大的特徵（又稱方吻犀），後來英語人士將「*wijd*」誤譯為「white」，才會叫「白犀牛」。蘇門答臘犀牛是體型最小的，毛髮稀疏，然而還是比其他犀牛多毛。印度犀牛鼻上只有一角，皮厚而且很大片，有數層皺摺，看來有如盔甲。犀牛多喜歡棲息於森林或矮樹叢中，但印度犀牛則特別喜歡溼地。爪哇犀牛是最罕見的犀牛，全世界只剩六十隻左右，是為瀕危物種，體型比印度犀牛來得小，皮膚皺摺也較不明顯。

灰犀牛危機也有幾個亞種，各自具備一些特質。是否為已認知的挑戰，解決之道很明顯，然而只是半吊子去應付？是真正的挑戰，或者暗藏更深的問題？是否為大家都知道的問題，但解決之道還沒弄清楚，所有的答案似乎都很糟？或者是一種新的灰犀牛危機——以前是無可想像的問題，但現在比較知道是怎麼一回事？或者可能是無解的問題，除了退避三舍，沒有其他辦法，因巴望奇蹟或墨守成規，致使灰犀牛帶來破壞？

不願面對的真相

最容易辨識的一種灰犀牛就是不願面對的真相：大多數的人已感知這種威脅的存在，但是沒有快速的解決方法，而且阻力重重。面對這種威脅，每一個人都得願意犧牲一點才行。有些人已經開始採取行動，然而影響非常有限。

氣候變遷就是最明顯的例子。全球溫度上升的速率驚人。美國太空總署的科學家報告，2014 年是 1880 年以來最熱的一年，10 個最熱的年份，有 9 個都出現在 21 世紀。科學家已有共識，全球暖化是人類排放二氧化碳到大氣層造成的。雖然各國政府已努力讓地球升溫不超過攝氏 2 度，恐怕難以達成這個目標。按照目前氣候變遷的速率，到了 21 世紀末，地球將升溫 6 度，造成氣候遽變、海平面上升、海洋酸化等問題，很多物種也無法存活下去。我們正面臨嚴酷的考驗，不得不減少溫室氣體的排放、避免極端氣候事件一再發生，同時還有數百萬人可能因氣候影響，被迫遷居。有些人則選擇另一種做法，也就是否認，正如第 2 章所見。如果我們要活下去，必須得更努力才行。對於不願面對的真相，很多人都想把責任推給別人。每個人都認為問題太大，單憑個人的力量，不可能有什麼影響，這應該是政府的責任——也許是如此，然而政府似乎也沒有能力或政治意願來承擔責任、採取行動。企業或許想有所作為以解決問題，但不能掌握數據，也沒有能力說服股東。

2013 年，跨國管理諮詢公司埃森哲與聯合國全球契約組織，對全球一千位企業領導人進行調查，發現：「執行長們顯然很清楚這個全球挑戰有多麼艱困——但是或許看不出這是個急迫的問題，也沒有誘因拿出更進一步的行動。」[2] 很多企業看不出永續經營和企業價值的關連，大抵把永續經營視為慈善或法規要求，與增進業績表現無關。儘管如此，根據上述調查，執行長大都認為自己的表現可圈可點，其他人則差強人意。

一再出現的犀牛和發動攻勢的犀牛

有時，不願面對的真相很快會以另一種形式出現。原本悶燒的議題，突然火花迸濺，就成了發動攻勢的犀牛，朝向我們衝過來。通常這些變化很快的危機已潛伏一段時間。由於情況非同小可，可能觸發快速反應，只是這樣的反應不一定能從根本解決問題，甚至可能使情況變得更糟。如果問題盤根錯節——例如中東危機就牽涉到深層的治理問題——必須步步為營，以免捅到馬蜂窩。非洲青年失業問題嚴重加上食物短缺，年輕人於是走上街頭抗議，掀起阿拉伯之春的風暴；政府轉型失敗，無法實行民主政治，加上經濟困頓，將使更多憤怒的犀牛衝過來。

有些問題本是沉痾，突然變得危急，我們能處理的時間變得很短，情況也會愈來愈不利。儘管我們常常不得不拿出行動因應，但在倉促之下，不免流於草率，造成更多的問題，如中東。

還有一些進擊的犀牛則一再出現，如颶風、龍捲風、流行病等，我們知道這些災難總會再度來襲，只是不知何時、何地，直到爆發的前一刻才會知曉。就這些一再出現的犀牛——包括金融危機——已有警報系統，提醒人小心防範。

超犀牛

超犀牛是結構性的問題，我們往往比較注意其顯現的症狀，而非根本原因。我們通常可以看出症狀，視之為巨大的挑戰，然後一個個解決。但是這樣只是治標，除非我們能從根本解決，否則症狀還是一堆。

如經濟的性別差異就是一個明顯的例子。性別不平等會造成潛能與機會的浪費。要消弭性別差異則必須了解，這個問題的根源在於全世界有半數人口的潛能遭到低估。經濟與政治領導階層的性別差異也是決策錯誤的罪魁禍首——如前三章討論的團體迷思和致盲效應，也會引來更多的灰犀牛。

領導人知道性別差異帶來的問題，也有了改變。很多歐洲國家規定公司董事會成員必須有若干婦女名額，有的國家則要公司報告董事會和領導階層中的女性成員數量，還有一些國家則設立國會議員中的婦女保障名額，也有一些組織致力於消弭商業、政治與教育界的性別差異。不過，目前阻力依然很大，進展緩慢。非營利組織觸媒（Catalyst）追蹤職場女性在企業界的情況，發現近十年來董事會女性成員增加的比例很少。世界經濟論壇的全球性別差異報告就是衡量、追蹤問題、推動改革的重要工具。儘管如此，每年到瑞士達沃斯參加年會的女性比例依然差強人意。這個組織鼓勵企業派遣女性主管前來參加，因此在四人代表團之外特別加一個女性保留名額，然而與會女性比例依然卡在 17%。

族群對立則是另一隻超犀牛。如第 4 章的討論，在目前的政治結構之下，也許無法解決迫在眉睫的問題。2014 年，兩名非裔青年麥可・布朗（Michael Brown）和艾力克・嘉納（Eric Garner）分別在紐約和聖路易斯在警察執法過程遭到殺害，警察皆被陪審團判決不起訴，引發數千人上街抗議。這類事件只是單純警察執法失當，或者涉及更深的法律與社會經濟問題？伊斯蘭教徒與西方的衝突是否只是為了宗教？ 2010 年，海地發生大地震，數千人死亡，受害者只是不幸碰上地震或是當地建築物安全係數不足、缺乏建築法規約束所造成的？

2014 年 11 月索尼影業遭到駭客攻擊，這個事件也是一連串的問題造成的，資安出現大漏洞，機密資料外洩，索尼不只難堪，也付出很大的代價。根據《富比士》取得的索尼資安稽核資料，該公司系統有 17％並無嚴密監控。記者湯瑪斯・法克斯－布魯斯特（Thomas Fox-Brewster）論道：「企業各部門猶如獨立筒倉，靠 IT 部門來維護資安，這樣很可能會出問題。索尼就是一例。」[3] 索尼員工對媒體表示，索尼的資安管控鬆散，一直忽略員工提出的警訊，被駭情事早就發生過了。[4] 2011 年 4 月時，索尼 PlayStation 電玩網路就曾遭駭，至少損失了 1 億 7,100 萬美元。索尼承諾會改善數據外洩問題，防範阻斷服務攻擊。但是，《財星》雜誌上的一篇文章指出，索尼影業並沒有從其電玩網路服務遭駭得到警惕。[5] 遭駭事件顯示出索尼企業有更大的問題：企業筒倉。企業只是一堆各自為政的山頭，而非一個團隊。此外，索尼遭駭也顯露該公司除了資安漏洞，還有一堆問題，使公司顏面盡失，但那又是題外話了。

FBI 預測，每十家公司就有九家會遭遇駭客攻擊。這是指駭客功力高強，或者一般企業以為自己很安全而疏於防範？不敵駭客攻擊的例子比比皆是。我們都聽過連鎖超市塔吉特（Target）、精品百貨尼曼馬庫斯（Neiman Marcus）等遭駭，致使大批客戶信用卡資料外洩、遭到盜刷。這些企業共同的特點就是無視警告。

有人甚至採取激烈的手段讓企業知道，如果他們再無視警告，則必須付出很大的代價。智慧手機即時通訊軟體 Snapchat 標榜在讀取訊息或影音檔案十秒後，檔案就會「自動銷毀」。駭客已多次警告 Snapchat，該公司的資料儲存有漏洞，也讓全世界知道。其實，該公司在 2013 年 6 月獲得 6,000 萬美元融資之前，駭客至少已公開對其警告三次。

警告 Snapchat 的組織是吉布森資訊安全公司（Gibson Security），自稱是「一群沒有固定收入的窮學生」，此外科技新聞網站 ZDNet 也在 2013 年 8 月報導，一群來自澳洲的駭客曾警告 Snapchat 必須及時修補漏洞。Snapchat 的大意使駭客得以竊取用戶的真實姓名、電話號碼、用戶名稱，也可創立假帳號。然而遲至 12 月底，Snapchat 依然沒有回應。吉布森於是在耶誕節讓 Snapchat 驚訝到說不出話來：將 Snapchat 460 萬用戶的個資放到網路上，供人下載。[6] 吉布森資安發布聲明說道：「自從我們上次警告 Snapchat 差不多已過了四個月，因此我們將試驗看看 Snapchat 是否已修補好我們公布的漏洞（結果：完全沒有修補）。有鑑於 Snapchat 沒有任何改善……我們決定公布過去幾個月從 Snapchat 安全漏洞取得的個資。」[7]

Snapchat 終於有了回應，這家公司並沒有道歉，也沒有說服廣大的使用者他們已著手解決問題。[8] 該公司在聲明中表示：「有一群資訊專家自稱已發現新方法濫用本公司的服務，似乎想要藉此強迫本公司面對資訊安全漏洞。Snapchat 社群向來致力於讓人人可自由自在表達，也將竭盡所能避免濫用。」

難題與難解的結

至今，我們看到的灰犀牛很多都有明顯的解決辦法。最困難的一種灰犀牛，也是我們因應最差的一種，就是難題。難題的解法就不是那麼清楚。我們的首要難題就是不平等。這也是法國經濟史學家托瑪・皮凱提（Thomas Piketty）在 2014 年出版的暢銷書《二十一世紀資本論》(*Le Capital au XXIe siècle*) 探討的主題。

2014 年 1 月底，南韓歌手 Psy 也在達沃斯舉辦的世界經濟論壇年會現身。他是以韓國文化藝術代表的身分，受邀前往「韓國之夜」演出。Psy 因「江南 Style」一曲走紅。江南是指首都首爾一個富裕和時尚的地區。他在 MV 中滑稽的模仿孩子騎馬，諷刺當地居民的奢華生活。儘管他在 MV 非常搞笑，在大會中的表現倒是中規中矩，與多位韓國政要、財經人士站在宴會廳，在天鵝絨隔離帶的另一頭介紹韓國美食。會場在瑞士麗城飯店（Belvedere Hotel），在一週內的會期供應 16,000 瓶香檳和 3,000 瓶紅、白酒給與會嘉賓享用。[9] 來自全世界企業、媒體、學術界、國際非政府組織的菁英皆齊聚在瑞士阿爾卑斯山的山腳下——即湯瑪斯・曼（Thomas Mann）筆下的魔山。幾天前，國際援助組織樂施會（Oxfam）才發布一份報告指出，全世界最富有的 85 個超級富豪身家相加達 1.7 兆美元，已相當於 35 億個最窮的蟻民財產總合。[10] 教宗方濟各也傳送訊息給世界經濟論壇的與會者，希望他們聚焦於貧富不均的問題，懇求企業領導人拿出果決的行動，貢獻自己的能力幫助貧窮的可憐人。他說：「財富應為人類服務，而不是人類的主宰。」

全球菁英聚集在與世隔絕的阿爾卑斯山城，討論大多數人已經知道的事：美國執行長平均薪資是一般員工的三百倍以上，幾乎是最低薪資員工的八百倍。儘管所得不均是經濟成長無法避免的結果，然而貧富差距巨大已威脅到成長中的經濟。由於全球化，各國之間的貧富差距已經變小，但一國之內的人民所得不均愈來愈嚴重。

世界經濟論壇的與會者已知貧富不均將使商家更難找到顧客、造成社會不安、抗議和動盪，甚至可能威脅到原來的繁榮。有關貧富不均對短期成長影響的幅度，是否會讓窮國更落後，致使富人和窮人都會受害，經濟學家仍未有定論，但貧富不均無疑會縮減經濟成長。[11]

至於貧富不均與經濟成長的關係，儘管還有爭議，大多數的人都認為貧富不均會帶來問題。貧富不均的源頭也很難追溯。我們該如何面對這樣的問題？貧富不均是誰的責任？什麼樣的政策可以矯正？

皮凱提建議課徵全球富人稅。其他人提出的解決之道包括從各方面著手，如教育、最低薪資、減稅或增稅、更多或更少的政府服務、金融保險、更多或更少的補助等著手。我們已經知道問題，如何進行下一步，也就是建立明確的目標，擬定可以估量的步驟？這並不容易。

比難題更為棘手的是難解的結。對難解的結而言，最佳選擇不過是比較沒那麼糟而已。如敘利亞的問題或是以巴衝突，都教人頭痛萬分。也難怪領導人在面對難題之時常常會躊躇不前。即使有不錯的選擇，很可能要熬到最後才看得到成果，致使今日的領導人必須背負妥協的罪名，讓繼任者坐享其成。

碰到難題時，我們總傾向治療症狀——但是，這麼做只是治標，而非治本。

創造性的破壞

有時，在灰犀牛衝過來的時候，最佳反應並不是躲到一邊，而是將自己完全變形或是優雅的消失。有些公司正是因為創造性破壞而開創契機。

柯達（Kodak）早在 1975 年就發明了全世界第一部數位相機，然而為了保護其事業核心——即底片及沖印事業——直到 1990 年代底片生意下滑之前，都將這樣的創新技術置之高閣。[12] 1994 年，柯達旗下的伊士曼化學公司由伊士曼柯達分割出來，成為獨立公司，此舉是為了償還債務，也為了向數位世界進軍。柯達致力於生產數位相機之後，從 1990 年代晚期到 2000 年代中期，一直是數位相機市場的領頭羊，2005 年的銷售額創下近 60 億美元的紀錄。但是亞洲製造的便宜相機開始蠶食市場。數位相機不再珍貴，而成為普及的商品。2007 年，柯達的數位相機業務已衰退到第四，而且持續下滑。等到手機和平板電腦也具備數位攝影的功能，市場幾乎沒有柯達的立足之地了。

柯達的慘敗有種種解釋，主要是因為主管階層沒能早一點認清危機，擁抱數位浪潮。問題是，即使柯達早就有這樣的認知，是否就能改變命運？

艾瑞克・薛爾曼（Erik Sherman）在 CBS 財經消費綜合報導 MoneyWatch 網站論道：「老柯達不得不走向敗亡，因為這家企業氣數已盡，沒有實用和存在的意義了。」他指出，財星五百大企業的平均壽命只有四、五十年，柯達已經比大多數的大企業來得長命。[13] 喬治・伊士曼（George Eastman）和亨利・史壯（Henry Strong）在 1881 年成立伊士曼乾版公司，利用自己研製的乳劑配方製作照相機用乾版膠片，抓拍攝影於是誕生。

2012 年 1 月，柯達提交破產保護申請，主要業務轉向數位印刷，並出售其數位影像專利，向影像業務進軍。2013 年完成破產重組，脫離破產保護，2014 年在紐約證券交易所以 KODK 的股票代碼重新掛牌上市。柯達新執行長上任，也宣布新的願景。公司網頁的公司歷史只有兩句：「世人皆知，柯達代表影像創新的長久歷史。未來，柯達將以科技公司為自己定位，致力於影像事業。」[14]

你的公司會不會在目前面臨的威脅之下走向覆亡？是否可能轉向，以達成企業宗旨？創造性的破壞是否為強大到不可抵禦的力量？不管如何，公司必須變革，否則只有走向毀滅。有些灰犀牛十分龐大、強悍，幾乎不可能躲得過，你愈晚看清事實，日後不得不趕鴨子上架，必須付出的代價愈大。

模糊難辨的犀牛

在我不斷思考和討論灰犀牛的過程中，讓我驚訝的是，一般人動不動就提到黑天鵝事件。有位朋友提到有顆巨大的隕石可能會撞上地球，導致地球毀滅。在白堊紀晚期滅絕的恐龍或許不同意這樣的說法。萬一真碰上了隕石撞地球，我們真的在劫難逃。

另一個讓我困惑的問題就是人工智慧的影響。我第一次聽到有人提到機器人可能威脅人類社會的存續，並沒在意。但是史蒂芬・霍金（Stephen Hawking）和伊隆・馬斯克（Elon Musk）也提出這樣的警告，我就不得不好好思考這個問題。聽朋友茶餘飯後提到人工智慧的威脅是一回事，聽霍金和馬斯克討論這個問題，又是另一回事，畢竟霍金和馬斯克都是對人工智慧有深刻認識的專家。霍金是深究理論物理學的科學家，藉由他提出的架構，我們才得以了解相對論和量子力學，同時他又能深入淺出的介紹這些科學知識。他告訴英國廣播公司（BBC），人工智慧將使人類滅絕。[15] 同樣的，特斯拉執行長馬斯克說道：「我擔心人工智慧的發展會像魔鬼終結者一樣，到時候逃到火星也沒用。」[16] 他認為人工智慧將是人類生存最大的威脅，甚至可能在五到十年內，就會危及人類。他在網站 Edge.org 論道：「頂尖的人工智慧公司已注意到安全的問題，而且開始採取行動。他們已看到危險，認為自己可以掌控數位超智能，避免惡性電子智能潛入網際網路，造成危害。但是，這還得好好觀察。」[17]

世界經濟論壇在 2015 年的全球危機報告中提到人工智慧的問題時，則採取比較深思熟慮的立場。[18] 報告的結論是：「人工智慧的進展將與一般大眾的認知和好萊塢的電影腳本不同，似乎不大可能突然變得具有自我意識，並對人類懷抱敵意。」

我仍不知如何評判人工智慧對人類造成的威脅。長期觀察科技創新的奇點大學（Singularity University）維韋克・瓦德華（Vivek Wadhwa）在芝加哥的一場學術會議中發表演講時，我曾問他，科技進展神速會帶來什麼樣的問題。他挑起眉毛，接著以憂慮的口吻描述一種尚未有明確形狀的挑戰。他說：「我們不知道這種變化會有多大。我們正在創造一種全新的物種，但是還不怎麼了解這個物種。以心智能力而言，我們已經趕不上了。未來電腦會愈來愈快，甚至會自行創造新的電腦。他們能創造自己嗎？是否會感激最初將他們創造出來的人類？將來可能放過我們嗎？」

瓦德華描繪未來的圖像：外科機器人的手術技術要比人類來得純熟；基因體定序的花費將和一杯咖啡差不多；自動駕駛的車輛要比人類駕駛來得安全；空中農場；智慧型家教系統；全息成像平台，以及可隨時提供遠距醫學服務與診斷的感測器等。瓦德華預測科技可降低醫療、通訊、能源、運輸等費用，促進人類生活平等。

同時，他也對人類未來的工作生活感到憂心：很多低技能、重複性的工作可能將由機器人接手。他說：「我擔心我們將邁進一個沒有工作的未來。」如果富人將變得更富有，窮人還剩什麼樣的工作？瓦德華提到，要是3D列印把工作搶走，機器人可能會罷工或是出現盧德運動（以破壞機器為手段、反對工廠主壓迫和剝削的工人自發運動），工人將焚毀科技公司。他說：「目前唯一可以確定的是，這種事必然會發生。」

像地板清潔這類的家事，很多人已請掃地機器人Roomba代勞。大多數的人比較喜歡去自動提款機領錢，而不是上銀行。自動化科技日新月異，未來勢必可承擔更多的工作。

在我看來，儘管人工智慧對人類的威脅未有定論，但人工智慧屬於具有衝擊力的科技，對工作和社會都有很大的影響，必然是我們必須面對的灰犀牛。牛津大學在2013年發布了一項研究結果，預估美國人的工作在二十年內將有47%會被電腦取代。[19] 問題是，這些新的自動化工作會帶來什麼？如何改變人類獨特的寶貴技能？我們是否已準備學習這樣的技能？

痛苦的領悟

就算灰犀牛已出現在我們眼前，我們也不一定能正確診斷出來。有時，我們必須透過錯誤，才知道要怎麼做才對。1980年代初期，可口可樂高層赫然發現他們已在灰犀牛的腳下：由於百事可樂的競爭，可口可樂的市占率在第二次世界大戰結束之時為60%，到了1983年只剩24%。年輕的消費者覺得百事可樂更甜、更好喝。於是，可口可樂進行盲飲測試，讓受試者飲用三種飲料：原味可口可樂、百事可樂和一種由祕密新配方製造的可樂。結果，在十個受試者組成焦點團體中，幾乎有九個都表示他們喜歡新配方的可口可樂。基於這樣的測試結果，可口可樂公司決定在 1985 年 4 月推出新配方的可樂，沒想到遭到大批忠實飲用者的圍剿。不到三個月，可口可樂只得換回原來的配方，以「經典可口可樂」之名重新上市。老配方捲土重來，不但銷售額很快就超越新配方的產品，連百事可樂都招架不住。可口可樂公司看到威脅，也積極進行研究、分析，並採取行動，沒想到反而招致全新的危機。為什麼？因為這家公司不了解自己最大的優勢為何。人往往在失去之後，才知道什麼是最寶貴的。可口可樂因為重新受到矚目，而反敗為勝。這個案例告訴我們，灰犀牛迫在眉睫之前，要做出「正確的決定」非常困難。可口可樂由於嘗到錯誤的滋味，才知道怎麼做才是對的。其他公司也有類似迷途知返的經驗，雖然早就開始因應，敗在過於自信。以 Netflix 為例，這家公司很早就知道要從 DVD 的出租轉型為線上影音服務，於是擬定策略，大膽面對挑戰。但在 2012 年，該公司把傳統 DVD 業務獨立出來，與線上影音服務兩項業務分別收費，讓同時選擇兩項服務的消費者，每月繳交的服務費因此多了 60％。這個錯誤使他們流失三分之一的訂戶，Netflix 不久就廢除了這種做法。我們不禁要問，為何像 Netflix 這麼腳踏實地的公司也會犯這種大錯？

奪命交易

雖然很多人忽視了必須重視的灰犀牛，他們也可能過分重視無關緊要的威脅。如此一來，就無法處理真正的挑戰。灰犀牛策略通常涉及兩種相反的結果，以及不同的因應策略。要辨識灰犀牛必須先排除沒有危害的危險——在別人眼裡看來，或許非常可怕，卻不是真正的危險。

例如，全世界的中央銀行都負有穩定金融市場之責，不但必須留心通貨膨脹和泡沫經濟，也得避免通貨緊縮與不景氣，等於是同時要與兩隻灰犀牛角力。如果央行把利率訂得太低，就有可能出現資產泡沫的風險，一旦泡沫破滅，將會造成更嚴重的金融危機，如剛步入21世紀的網際網路泡沫破滅。反之，如果利率一下子調高，等於勒住經濟復甦的咽喉，增加通貨緊縮的壓力。有些經濟學家認為，通貨緊縮要比通貨膨脹來得危險，而且政府償債成本變高，全國財預算赤字也會跟著上升。雙方都言之成理，不管通貨膨脹或緊縮都會帶來不可小覷的威脅。然而，在真空中討論貨幣政策，似乎要解決複雜的經濟難題唯有透過貨幣政策，只會讓人更難抉擇。我們必須深入了解在利率決策背後的關鍵經濟課題，思考是否能做什麼，以及能否找出比利率操作更精準的工具，以消弭資產泡沫。國債以及其他許多的經濟政策挑戰也是：如果你單獨挑出某個問題來看，得到的答案會大不相同。

並非每一個看到灰犀牛的人都會挺身而出，解決問題。有些人看準災難必然發生，只想趁火打劫，大賺一票。紐約投資銀行維斯伍德資本公司（Westwood Capital）的創辦人丹尼爾・艾爾伯特（Daniel Alpert）對陷入財務窘境的公司和政府頗有了解，指出認清問題和重組，才能回到成長的軌道。他是《大過剩時代：失控全球化後，治好世界經濟焦慮的成長解答》（*The Age of Oversupply: Overcoming the Greatest Challenge to the Global Economy*）作者，也是世紀基金會（Century Foundation）的研究委員，花費很多心力思考如何解決公共政策的灰犀牛，例如沉重的債務負擔或公共建設的老舊或不足。

2000 年春天，艾爾伯特來到東京，計劃設立維斯伍德在日本的辦公室。沒想到，他抵日的第二天早上，日本首相小淵惠三中風猝死，這不但是小淵家族的不幸事件，日本也陷入重重危機。至那年年底，日經指數已跌了 26%。艾爾伯特在他那位於第五街、亮敞的辦公室回憶道：「那時，日本像狠狠的撞上一堵牆。」自從八年前經濟崩盤，日本經濟似乎藥石罔效，政府做什麼都沒用。儘管推動貨幣寬鬆政策和基礎建設，經濟成長一樣低迷不振。日本想要重新開展一度興盛的出口經濟，只是日本在很多方面已不再有競爭力。日本政府接管了六家體質不良的銀行，更進一步擴張國債。現今，日本已是全世界國債數一數二的，約當國內生產毛額的兩倍多。

日本債台高築也促成了所謂的「奪命交易」：由於日本經濟疲軟、國債超高，很多交易者都賭日本國債會暴跌，而放空日本國債。對西方投資者而言，放空日本國債是預期日本國債將會狂跌，屆時就可大賺一票。亦即日本債券市場的崩潰，就是他們的獲利天堂。只是他們預期的政府債券市場崩盤並未發生，投資人因而蒙受巨額虧損。有些觀察家認為，他們對日本債券市場的診斷是正確的，只是時機不對。艾爾伯特則不同意：他認為那些投資人因放空而虧了大錢，原因在於他們對日本國債的診斷完全錯誤。他指出，日本和其他債台高築的國家不同的一點是，絕大多數的債權人是自己的國民；換言之，日本經濟的成敗和他們息息相關。「如果你拿全日本家戶收入和公司存款與其國債相抵，那就沒剩什麼錢了。不管如何，這家國家並非沒有償債能力，也沒有信用危機，只是帳目難看。」

血汗工廠的悲歌

有時，顯然我們必須拚命逃離灰犀牛。不讓員工進入危險的建築物就是其一。2013 年 4 月 24 日孟加拉的拉納廣場（Rana Plaza）大樓倒塌，大樓內的成衣工廠有 1,132 名員工死亡，傷者亦多達 1,800 名。這可說是史上最慘烈的工業災害。其實，在災難發生的前一天，這棟大樓七樓的牆面已經裂了，大樓內的其他四家工廠和一家銀行於是停工。孟加拉工業政策和促進部也要求拉納廣場封閉，直到情況穩定，才能開放。一開始，成衣廠老闆要工人撤離，然而大樓房東堅持牆面的裂縫「不嚴重」，成衣廠老闆於是命令工人回來工作。很多員工擔心不回去工作會被解雇，於是不顧危險乖乖回到工作崗位。

多年來，孟加拉政府官員一直對不合法規的建築睜一隻眼，閉一隻眼。在那個制度之下，建商並無遵守法律的誘因，因此唯利是圖。原本核准的是六層樓建築，建商擅自往上多蓋了兩層，最後又多加一層，所以倒塌之時已是九層樓的大樓。大樓內的成衣工廠是美國和歐洲服飾大廠的生產線。事發之後，有 19 家公司承認他們生產的服飾來自拉納廣場大樓內的成衣廠，有 6 家則撇清關係，聲明他們的成衣廠不在那棟大樓之內，還有兩家完全拒絕評論，儘管這兩家公司的商標出現在大樓瓦礫堆中。就這場重大災害事故，工廠老闆和他們的客戶沒有人必須扛起責任。

自 2005 年至 2013 年，在孟加拉就有 1,800 名工人死於可以避免的工安悲劇：2005 年光譜成衣廠（Spectrum garment factory）的廠房牆壁出現裂縫，後來倒塌，造成 64 名工人死亡；2010 年，Gap、傑西潘尼百貨（JC Penney）和塔吉特（Target）的代工廠失火，29 名工人葬身火窟；2012 年，供貨給沃爾瑪和西爾斯的成衣廠塔茲琳時裝公司（Tazreen Fashions）失火，112 名工人被活活燒死；還有拉納廣場大樓倒塌奪走的上千條人命。歐洲最大的反血汗工廠運動聯盟良心成衣運動（Clean Clothes Campaign）在拉納廣場大樓倒塌半年後提交評估報告，論道：「我們盡量避免『意外』這樣的字眼，如果注意消防安全、遵照建築安全法規、尊重員工的權利，拒絕讓他們在危險的環境下工作，就不會發生這樣的慘劇。」[20]

光是在孟加拉，成衣產業雇用的工人達 400 萬名以上（其中七成是女性）。顯然，這些成衣廠的經營原則就是「裝聾作啞」，假裝看不到任何危險。

當然，孟加拉並非沒有法律的國家。塔茲琳的母公司是土巴集團（Tuba Group），他們在公司簡介宣稱，土巴集團「嚴格遵守國際勞工組織及孟加拉勞工法規，提供員工安全、健康與衛生的工作環境。」[21]

據說，沃爾瑪曾在 2011 年 5 月來到孟加拉稽查塔茲琳廠房，發現工廠有一些違規事例，給予橘色評等以示警戒，並要求工廠擬定改善計畫。（只是不知工廠是否確實改進。）不過，塔茲琳成衣廠已通過 WRAP（環球服裝生產社會責任組織）認證。

那些孟加拉工廠工人死得冤枉。與土巴集團有生意往來的那些美國大公司，不管是直接接觸或透過包商，皆難辭其咎。14 家來自歐洲、美國和香港的國際大公司皆因孟加拉工安事件而危及商譽。有些公司宣稱，包商把業務轉包給塔茲琳，並未獲得授權，因此無法為此事負責。

良心成衣運動估計，拉納廣場大樓倒塌造成的員工傷亡，家屬和倖存者獲得賠償金為 7,100 萬美元，而塔茲琳成衣廠大火，傷亡員工的賠償金則為 570 萬美元。至於受損的商譽則難以估算。那些大公司大都想撇清關係。

有 8 家公司在日內瓦與國際勞工組織協商，同意設立一筆基金以補償家屬和傷者。其他公司則仍在推卸責任。在拉納廣場大樓倒塌事件發生後數週，35 家公司在孟加拉消防和建築安全協議（Accord on Fire and Building Safety in Bangladesh）上簽字。到了 2013 年底，已有一百多家公司簽署。同時，還有 16 名成衣廠工人死於廠房火災。

改弦易轍

有一家公司已致力於避免類似拉納廣場大樓的工安事件再次發生。他們的做法是改弦易轍：從問題下手，徹底解決。這家公司就是利道投資管理公司（Tau Investment Management）。他們從源頭下手，讓國際大公司正視明顯的威脅。現今，無良企業愈來愈多，虐待員工、生產偽劣產品等有損商譽的情事頻傳，如果一家公司能認清威脅，至少比較不會讓拉納廣場事件重演，也能具備獨特的優勢。

利道投資管理公司的計畫，是把西方式的管理引進到全球成衣產業，藉由工作環境與設備的升級，讓工廠更有生產力，也更有獲利潛能。利道於是為這樣的成衣廠牽線，介紹謹慎的買家給他們。畢竟，有些買家不想冒險，不希望看到拉納廣場的災難再次發生。利道執行長奧利佛・尼德邁爾（Oliver Niedermaier）對我說：「現在，我們的系統有瑕疵，而且建立在不透明的訊息之上。」然而，由於社交媒體發展迅速，無遠弗屆，這點很快就會有所改變。公司要藏匿不法行為而不承擔任何後果，將會愈來愈困難。

愈來愈多公司將資訊的透明化當做改變的契機。尼德邁爾說：「資訊愈透明，顧客、孟加拉廠房的工人、一般投資人以及用 401K 計畫資金（退休金）投資的人才能有所連結。最好的公司都以這樣的透明化為目標。」

他指的公司不只是知道拉納廣場悲劇，也知道耐吉（Nike）、凱西・李女裝（Kathie Lee）和迪士尼（Disney）這幾家大公司因販售海地等地的血汗工廠生產的鞋子和服飾而受到嚴重抨擊。他們知道工作條件低劣也是灰犀牛，造成的經濟損失也許比大樓倒塌來得嚴重。

利道的研究部主任班・史金納（Ben Skinner）說道：「由於中國和印度消費者的崛起，消費者也愈來愈有良知，情況已有了轉變。」史金納是記者，曾揭發世界各地供應鏈侵害勞工人權的情事。（我因參加世界經濟論壇，而認識尼德邁爾和史金納。）

史金納提到很多公司已不能在暗地裡做違法的事。他說：「像大量豬屍在河流漂浮，民眾不得不喝瓶裝水，也喝出一肚子火。這樣的民怨，政府都知道了。公司若貪贓枉法，一旦東窗事發，做為大型下游消費者產品公司，商譽必然會受損。」

史金納以紐西蘭為例，過去三十年來，紐西蘭漁業公司的海外漁船皆雇用血汗奴工。漁業產業的領導人搪塞說，不雇用奴工，就會失去競爭力。然而這樣的事件被揭露之後，有一家公司破產，另一家公司的股票市值損失好幾百萬美元，該公司執行長被迫離職。紐西蘭國會已禁止漁業公司的漁船雇用奴工。史金納說：「那些大老闆只看到機會和新的合約。其他公司則視來自中國的便宜奴工為灰犀牛。其實，雇用中國奴工的代價很高，不一定能使漁產品的價格更有競爭力。」

還有一個把危機化為轉機的案例是斯里蘭卡的瑪斯控股公司（MAS Holdings）。這家成衣製造商是可倫坡證券交易所（Colombo Stock Exchange）上市公司中規模最大的，成立於1980年代，以合成纖維布料為美國幾家公司縫製洋裝。當時，有些國家因多種纖維協定（Multi-Fiber Arrangement），紡織品成衣的出口受到配額制度的保護。但這樣的配額保護到2005年截止，瑪斯等斯里蘭卡成衣公司就得和其他國家競爭。以成衣廠的工資條件而言，斯里蘭卡的時薪為35美分，因此不敵時薪25美分的中國和16美分的孟加拉。面對這樣真實的威脅，瑪斯很可能被摧毀。瑪斯的因應之道是把廠房遷到鄉下，以節省成本，並積極向國際大公司展示該公司的工作條件優於一般開發中國家：廠房內設有健康中心和托兒所、限制加班、安全的工作環境、經理人和員工之間的互動良好、免費員工交通車、鼓勵員工進修、尊重女性員工等。像瑪斯這樣注重社會責任的良心企業並不常見，因此拉到很多重量級的大客戶像維多利亞的祕密（Victoria's Secret）、英國馬莎百貨（Marks & Spencer）等。雖然瑪斯的勞工成本不如中國便宜，但產品品質佳，讓客戶覺得多付一點錢是值得的。

瑪斯和利道的運作原則就像傳奇汽車大王亨利・福特（Henry Ford）所言：「企業只有一個準則：低成本、高品質、高工資。」

他們了解成本並不只是每日支出，不會為了省小錢而花大錢，因此造成整體成本增加和巨額虧損。

進退之間

葡萄牙軟木塞製造廠是另一個面臨重大威脅的產業。由於合成木塞的競爭，軟木塞製造廠因此走到存亡絕續的關頭。然而，沒有這次危機的試煉，軟木塞廠就無法革新、進步。直至 20 世紀末，軟木塞在瓶塞市場的占有率幾乎達 95%：全世界所需的軟木塞多達 170 億個。儘管愛酒人士最怕「瓶塞汙染」（cork taint），即軟木塞因受到真菌汙染而使美酒變質，出現霉味，幾百年來，木塞仍是封存酒瓶的唯一選擇。長久以來，一直有消費者買到瓶塞汙染的酒，而向廠商抗議，但軟木塞製造廠充耳不聞。由於酒瓶封存只能用軟木塞，軟木塞廠商以為這是獨門生意，姿態很高、不思改進。有人想要用其他材質製造瓶塞，都失敗了。軟木塞廠商在沒有威脅之下，更加志得意滿，不想了解消費者究竟要什麼。此外，新的產酒區愈來愈多，包括澳洲、紐西蘭、南非和南美，軟木塞更是供不應求。軟木塞廠商數錢都來不及，怎會想到變革？

其實，早在 1980 年代，科學家已揪出瓶塞汙染的元凶：也就是一種簡稱為 TCA 的化學物質，全名為三氯苯甲醚（2, 4, 6-Trichloroanisole）。這個發現使瓶塞感染的問題成為焦點。可惜，軟木塞廠商還是坐視不顧，發明家只好努力再找尋替代方案。塑膠瓶塞太硬，放入瓶口和從瓶口取出都很困難，也容易漏氣，所以不能成功。然而由於科技進步，漸漸出現轉機。1993年華盛頓州一家公司最先利用注塑模具製成合成瓶塞，不但外形設計如真正的軟木塞，也可避免瓶塞汙染的危險。不久，這種合成瓶塞就上市了，還有多家廠商也加入生產的行列。到了2004年，合成瓶塞開始搶占瓶塞市場。生產合成瓶塞的廠商以TCA造成的瓶塞汙染來攻擊軟木塞。[22] 以酒類販售重要通路的超市而言，則愛用較便宜的合成瓶塞。傳統軟木塞市場漸漸被蠶食，市占率滑落到70%以下。

從1990年到2010年，軟木塞產業終於知道厲害的對手來了。此時，這個產業面臨的選擇是：置之不理，或是積極面對挑戰。過去幾百年來，這個產業一直故步自封，在合成瓶塞的威脅之下，不得不有所改變。

亞莫林瓶塞公司（Corticeira Amorim）是世界最大的瓶塞生產商，創立於1870年，總部設於葡萄牙的聖馬利亞德拉馬斯（Santa Maria de Lamas）。葡萄牙因此是軟木塞生產的主要國家，全球軟木塞市場的一半以上都受其控制。葡萄牙每年生產的軟木塞總值超過10億美元，這個產業共雇用60,000名員工，剝採歐洲栓皮櫟樹的外皮做為軟木塞原料。這種樹木再生能力很強，如果樹皮被人採剝，還可在十年內長出新的外皮。因此軟木塞是高價值的農產品。

亞莫林瓶塞公司的總裁兼執行長安東尼奧・亞莫林（António

Rios de Amorim）則是帶領這個產業面對挑戰的關鍵人物。他也是葡萄牙瓶塞協會的會長。他說：「我們內部不斷討論，看是要繼續用軟木塞，或者用其他材質的原料來做瓶塞，也就是朝向封存技術去發展。」

如果要繼續用軟木塞，那就得妥善的診斷問題。這個產業不得不正視瓶塞汙染和合成瓶塞低價競爭的問題。亞莫林也知道，軟木塞產業一直沒能和終端消費者連結，不了解他們的需求，甚至沒有自己的價值主張，因此不知如何贏得消費者的心。超市只能以低價來拉攏消費者，軟木塞產業應該能做得更好。

首先，產業領導人應該正視 TCA 的問題，說服裝瓶廠他們生產的軟木塞瓶塞是安全的。在 1990 年代中期，合成瓶塞問世之後，亞莫林瓶塞公司即投資巨資重新設計工廠。他們的工廠在葡萄牙南部，廠房面積有 11 座美式足球場那麼大，並設立新的生產標準以克服瓶塞汙染的問題。但是這樣的工廠不是在一夜之間可以興建完成的，反應需要時間。亞莫林的第一座新廠房在 2000 年落成，第二座則是在 2001 年。

葡萄牙軟木塞產業的領導人也團結起來，推出優良產品製造規範，要求每一家軟木塞廠商的產品都必須檢驗合格。他們還找來研究人員與合作夥伴，包括酒商，讓他們了解葡萄牙軟木塞瓶塞品質提升的過程。此外，葡萄牙軟木塞產業也吸取新知，研發新的瓶塞產品以和其他合成瓶塞競爭，或發現軟木塞的新用途。對軟木塞廠商而言，這個轉型過程很辛苦。葡萄牙瓶塞協會的會員數也掉到 267 個，只有原來的三分之一。這次的危機也使瓶塞產業進入創造性破壞的紀元，很多墨守成規的公司因而被淘汰。

一旦軟木塞產業領導人有信心克服 TCA 的問題，要奪回瓶塞市場就得把產品改良的訊息傳出去。由於軟木塞產業是葡萄牙經濟命脈，葡萄牙政府在 2011 年同意為軟木塞行銷投入 2,100 萬歐元，為軟木塞的品質與價值背書。至於軟木塞的成本高於合成瓶塞，亞莫林等歐洲瓶塞廠商也提出了一個簡單而合理的說法：比起用合成瓶塞封存的酒，用軟木塞封存的酒賣價較高。或許合成瓶塞比較便宜，如果軟木塞瓶塞能增加酒的身價，那就值得了。

葡萄牙軟木塞產業還強調軟木塞有利於生態環境的永續經營，因為樹木被剝皮的部分還會再長出來。亞莫林委託普華永道顧問公司（PricewaterhouseCoopers）研究軟木塞瓶塞生產排放的溫室氣體，並與其他材質的瓶塞生產相比。[23] 普華永道發現，製造合成瓶塞排放的溫室氣體是製造軟木塞瓶塞的十至二十四倍，製造過程使用的能源則比軟木塞多五倍。因此軟木塞要比合成瓶塞環保，而且利用塑料製成的合成瓶塞最後將造成土地和海洋的汙染問題。瓶塞雖然是個微不足道的小物，但是選擇軟木塞瓶塞這樣的舉手之勞則有益於生態環境。

儘管一個單位木桶（159 公升）的橡木軟木塞要價達 700 到 1,000 美元，由於橡木材質的細小縫隙可讓微量的空氣進入瓶中，讓葡萄酒緩慢氧化，變得醇厚、芳香，這樣的價格還是十分值得。合成瓶塞就無法顯現此一特點。這也就是加州酒商為何在廣告中強調：「任何美酒都少不了天然的軟木塞。」

亞莫林感激高級酒莊的大力支持，尤其是香檳業者，願意信賴他們的軟木塞瓶塞，也幫助瓶塞廠商了解自家產品對愛酒人士和偶爾小酌者的價值。亞莫林瓶塞公司公關主任卡羅・德・葉蘇斯（Carlos de Jesus）說：「如果我們能做一個調查，問全世界的民眾，哪五種聲音可以代表歡樂；我敢打賭其中的一種必然是打開酒瓶軟木塞瓶塞那『啵』的一聲。」

葡萄牙軟木塞廠商在 2011 到 2013 年發動的第一波行銷活動成功使軟木塞瓶塞的市占率穩定下來，之後又辦了兩次活動。軟木塞瓶塞在全球酒類封存市場的占有率一直保持在 70% 左右。大型酒莊，如法國的拉赫希（Michel Laroche）和露桐（Lurton）與幾家加州酒莊都宣布不再使用合成瓶塞，換回軟木塞瓶塞。向來愛用合成瓶塞的美國酒莊也漸漸採用軟木塞瓶塞，用軟木塞瓶塞封瓶的比率到 2015 年已上升為 59%，在五年內增加了 9%。[24]

我問亞莫林，軟木塞瓶塞產業大復活的經驗是否會改變他和公司因應未來威脅的態度。他說，經過如此巨大的衝擊，公司將保持提高警覺。「我們還沒打贏任何戰爭。我們只是僥倖逃過一劫，真正的戰爭還在等著我們。我們一定要有足夠的動能去應變，才不會落入同樣的圈套。」

市場破壞

無法因應市場破壞的公司或企業紛紛倒下。從科技變化的速度來看，還有很多公司會遭到淘汰。

媒體產業就是一個鮮明的例子，面對數位世界帶來的威脅與機會，不但要應變得宜還要掌握最佳時機，可謂雙重挑戰。如果太早行動，投資會變成一場空；太晚出手，則大勢已去。美國線上（AOL）和搜尋引擎 AltaVista 都是最早行動的，後來就被更靈活的競爭者取代。《華爾街日報》很早就踏上了數位化的道路，然而忽略了內容乃網路版的靈魂，最後賣給梅鐸的新聞集團（News Corp.）。

雅虎（Yahoo）的麻煩也是盡人皆知。這家公司自 2007 年至 2012 年就換了四任執行長，前任執行長史考特・湯普森（Scott Thompson）因學歷造假被公司股東揭發，不得不主動辭職。於是，雅虎從 Google 延攬矽谷女強人梅麗莎・梅爾（Marissa Mayer）執掌大權。梅爾是一個有動力且有策略長才的領導人。《紐約時報》論道：「不少人好奇，雅虎從敵軍陣營 Google 那裡挖來將才，是否就能起死回生。」[25]

梅爾的策略就是使雅虎的行動業務脫穎而出，強化搜尋引擎，以及併購有望成為下一個大咖的新創公司。可惜進展不夠快，結果不像投資人想的那麼美好。股東要求雅虎拆分阿里巴巴股票或是與美國線上聯姻，以降低成本、擴展市場。

2015年1月號的《紐約時報雜誌》出現一篇對雅虎的評論：「儘管雅虎是個巨人，產品確實大有進步，公司文化也比較創新了，除非梅爾能創造出下一個iPod，還是難以扭轉頹勢。畢竟所有經歷突破的公司終究會面臨停滯，然後衰退。」同一個月，雅虎就宣布要拆分阿里巴巴股票，將利益返還股東。

以後見之明來看，雅虎早就該將業務拆分，但面對灰犀牛靠的是先見之明：在看到灰犀牛之時，就必須很快了解需要改變，決定進行何種變革。從雅虎的例子來看，從來就沒有什麼一勞永逸的做法，而必須時時因應變化。

2015年3月，《迅捷公司》（*Fast Company*）刊出一篇有關梅爾的人物報導，標題是：「雅虎還沒出局：且看梅爾如何讓批評她的人跌破眼鏡。」文章中提到梅爾已推動重要變革，以改變雅虎的文化，也致力於業務轉型。哈利・麥克雷肯論道：「多年來，雅虎第一次展現追求成功的企圖心。」他又說，雅虎或許能成功拆分組織，變得小而美，也有可能脫胎換骨，變得更大。

很多公司都曾面臨同樣的兩難：如寶麗來（Polaroid）、黑莓（BlackBerry）、巴諾書店（Barnes & Noble）等，這些公司的故事還沒完結。還有一些公司則曾經重摔，然後東山再起，如IBM、蘋果、福特、通用汽車和克萊斯勒。

為什麼有些公司能通過灰犀牛的挑戰、有些則被灰犀牛踩扁，嗚呼哀哉，還有一些雖然被踐踏、受了重傷，還能重新站起來？關鍵就在是否能及早洞視威脅，擬好優先順序，並拿出行動。有這樣的能力才能展望未來，脫穎而出。首先，要避免陷入團體迷思，才能培養出這些能力。如果一家公司只願意傾聽自己想聽的，必然很難存活下去。

所有歷經威脅的公司，不管成功或失敗，都能做為我們的借鏡。他們做的每一個決定都和未來的命運息息相關。

灰犀牛分類學

灰犀牛就可分為很多類，包括不願面對的真相、一再出現的犀牛、發動攻勢的犀牛、超犀牛、難題、難解的結、創造性的破壞、模糊難辨的犀牛——每一種灰犀牛都有自己的特點，因應策略也各有不同。

問題是，我們還可能看走眼，無法明辨灰犀牛的種類。第 2、3 章描述的策略有助於我們辨識，讓我們提高警覺，免於落入認知偏誤的陷阱或是因為在同質的決策結構之中，忽略警示或視之為幻影。

如不幸碰上一連串的灰犀牛，就會產生骨牌效應，帶來劇烈衝擊。2007 到 2008 年的全球金融風暴就是次級房貸、銀行的風險控管鬆散，再加上清償危機，才會釀成大難。水資源和食物的短缺、失業問題、政府不聽人民的聲音再加上貪腐，阿拉伯之春的民主革命浪潮於是在中東和北非興起波瀾。這些都不是一隻灰犀牛造成的，而是成群結隊的灰犀牛，甚至是多種生物嵌合而成的怪獸。我們必須第一個應付的就是成群結隊的灰犀牛或是已變成怪獸的灰犀牛，研擬妥善的因應策略。儘管這種挑戰很複雜，也有其優點，也就是受到牽連的人極廣，可集結眾人的力量推動改革，如健保改革或是拿出行動因應氣候變遷。超犀牛的問題則涉及政治與決策，也是必須優先處理的要務。若我們不能強化分析能力，判斷哪些挑戰必須先處理，其他問題就永遠無法解決。

難題和難解的結是最難纏的灰犀牛，如敘利亞的問題、以巴衝突或是財富分配不均。我們的反應模式可分為幾種。若是比較複雜的議題，如貧富不均，必須把問題拆解成幾個可以完成的目標：法規、租稅政策、教育、住屋政策等。可使關心這個議題的廣大民眾注意到你提出的解決策略。如果是衝突的情況，通常要等到出現突發事件——亦即犀牛已發動攻勢——才能有所改變。即使是難解的結，也可將涉及的多種威脅區分出輕重緩急。以敘利亞為例，敘利亞阿薩德政權與伊斯蘭國的對立已經夠棘手了，加上其他國家也來爭奪地緣政治利益，因此問題更加複雜。此時，政策制定者似乎已認為伊斯蘭國是比阿薩德暴政更可怕的威脅。這種轉變加上難民潮的湧現，讓人感受到前所未有的危機。這種緊急情況代表灰犀牛已發動攻勢。如果可能，可利用危機產生的動力來因應，使人注意所有相關的灰犀牛。此外，發動攻勢的灰犀牛也可能類似先前出現過的威脅，由於我們已有成功因應的經驗，因此可利用系統的創造和演練，獲得可用的工具並形成更有利於應付的習慣。我們可從一再出現的灰犀牛學到很多，如此一來，再碰到問題就可變得駕輕就熟，千萬不可因為以前逃過一劫而掉以輕心。不管如何，我們應可把流感病毒、龍捲風或颶風的預防和警報系統運用在經濟或組織面臨的威脅上。

至於不願面對的真相，最好的做法是把這樣的威脅視為機會。(如第 7 章描述的公司實例。)不得不因應挑戰、做出變革，也得好好分析何者對利益關係人而言是最大的威脅，以緩解轉變帶來的痛苦，創造更多的利益。

對問題的解決有先見之明的人來說，幾乎每一隻灰犀牛都代表機會。面對灰犀牛，我們希望不只是全身而退、毫髮無傷，最好是能化危機為轉機。即使是碰到創造性的破壞，不得不壯士斷腕，也是開闢另一條生路的機會。

灰犀牛的分類			
種類	特徵	實例	策略
不願面對的真相	大多數的人都知道這個問題的存在，然而就是不肯拿出行動；否認問題；必須花費巨資或巨大的心力；利益關係人願意直言；沒有一勞永逸的解決之道；每一個人受到的衝擊都不同	氣候變遷、預算赤字、過度肥胖、工安問題、基礎建設、瓶塞汙染	把危機視為轉機；研擬成本與利益分享策略

發動攻勢的犀牛	進展快速的挑戰；突然暴發的事件	阿拉伯之春、敘利亞、次貸風暴、難民危機、天災	利用情況緊急，立即行動
一再出現的灰犀牛	熟悉的威脅（也可能變成發動攻勢的犀牛）	金融危機、傳染病、極端天氣、地震、駭客威脅	以檢查表和演練來養成安全的習慣；利用自動觸發裝置找出惡意程式；強化系統；避免自滿
超犀牛	因結構複雜而帶來其他問題	政治、貧富不均、法規、性別排斥	區分問題的輕重緩急並分類
成群結隊的犀牛／怪獸般的犀牛	環環相扣的問題	水資源缺乏、食物價格波動、醫療問題、貧富不均	區分問題的輕重緩急並分類
難題／難解的結	沒有明顯答案，問題盤根錯節，難以解決	敘利亞、以巴衝突、貧富不均	用另一個角度看問題、治療症狀
創造性的破壞	遭受無可避免的淘汰	柯達底片、水力磨坊	擁抱創新、循序轉型

模糊難辨的犀牛	威脅或危險本質不明，無明顯解決之道	人工智慧、數位對媒體的衝擊（也可視為難題或創造性的破壞）	測試各種假設情況，找出最可能發生的；靈活應變、機警

灰犀牛心法

- **評估你看到的灰犀牛。**不同的威脅需要不同的策略。
- **為危機下定義。**發動攻勢的灰犀牛可能對某一群人是威脅，對另一群人則否。如果有能力拿出行動的人不作為，就必須讓他們用另一個角度來看威脅，讓他們脫離事不關己的心態。使人把威脅視為機會。
- **訊息是改變的重要誘因。**設法讓人透視問題的全貌，了解拖延必須付出的代價。
- **不要為了昨日的成就志得意滿。**如果通過一道難關的考驗，就驕傲自大，日後碰到威脅，就容易一敗塗地。
- **我們很難馬上就找到正確解答。**每一個失誤都使你更接近正確答案。有時，似乎只有走錯路，才知道正確的路要怎麼走。

第6章
恐慌：犀牛發動攻勢了！

我在法文系就讀時，曾研讀歐仁・伊歐涅斯可的（Eugène Ionesco）荒謬劇《犀牛》（*Rhinoceros*）。劇中的「犀牛」象徵第二次世界大戰前法西斯主義迅速蔓延的集體狂熱。近日重讀此劇，發現這齣劇的情節和精神與本書描繪的灰犀牛理論有異曲同工之妙，包括團體迷思強化的否認、不作為、為了要不要行動而躊躇，以及鎮民變成犀牛，引發恐慌。

這齣劇一開始的場景是法國鄉下一個小鎮的露天咖啡座。鎮民在此碰頭、閒聊。一天，他們發現有兩頭犀牛飛奔過大街。他們旋即為了這兩頭犀牛是獨角或雙角、亞洲種或非洲種（白天鵝？黑天鵝？）吵得不可開交，不能確定是一頭獨角、一頭雙角或者兩頭皆獨角或雙角。

主角貝朗傑是個貪杯的小人物，個性消極懶散，起先沒注意到犀牛出沒。他的女同事黛西——金髮碧眼的年輕小姐——想要提醒大家小心，卻只是引來譏笑。接著，鎮民一個個變成犀牛，小鎮就此陷入混亂。

翌日，他們的同事波塔（此人脾氣暴躁）大聲的說，法國根本就沒有犀牛，犀牛這樣荒誕的故事都是記者杜撰的，好為了多賣幾份報紙。然而，有一頭犀牛來了，把辦公室的梯子撞壞了，而且犀牛愈來愈多，已無法否認牠們的存在。貝朗傑費盡唇舌，勸同事和鄰居不要被自身的獸性宰制，可惜徒勞無功。所有的人，從波塔到老闆，都屈服了，一個個變成犀牛。另一個同事杜達德則告訴貝朗傑，這是正常、合理的。

最後，只有貝朗傑、杜達德和黛西三人依然擁有人形。似乎有些人是自己選擇要變成犀牛的，有的則只是屈服於自身的獸性。杜達德說：「我們難以得知這些人基於什麼樣的理由，才會做出這樣的決定。」不久，杜達德也放棄了，變成一隻犀牛。他說：「我要和我的同事、朋友一起。」

此時，只剩下黛西和貝朗傑還是人，兩人拚命在想，他們能做什麼、該做什麼，以免在無意間造成更大的傷害。貝朗傑要黛西跟他在一起，以為人類繁衍下一代。然而黛西沒有拯救人類的意願，說道：「何必麻煩呢？」接著，也變成犀牛。

現在，就貝朗傑一個人了。他下結論道：「想要擁抱個人主義者，總是沒有好的結局。」身為最後的人類，他在加入友人和保持自我之間掙扎。他也想變成犀牛，但就是沒辦法。最後，他下定決心：「我絕不會變成犀牛——絕對不會！」當然，事情至此，已無可挽救，人類終將滅亡。

活躍於半世紀前的漫畫家華特・凱利（Walt Kelly）透過筆

下的小老頭波哥（Pogo）說道，我們都看過犀牛，犀牛就是我們。碰到問題時，我們不想面對，就用各種方式逃避，等威脅迫在眉睫，就會陷入恐慌。

除非犀牛近在眼前，我們才想要行動。但是犀牛愈接近，我們的選擇就愈少，而且必須趕快做出決定。如此一來，常常是急就章，無法深思熟慮。

在危機迫近之時，若能以先見之明做決定，就能有完全不同的結果。心理學家亞瑞利論道，我們的情緒狀態決定我們是否會受到偏見的影響、會不會壓抑。他說：「經驗似乎無法使我們了解自己在不同的情緒狀態。」[1]

如果我們很快可以認清危機、診斷並付諸行動，千萬別陷入恐慌。然而說是一回事，做又是另一回事。

逢低買進

漢斯・休姆斯（Hans Humes）是葛雷拉克投資公司（Greylock Capital）的總裁兼執行長。此人是問題國債交易的頂尖好手。他身穿非洲雄獅喀麥隆隊的足球衫，在他位於麥迪遜大道上的辦公室與我見面。春寒料峭，細雨霏霏，他還是騎腳踏車來上班。他不但沒說這下雨天真討厭，似乎覺得淋雨讓他更精神抖擻。他就是這樣的人。

打從 1990 年代初期，休姆斯在雷曼兄弟負責新興市場貸款和債券交易時，我就認識他了。在這個市場，很多才二十出頭的交易員誇口說，他們一句西班牙文或葡萄牙文都不會，但是每天交易的拉丁美洲國債高達幾億美元。休姆斯大不相同，他可是對這些國家瞭如指掌。他全世界跑透透，西班牙語說得很流利，好學深思，更別提對各國政策的認識以及他那敏銳的市場嗅覺。任何一個國家有風吹草動，他都知道誰最清楚。記得祕魯和厄瓜多為了領土開戰那天，我和一位同事和他見面。由於他在這兩國的股市和債券都投資不少，這日難免坐立難安，需要喝一杯，但他似乎沒有我們想的那麼焦躁不安。

休姆斯常在每一個人都恐慌的時候找到機會。他在賺錢的同時，也幫一些公司解決麻煩的債務問題。每次，最讓人意想不到的地區出現金融危機，休姆斯總是我求教的對象。比方說，2008年金融危機下面臨經濟崩場的冰島。那時，他正考慮購入冰島第三大銀行葛里特尼爾（Glitnir）的銀行債券。利比亞呢？在利比亞內戰時，他悄悄用極低的價格大量買入該國國債——每一美元面額只要 3 美分，真是太便宜了，於是他成為利比亞最大的債權人，最後不但大賺一票，也幫利比亞解套。阿根廷在 2001 年發生金融危機時，他是與阿根廷政府進行協商的全球諮詢委員會副主席。2010 年希臘爆發債務危機，他也是代表私部門債權人的重要協商成員，在2012年春幫忙把希臘從債務違約的邊緣拉回。

金融市場猶如雲霄飛車般驚險，最能處變不驚的人非他莫屬。他甚至還能展現幽默感。在灰犀牛飛奔過來，眾人恐慌的階段，休姆斯依然老神在在，秉持理性，積極行動。因此，我向他請教，在金融風暴即將來襲的前夕，要如何準備，才能度過這個恐慌階段，以及在天有不測風雲之時，如何解讀市場訊號。休姆斯把公司的聯合總裁 AJ 馬迪拉塔（AJ Mediratta）也請來，要我聽聽他的說法。馬迪拉塔以前是貝爾斯登的老將，對拉丁美洲、亞洲及中東等國的債務重組很有研究。2008 年，貝爾斯登在次級貸款風暴中嚴重虧損，瀕臨破產而被摩根大通收購。

我們首先討論的問題是：阿根廷和希臘有什麼不同？為什麼阿根廷及其債權人錯失債務減記的良機，而希臘的私人債權人則至少得以在最後一刻轉危為安？很少人能像休姆斯和馬迪拉塔清楚這兩國的經濟情況。這些問題的解答也有益於讓人了解灰犀牛的概念。休姆斯很快的答道：「參與吧。」他認為如果阿根廷能讓所有的債權人一起坐下來，認真討論該如何避免債務違約，應該能達成協議，使債權人得以減少損失，也就不會因阿根廷經濟崩盤承受那麼大的痛苦。

然而在那個時代，沒有一個妥善的機制讓一個國家輕易承認無法償還債務。[2] 1982 年墨西哥發生債務危機，墨西哥政府發布了一個震驚金融界的聲明，表示該國已無法按期履行償債義務，拉丁美洲就此步入「失落的十年」。在此之前，花旗銀行總裁華德・黎斯敦（Walter Wriston）才說：「國家是不會破產的。」當然，黎斯敦此言可說大錯特錯。幾個世紀來，已有許許多多的國家破產，這樣的事例未來仍會層出不窮。國家債務問題一直是否認現實、拒絕行動的經典案例，等到紙包不住火，就會引發恐慌和經濟崩盤。

在泡沫破滅的那個轉折點，市場陷入恐慌時，債務國和債權人最需要一起商討解決之道，卻沒這麼做——這就是最大的問題。因此，不管是債務國或債權人就無法及時應變以免情況愈來愈糟。阿根廷就是如此。在2001年阿根廷爆發金融危機之初，阿根廷政府及其債權人都不接受30%的債務減記，乃至九個月後，債權人投資損失超過70%，阿根廷經濟則陷入混亂，貨幣貶值60%以上。

然而，阿根廷的教訓正是最好的借鏡。正如一句老話：「危機亦良機，不可白白浪費。」在阿根廷經濟崩盤之後，鄰邦烏拉圭的信用評等被降級，變成未達投資等級，眼看著就要出現債務違約的問題。2003年3月，烏拉圭向債權人提出債務重組計畫，將債券到期期限延後幾年。儘管烏拉圭沒能得到債務減記，其主動提出的債務重組計畫依然有救火之功，至少讓人相信烏拉圭還有用流動資產和現金資產償債的能力。

債務國和債權人已開始在主權債券契約加入集體行動條款（collective-action clause），透過條款的授權，使絕對多數的債權人得以修改主權債券契約內容。如此一來，萬一債務國未來財務困窘，則可與債權人協商，以避免令人頭痛的違約問題。到了2010～2011年，希臘債務問題變得棘手，由於有阿根廷和烏拉圭的前例，投資人與政策制定者就願意好好協商，共同商量對策，相較於十年前，已有很大的進步。

馬迪拉塔說道：「市場不斷在演化。在主權國家違約前夕，債權人已經聚集，組成委員會。」幾分鐘後，休姆斯出去接電話——投資人來電詢問希臘與歐洲債權人的最新談判進度。投資人想知道，希臘是否能得到歐洲央行和國際貨幣基金組織批准的紓困資金，還是會違約？由於下一次償付期限已經逼近，媒體充斥希臘可能面臨違約的警告。然而休姆斯和馬迪拉塔依然沉著。他們已注意到歐盟對希臘的措辭出現微妙的轉變，不像之前那樣嚴厲，顯然歐盟已在努力解決問題：現在討論的焦點已不是債務總額，而是利息成本——以利息成本而言，希臘還應付得了。休姆斯和馬迪拉塔每天都得安撫投資人驚恐不安的情緒。他們就像打火英雄或是急診室的外科醫師，以經驗為師，知道如何在混亂的情況保持冷靜，尋找買進或賣出的訊號。市場的大起大落，對他們而言，已是家常便飯。

馬迪拉塔回憶道：「2011年夏天，希臘國債的收益率每星期下跌兩個百分點。投資人不斷打電話來問，問說該買，或者做空？我們勸告投資人按兵不動，等看到投降式的拋售再行動。由於這時情況已經明朗，就能放心出手。」換言之，他們等到其他人已陷入恐慌，才進行交易。馬迪拉塔又說，當然，他們這一行必須大膽。「要進場接刀子，難免會斷一、兩根指頭。」

2012年5月，休姆斯接受《紐約時報》採訪，他說他「不必多花腦筋思考」就投資希臘。[3]就在幾個月前，包括葛雷拉克等民間部門債權人都同意讓希臘債務減記四分之三，債務總額因而得以減少 1,000 億歐元。但希臘的「官方」債權人不想讓希臘債務減記，我們不知希臘是否能繼續履行其償債義務。接下來的夏天則是希臘大選，不安的氣氛依然瀰漫。大選後，才剛完成置換的債券一路大跌。財經資訊網站 Zero Hedge 整個夏天都在嘲笑熱捧希臘國債的休姆斯。該網站的標語就是：「如果時間線拉得夠長，每一個人的存活率都是零。」

然而休姆斯的邏輯很簡單：歐盟、歐洲央行和國際貨幣基金組織不會看著希臘滅頂，見死不救，因為這些國際債權人也必須面對本國的納稅人，不願讓他們承受損失。由激進左派聯盟（Syriza）組成的希臘政府保證不會要民間部門債權人再犧牲，畢竟他們持有的債券不多，與歐盟和國際貨幣基金組織無法相比。希臘的問題主要是可否繼續以新債抵舊債，畢竟如此一來每年需要支付的利息很低。再者，希臘的國債每一美元面額為 14 美分，這樣的價格和北韓國債差不多，然而就希臘的基礎建設、教育等層面而言，可是超越北韓好幾光年。

最後，休姆斯賭贏了。葛雷拉克因投資希臘的逆向操作，締造 400%的報酬率。我們可從這裡學到兩點：一、先設立好一個危機因應系統，即使問題發展至恐慌的階段，仍有轉圜的餘地。二、我們必須了解集體行為的本質，並在混亂中解讀訊號。

最好以及最糟的

在巨大的壓力下做決定，常使領導人顯現其最好以及最糟的一面。在龐大的壓力之下，你的記憶力變好了，感覺更敏銳，體內的腎上腺素上升。但是我們也沒機會去思索種種不良後果、成本和利益。如果我們能有時間做準備，結果將大不相同。

在威脅已近在眼前，我們所做的決定和威脅仍遙遠時不同。如果威脅仍遠，我們就有充裕的時間思索如何因應和解決。這樣的差異即是行為經濟學家康納曼提到的系統一和系統二的不同：系統一是直覺的、出自潛意識所做的決定，而系統二則是合乎理性、邏輯的思考方式。套用康納曼提出的思考架構來看，在面對急迫的威脅，我們必須想辦法抑制系統一，盡可能運用系統二。

我們也必須在事前先擬好組織策略，才能因應緊急的威脅。在事發之初就辨識灰犀牛的關鍵就是破除團體迷思。證據顯示，因應危機可幫助我們建立一個嚴密、中心化的決策結構。

雪城大學（Syracuse University）麥克斯威爾公共事務學院（Maxwell School of Public Service）莫尼翰全球事務研究所（Moynihan Institute of Global Affairs）的研究人員建立了一個跨國界危機資料庫，仔細研究全世界發生的 81 樁危機。他們依照這些事件令人出乎意料的程度及領導人處理危機的時間來分類。他們研究的危機中有 39 個是可預期的，且有較長的決策時間，包括 1997 年泰銖危機、聯邦政府在德州韋科（Waco）襲擊大衛教派營地造成的慘案、北大西洋公約組織（NATO）介入科索沃戰爭等。其他如艾克森石油（Exxon）瓦迪茲號（Valdez）在阿拉斯加灣漏油、1975 年發生的馬亞圭斯號事件（SS *Mayaguez*，美軍為解救一艘進入柬埔寨的美國商船馬亞圭斯號而發生的奪島戰鬥）等 7 個危機則決策時間較短，但仍可預期。還有 31 個危機則是完全在世人的意料之外，且已發展一段時間，如祕魯山崩、1990 年波灣戰爭。至於華盛頓特區炭疽熱病毒攻擊事件、馬德里三一一連環爆炸案、美國聯邦航空總署對九一一恐怖攻擊的反應則屬短期意外事件。

莫尼翰全球事務研究所發現，就無可預期的突發危機而言，決策者事後反省，比起有較多時間考量各種選擇，面臨急迫危機的決策者多半對自己的表現感到滿意。在可預期的危機中，64％的決策者有較多的時間準備，而有 55％的決策者則因時間不足，認為自己的表現差強人意。面臨意料之外的狀況時，53％的決策者認為自己的表現中上或非常好。

為何會如此？莫尼翰的政治科學家瑪格麗特・何曼（Margaret Hermann）和布魯斯・戴頓（Bruce W. Dayton）論道：「根據數據，決策者面對預料之中的跨國界危機時，通常不認為這樣的危機有時間的急迫性。由於危機已在決策者的意料之中，因此決策者以為自己可以掌握，比較不需要立即行動。」[4] 如果決策者誤以為自己有充裕的時間可處理迫切的危機，群體也可發揮力量，扭轉情勢。決策者的自滿也是個問題。何曼和戴頓說，儘管布希政府知道卡崔娜颶風來勢洶洶，但是認為防災計畫已足以因應，畢竟美國大西洋岸並非第一次遭受颶風侵襲，已有許多經驗，沒想到還是釀成大難。這兩位學者論道，由於這種天災在意料之內，決策者既然能比較能掌握情況，應該更能果斷行動。

這些洞見能讓我們了解，為何領導者在面臨灰犀牛的威脅之時，往往一不小心就陷入恐慌。我們總是以為自己可以應付可預期的威脅，其實不然。卡崔娜凸顯的問題是，儘管已有防災計畫，卻沒有落實。顯然，在面對像颶風或龍捲風這類的災難，要是在事前沒有應變指引，必然無法避免慘重傷害。但我們似乎需要更好的機制來判斷事前擬定的因應步驟是否有用。因此，這當中有一個弔詭：如果有充足的時間可讓我們在事前做好準備，就有機會利用系統二來做出合理的決策，然而在必須利用系統一來做決策時，急迫感就會變弱。

灰犀牛出現的時間點也是我們能否事前盤算和靈活應變的關鍵。對金融危機鑽研很深的美國麻省理工學院經濟學教授魯迪格・多恩布希（Rüdiger Dornbusch）曾言：「危機會演變到今天這個地步，要比你想像的時間來得長。危機發生的時間也比你想像得來得快。」（此即「多恩布希法則」。）此言是針對 1994 到 1995 年墨西哥披索匯率暴跌、股票價格狂瀉的金融危機。他又說：「這類事件醞釀的時間極為漫長，卻在一夜之間就爆發了。」[5] 由於事件醞釀期間長，我們不免掉以輕心，比較無法採取必要的防衛措施，也就不能快速行動。萬一原來的計畫不成功，也無法轉身應變。光是設想好一個計畫是不夠的。如拳王泰森（Mike Tyson）的名言：「每一個人都想好計畫，一旦遭到痛擊，只會像老鼠一樣，呆呆的站在那裡，無法應變。」[6]

危機與恐懼

在危機變得愈來愈急迫之時，決策往往是由恐懼驅動的。國際貨幣基金組織代理主席約翰・李普斯基（John Lipsky）認為恐懼是很多金融問題演變成危機的原因——如 2008 年金融風暴。他在接受訪問時說道：「儘管已有警示，仍無組織來負責危機預防或解決。」只要這個世界金融活動依然活躍，未來必然還會出現金融危機。1995 年、1997 年和 2001 年，新興市場一再爆發金融風暴。這樣的事例一再發生，似乎應該激發更好的反應系統，但國際貨幣基金組織等機構依然沒能啟動這樣的系統。

李普斯基說：「缺乏政治承諾反映對未來的恐懼。如果你對成功毫無期待，碰到失敗也就無感。你怕被指責，於是做了個選擇，決定隨它去。但是這樣真是在解決問題嗎？或者你只是希望在四、五年內不會遭到批評，說你搞得一團糟？」

危機與表現顧問公司再思集團（ReThink Group）創辦人丹妮絲・舒爾（Denise Shull）提醒我們：「感情用事是很危險的。」這家公司融合神經經濟學、心理動力學（研究動機、人格與行為的理論）與市場學的洞見，來為客戶服務。舒爾說：「只是知道要做什麼還不夠：你必須有真切的感受。」她在紐約召開的一場研討會上論道，金融危機背後的核心情感不是貪婪，而是恐懼：害怕失敗。

我們要如何評定自己

如果我們要準備得更好以應付未來的危機，就得正確了解自己的行動，包括行動在壓力下的變化以及事後反思看起來如何。這點會比你想的要來得難。

西雅圖大學（Seattle University）認知心理學家泰勒絲・休思敦（Therese Huston）蒐集了很多證據，顯示人在壓力之下，決策策略會改變。有意思的是，性別不同，決策改變的方式也有很大的差異。南加大的瑪拉・馬瑟（Mara Mather）與杜克大學的妮可・萊特霍爾（Nichole Lighthall）在實驗中，要受試者為數字形狀的氣球充氣，如把氣充好則可得分，要是打太多氣，氣球爆了，就會被扣分。研究團隊比較受試者把手浸在冰水前後的決定。在手浸冰水之前，男女兩組充好氣的氣球數目差不多。但在浸冰水之後，女性受試者充氣的速度變慢，男性受試者壓幫浦的速度則比女性快 50%。這顯示女性面對壓力，會變得比較保守，男性則傾向冒險。休思敦說，我們不一定可以覺察壓力對自己決定的影響。此外，男女雙方的自覺有所不同。她引用密西根大學的史蒂芬妮・普雷斯頓（Stephanie Preston）2007 年的研究結果：女性在壓力逼近之下所做的決定要比男性來得好，且在事後反省之時，如認為自己做的決定不好，是因為過於冒險。休思敦在《紐約時報》發表的文章論道：「如果我們希望所屬組織做出最好的決定，就得注意決策者是哪些人，他們是否咬緊牙關，面對困難。」[7]

如果從第 2 章討論的團體迷思來看，這些研究結果尤其重要。若是在決策過程採納女性的意見，將有助於認清風險。風險愈高，領導團隊成員最好是多元化的組成，不要老是同一群人。

西奈山伊坎醫學院神經心理學家海瑟・博霖（Heather Berlin）希望我們了解，大腦無意識活動對動機與決策的影響。她寫道：「人們常常不知道自己決定怎麼做或說出什麼樣的話，究竟受到哪些影響。」在我們意識到改變之前，無意識的改變已搶先一步發生了。博霖也提醒我們，我們看到壓力、憤怒或恐懼的臉就會無意識的出現反應，進而觸動腦部杏仁核（主掌情感與動機的區域）的活動。

一旦決策團隊有一個成員進入恐慌模式，周遭的人即使不知道是怎麼回事，很可能也會跟著恐慌。此外，在我們評估自己的決定時，可能會出現防衛機制，以避免內疚或焦慮等感覺。如要克服在恐慌模式做決定的危險，我們得了解在面臨迫切危機、必須做選擇時，情感到底扮演什麼角色。要是我們不被恐慌和恐懼淹沒，就比較能運用理性與邏輯來做決定。

用危機來催化改變

恐慌和恐懼雖然會扭曲我們的決策，卻是激發行動的重要角色。我們知道，在黎明來臨之前，總是最黑暗的。要對抗惰性、有所轉變，正是如此。有時，要得到領導者的注意，除了恐慌，沒有其他辦法。1990 年代，我在道瓊新聞擔任財經記者，曾論述新興市場的重整。從那時開始，投資銀行開始用這個名詞來取代「低度開發國家」。

在那個年代，交易員看到危機事件，眼睛都亮了起來。這點常讓我和同事覺得驚奇。只要任何一個國家烏雲罩頂——如委內瑞拉、俄羅斯、厄瓜多或巴西——交易員立即開始盤算，情況愈糟，愈是有利可圖。1993 年，俄羅斯發生憲政危機，葉爾欽調遣坦克車，包圍國會大廈，逼迫憲政改革，紐約和倫敦的交易員隨即把能買到的俄羅斯報紙都買來研究。為什麼呢？因為投資人和交易員都認為危機可以帶來改變。

在金融市場，精明的投資者就憑看準危機的先見之明，趁機大撈一票。據說金融大鱷索羅斯背痛發作之時就是該出脫持股了。1992 年，索羅斯看出法國法郎、德國馬克與英國英鎊等歐洲貨幣的差異已給各國帶來經濟壓力，致使歐洲匯率體系（歐元的前身）岌岌可危。他看準英國經濟不振，勢必大貶，無法保住英鎊在歐洲匯率體系的地位，於是大舉放空英鎊。索羅斯當然無法解決歐洲貨幣的危機，只是想要大賺一筆。但是這樣的事例顯示，如果能及早發現問題並且引導市場，就是獲利的大好機會。

危機愈急迫，會讓人愈快做決定。美國熱門電視劇「實習醫生」（*Grey's Anatomy*）中的實習醫師伊莎貝爾・史帝芬（「伊茲」）愛上了她治療的一個心臟病人丹尼・杜奎特。丹尼雖然心臟衰竭，但沒嚴重到可列名在移植名單的前頭。伊茲冒著被吊銷醫師執照的風險，剪斷丹尼左心室輔助器的線路，讓他的病情急遽惡化，好早一點接受心臟移植手術。不幸的是，丹尼在術後因血栓而死，伊茲也遭到停職處分。這樣的情節值得我們深思：如果能增加病人活命的機會，是否可以不擇手段，故意使病人的情況惡化？為了強迫當權者拿出行動，是否可使危機變得更加嚴重？如果要趕快行動，究竟要多快？還有，如果你要強迫當局做決定，如何確定他們所做的決定是對的？

熟悉的弔詭

不管是交易員或醫師，在緊急情況之下，由於壓力反應變大，因此必須刻意保持冷靜，避免在情緒的影響下衝動行事。我們做過無數次的消防演習，每次坐飛機時也看過空服員介紹安全與逃生裝置，為的是萬一發生火災或飛機迫降，知道要怎麼做。警察和消防隊員平時接受訓練，也是希望他們能把應變步驟內化到潛意識中，在碰到危機之時，就能不假思索的行動。然而，這樣的訓練也有缺點。例如，2014 年美國警方接到民眾報案電話，說有人「持槍」站在鄰居門廊。警方趕到現場，的確看到有人持槍對著報案民眾，於是將他擊斃。後來才發現，被擊斃者手上拿的是一條澆水的水管。就交易員來說，他們每天要做無數個決定，大抵能頭腦冷靜，依循理性操作，但是每次碰到股市崩盤，就慌了手腳。

2008 年 9 月，世界經濟論壇在中國大連舉行年會。不久前，雷曼兄弟才垮台。我的一位友人在這年會上和美國一家大銀行的副總裁談話，因而得知兩件事：一、那位銀行副總裁還不知道市場到底怎麼了。二、他很恐懼。我的友人是一家公司的總裁，於是打電話給自家公司的董事會主席，要他們好好準備，因為最可怕的寒冬即將到來。友人的公司於是立即採取行動，其他公司依然不相信情況還會更糟。10 月、11 月、12 月，銷售量大幅下滑。有些公司開始行動了。翌年 1 月，經濟依然疲弱不振。到了 2 月，甚至摔到谷底。這時，其他公司才開始動作，但是已經太晚了。由於我的友人已發現恐慌氣氛在蔓延，提早擬定應變計畫，因而可以避免恐慌模式。

我們在平時和非常時刻皆能做出正確的決定，這代表我們的確可能免於陷入恐慌。若是我們已知自己的情感將會凌駕在理智之上，要保護自我，就得創造出一個可超越人性的決策系統，以免被情感的雲霄飛車影響。這麼一個系統主要功能有二：一是建立積極的習慣，使及時反應成為第二天性，另一則是創造自動剎車機制，以免從懸崖邊墜落。

致命的恐懼

我們很容易陷入恐慌，因而做出離譜的決定，反而引來更大的風險。2014 年伊波拉病毒疫情一發不可收拾，就是一例。儘管伊波拉病毒只在西非幾個國家肆虐，遠在十萬八千里外的人也聞之色變。由於染上伊波拉病毒的病人有些會七孔流血，死狀甚慘，致死率極高，儘管美國人染病的機率極低，還是恐懼萬分、提心吊膽。不幸的是，民眾對伊波拉病毒不夠了解，得到的資訊有誤，加上媒體的大肆報導，致使民眾陷入恐慌。諷刺的是，相較於民眾的過度反應，很多該密切注意伊波拉疫情發展情況的機構反而低估了伊波拉的風險。

2014 年秋天，美國被伊波拉病毒帶來的恐慌搞得雞飛狗跳。一名加入無國界醫師組織、治療過伊波拉病人的美國醫師，從賴比瑞亞回到紐約數日後出現發燒狀況，確認染上病毒。儘管伊波拉病毒不容易傳染，只要避免與病人的體液接觸，就不會被感染，所有的紐約客還是集體陷入歇斯底里。約莫在一個月前，美國疾病控制與預防中心已經宣布，德州達拉斯出現美國境內第一個伊波拉死亡病例，即美籍賴比瑞亞裔的男子湯瑪斯・鄧肯（Thomas Eric Duncan）。[8] 雖然鄧肯死於伊波拉，他的女友和同居家人都沒染病，他在出現症狀後接觸過的五十多人也未出現症狀。（只有在他病情嚴重、出現嘔吐與腹瀉症狀時，照顧他的兩位護理師受到感染，在治療之後，很快就康復了。）不久網路上就出現一張令人莞爾的伊波拉自我檢測表。[9]（問題一：你曾接觸過伊波拉病人的嘔吐物、血液、汗水、唾液、尿液或糞便嗎？答：否。那你沒得伊波拉。問題二：你看了有關伊波拉疫情的新聞報導嗎？答：是。那你得了伊波拉。）

在那多事之秋，我去摩洛哥小旅行，返國第二天就因眼睛有閃光掠過的感覺和飛蚊症進了急診——後來才知道是搭機旅行氣壓濾變引發玻璃體出血造成的症狀。醫院櫃臺服務人員依照指示，問我最近是否去過非洲。那晚開車送我去急診的是我妹妹。她說，那個晚上很難熬，但是當我答道我前一天才從非洲返國，聽見這話的每一個人都露出驚懼的表情，實在讓她忍俊不住——畢竟我描述的症狀完全不像伊波拉。我提醒他們，我是去摩洛哥，離疫區有 3,000 哩以上，大家才稍稍安心。（話說回來，一個月後，有個伊波拉病人就是經由摩洛哥的卡薩布蘭加機場飛抵英國。我也是從同一個機場出入。）

在這波疫情當中，死於伊波拉者多達 9,000 人以上，絕大多數是獅子山、賴比瑞亞和幾內亞的民眾。傑利米・法爾（Jeremy J. Farrar）與彼得・皮雅特（Peter Piot）在 2014 年 10 月出刊的《新英格蘭醫學期刊》（*The New England Journal of Medicine*）指責世界衛生組織沒能早一點採取行動：「光是診斷就花了三個月以上的時間——相形之下，最近伊波拉新病毒株在剛果爆發，則在幾天內就診斷出來了。世界衛生組織拖了五個月，出現 1,000 個死亡病例才宣布這是公共衛生緊急事件，又過了將近兩個月，才有人道關懷醫療救助行動。全世界並非不知伊波拉疫情：第一個挺身而出、治療伊波拉病人的是無國界醫生。這個組織早在幾個月前就一直呼籲，請求各國伸出援手。換言之，這場世紀傳染病，其實是可以避免的。」[10]

無國界醫生組織的健康宣傳員艾拉・華特生－史特萊克（Ella Watson-Stryker）曾在幾內亞、獅子山、賴比瑞亞等地幫忙照顧病人，宣傳衛教知識。我和她都是哥倫比亞大學國際公共事務學院的校友。她告訴我：「病毒蔓延多月，外界都一無所知，直到媒體報導對抗伊波拉病毒的一位醫師染病而死，才成為頭條國際新聞。」無國界醫生團隊得苦口婆心說服疫區民眾採取防疫措施。華特生－史特萊克說：「我們必須向民眾解釋，伊波拉不是人造病毒，不是政府陰謀，也不是非政府組織賺錢的門路。接下來，我們得勸他們，不要照顧病人，也別親手埋葬死者。病人必須隔離，不要和他們接觸，也不可舉行部落傳統葬禮，如清洗、觸摸和親吻遺體。非洲民眾很難接受這些，但我們還是得好好跟他們說。」

華特生－史特萊克等伊波拉醫護人員雖然獲選為 2014 年「時代雜誌風雲人物」，但不管他們再怎麼努力，疫區情況依然悲慘。他們準備再多的病床，都來不及因應新病例。但是，地區衛生首長充耳不聞。世界衛生組織也不想聽這樣的話，甚至潑疾病控制與預防中心冷水。[11] 華特生－史特萊克說：「我們在 4 月請求支援，又在 6 月求助。我們說，這是前所未見的嚴重疫情；官員的回應卻是，我們誇大其詞，要我們別再這樣。民眾不願承認得病。政府隱瞞死亡人數，否認事實，直到好幾個月後，消息才傳出來。」

伊波拉疫情危機就像很多灰犀牛：碰到問題，一開始只會否認，毫無作為。反應的診斷則較為複雜。疫區的問題不像表面所見那麼簡單，病根源於非洲的醫療照護系統落後，效率很差。再者，伊波拉危機不只是醫療的艱巨挑戰，還涉及很多問題，諸如政府管理、不良誘因、資源分配不當、疾病監控與反應不足、決策過程先後被惰性和恐慌扭曲、從草根階層到跨國組織沒有一個單位出來承擔責任等。握有資源、幫得上忙的人直到本身也感受到伊波拉的威脅，才開始注意疫情。美國也是，直到在賴比瑞亞參加抗疫團隊的美國醫師肯特・布蘭特利（Kent Brantly）染病，回到美國本土接受治療，以及達拉斯出現第一個伊波拉死亡病例，才積極關注伊波拉疫情的發展。

儘管急迫的危機比較可能促使人趕快行動，也可能讓人退回到否認階段。伊波拉危機正是如此。一個原因是深層問題長久以來無人聞問，另一個原因是最基本的醫療資源匱乏，衛生人員不斷遭受挫折，覺得無能為力，疫情於是變得猖獗。如果一個地區瘧疾、霍亂頻傳，但是沒有醫院、沒有醫師，也沒有藥品，再來一個伊波拉，又有什麼不同？

衛生人員的無能為力甚至可能帶來更糟的結果：不管有人提出什麼方案，都心灰意冷。以幾內亞為例，在恐慌的氣氛蔓延時，消極否認則為民眾帶來些許安慰。有些民眾認為伊波拉病毒是外國醫師帶來的，因而威脅或攻擊醫護人員。讓情況發展到恐慌階段，必須付出的代價就是得不到資源，以及資源無法做較好的運用。資金不足則會帶來其他危機，讓更多資源被吸走，因而造成惡性循環。

2014 年末，世界衛生組織估計，伊波拉在西非造成的損失約達320億美元，大抵是貿易和經濟活動的損失，更別提上萬條被奪走的人命。有些人估算，如果能先建立一個抗疫系統，在疫情爆發之後，約可減少一半以上的損失。2014年12月，美國國會同意撥款54億美元對抗伊波拉病毒，這筆錢已接近疾病控制與預防中心一整年的預算——68億美元。這就是拖延到恐慌蔓延才不得不採取行動的代價。我們往往不懂得防微杜漸，遲遲不作為，最後不得不面臨「小洞不補，大洞吃苦」的窘況。這是因為我們的決策系統拙於激發行動，總是要等到深陷困境，才想要有所作為。其實，我們大可不必如此。

然而，現狀就是我們一直在觀望，等待恐慌降臨。疾病控制與預防中心估計，面對疾病的威脅，只有16%的國家做好萬全的準備。要對付像伊波拉這種恐怖的疫病和因應常見疾病沒什麼不同：必須建立一個穩固的系統，在最短的時間內主動救治生病的民眾，或是把生病的民眾送到醫療機構。

其實，儘管染上伊波拉，如能及早發現，很容易治癒。[12] 只要給病人廣效抗生素賽普洛（Cipro）、藥房販售的一般止痛藥、口服電解質補充液、注意消毒衛生，以及將病人隔離，以免傳染給更多的人。對富裕國家而言，這只是簡單的醫療照護。但是如果沒有醫療資源，結果就是悲劇。這也就是為何，賴比瑞亞、獅子山和幾內亞感染波伊拉病毒者死亡率高達50%到70%，而在美國，10個伊波拉病人有8個都得以康復。

疾病控制與預防中心是一棟具有現代風格的建築，採光良好。身在大樓之內，視線越過樹梢和綠地，即可眺望亞特蘭大市區。平時，情報室靜悄悄的，巨大的螢幕上的畫面輪流顯示地圖、表格、最新疾病統計數據、來自國內臨床機構的詢問、累積病例與死亡病例總數、疾病監控指標顯示的趨勢、天氣、後勤支援狀況、追蹤事件等。在我造訪那日，威脅等級為1，也是最低的一級，顯示美國已成功防堵伊波拉病毒滲透到境內。儘管如此，另一種比較常見的疾病則讓美國暴露在更大的危機之下。

在美國，每當流感季節到來，死亡人數少則3,000人，最多則可達49,000人，波動頗大。即使死亡人數達四、五萬人，在所有流感病例占的比例仍遠小於伊波拉死亡人數所占的比例。儘管伊波拉病毒讓美國人聞之喪膽，面對流感威脅，接受流感疫苗注射的美國人卻是少數。根據疾病控制與預防中心的估計，只有40%的美國人接受流感疫苗注射。直至2014年12月，雖然對伊波拉歇斯底里的現象仍在，在美國只有兩人因染上伊波拉病毒而死，全部病例則為10個——只有兩人在美國本土受到感染。就在這時，疾病控制與預防中心宣布美國已進入流感流行期，有15個兒童死於流感。[13]

從2014年伊波拉疫情爆發與流感流行出現的現象，可看出決策如何被情感驅使。由於在此之前，美國未曾遭受伊波拉的侵襲，因此引發大眾的關注。加上媒體大肆報導，於是引發集體歇斯底里。由於社交媒體傳播的訊息不完全而且不夠正確，伊波拉恐慌因此蔓延開來。然而，對美國人來說，真正的威脅倒不是伊波拉，而是流感大流行，非洲的流行病無可相提並論。儘管伊波拉死亡病例數目不及瘧疾，在基本醫療照護和疾病預防付之闕如之地，病毒傳播之迅速實在令人憂心。要是病毒傳播的速度加倍，後果恐不堪設想。儘管 2014 年初對抗伊波拉的行動遲遲未能展開，在西非疫區增加醫護人員是合理的，畢竟人手不足會帶來更多的經濟損失。然而，撥大筆經費對抗伊波拉只是亡羊補牢，不如早一點加強醫療基礎建設，不只可防堵伊波拉的傳播，也有助於對付其他傳染病。等到疫情一發不可收拾才急著建立醫療院所，不但浪費資源，而且成效差強人意。例如美國建立了 11 個伊波拉治療中心，其中有 9 個沒收治過任何伊波拉病人，只有 2 個中心治療了總計 28 個感染伊波拉病毒的病人。[14]

2014 年實在是最諷刺的一年。在美國，相較於伊波拉的醫療資源過剩，流感疫苗則出現短缺。每年，分布於全球 111 個國家的 141 個國家流感中心研究病毒株，並把資料傳送到世界衛生組織，以預測下一個流感季節會流行哪一種病毒株。流感季節是每年 10 月到翌年 5 月，早在幾個月之前，世界衛生組織即提供建議讓各國參考，以決定利用何種病毒株組成製造疫苗。由於疫苗的製造需時數月，同時病毒株仍會突變，疫苗成品的效力可能會不如預期。儘管如此，一般而言，流感疫苗的保護效力約有 60%到 70%。由於 2014 ～ 2015 年流感病毒株突變的速度很快，估計流感疫苗保護效力約莫只有 23%。2015 年 1 月底，已有 69 個兒童死於流感，流感住院病人將近有 12,000 人。因流感和肺炎（流感病人常併發嚴重肺炎）死亡者約占所有死亡病例的 9%。（7.2%則是界定流行的門檻。）

同時，一度在美國本土絕跡的痲疹已捲土重來，顯示美國太掉以輕心。常常，我們會以為已經解決的問題就不會再出現。很多家長對疫苗懷有戒心，不讓孩子打。有一位研究人員曾在報告中指出，疫苗注射是自閉症的一個原因，引發家長恐慌，反疫苗運動因之而起。但此報告沒有足夠根據，報告作者的醫師執照已被吊銷。[15] 2014 年出現的痲疹病例，如同往年，幾乎皆是沒注射疫苗的兒童。美國的「零號病人」（第一名感染者）就是沒接受痲疹疫苗注射的兒童，去過迪士尼樂園之後發病。不久，在全美 16 個州出現了痲疹病例，總計超過 150 例。

我們不能總是往前看，認為過去剷除的灰犀牛不會再來。有時，我們往後一看，赫然發現灰犀牛不但再度現身，而且變得更加龐大。

將行動系統化

下雪時，我們把人行道和車道上的積雪鏟除，並撒鹽化雪。龍捲風來襲，聽到警報聲響起，我們隨即躲到地下室。碰到流感季節，有些人則會接受流感疫苗注射——可惜，願意接受疫苗注射者還不夠多。

儘管並非打了流感疫苗就有百分之百的保護力，每年施打流感疫苗符合預防重於治療的原則。金融危機也和流感病毒有相似之處。我們可效法流行病學家，注意各種警訊，進行沙盤推演，萬一碰到緊急情況，才知道要如何反應。

如果我們能對自己預測危機爆發的能力有信心，就能及早脫離否認階段，採取行動。就我們對人性的認知而言，人常常靠不住。這也就是為何我們必須想辦法克服不想面對事實的天性。以自動駕駛車為例，這種高科技的自動化載具能「見人所不能見者」。更重要的是，這種自動駕駛車不會像人一樣明知故犯，例如一邊開車一邊打簡訊。這種車輛不會像青少年，在衝動之下做出錯誤的決定，也不會不小心吃錯藥，在開車時打瞌睡。在生活其他領域的自動運作系統和決策，有助於我們辨識威脅等級，免得我們對問題視而不見或是沒能及時行動。

現在已有愈來愈多的警示系統，在情況緊急時催促我們立即行動。醫院產房使用的艾卜佳評分表（Apgar score）就是很好的一個例子。此評分表是紐約醫師維吉妮亞・艾卜佳（Virginia Apgar）在 1952 年發明的，為新生兒的生命徵象評分，以評估新生兒是否需要急救。評估通常在嬰兒出生後 1 分鐘及 5 分鐘進行，由五項指標組成，每個指標得分為 0-2 分，總分為 0-10 分。這五個指標（APGAR）分別為：外觀（Appearance，通體粉紅可得 2 分），脈搏（Pulse，心跳每分鐘超過 100 下可得 2 分），反應（Grimace，哭聲洪亮可得 2 分），活動（Activity，四肢活動力良好可得 2 分），呼吸（Respiration，呼吸順暢可得 2 分）。健康的新生兒一般可得 7-10 分，如得分為 4-6 分，則必須給予氧氣或進行氣管內插管治療，若是 3 分以下，則需立即急救。

經濟能否運用類似的指標：如分數過低，則會觸發行動？我們需要無可否認或忽視的具體指標。歷經 2008 年金融危機之後，決策者也開始考慮把艾卜佳評分的做法運用在金融市場上。

在 2008 年金融風暴之後為金融業設計的壓力測試則是另一個例子。每年，聯邦準備理事會要求 30 家資產達 5,000 萬美元以上的銀行接受全面資本分析和審核（Comprehensive Capital Analysis and Review）——此即金融業的壓力測試。這種測試的目的如下：確保銀行在碰到危機時有足夠的資金可以運用；正確評估資金是否充足，以及分析其支付股利及股票回購計畫。只有通過審核的銀行能支付股利或進行股票回購。2009 年共有 19 家銀行接受第一回合的測試，結果 10 家沒通過審核。聯邦準備理事會要求沒通過的銀行必須籌措總計為 750 億美元的資金。

歐洲則在 2013 年也開始執行金融業的壓力測試，並警告沒通過的銀行必須提交「明確而且積極的策略計畫書」，如出售資產、與其他銀行合併或是要求私人債權人同意減記債務。

英格蘭銀行(英國央行)一向依據名目 GDP（國內生產總值）來調整利率，自 2013 年起，則改為緊盯通貨膨脹率，後來又改依據失業率。而美國因通貨膨脹率低，憂心的是通貨緊縮，美國聯邦準備銀行也開始瞄準失業率，以決定是否採行更寬鬆的貨幣政策。

這些銀行的決策者都從新的方向去蒐集訊息，根據未來的可能走向做更好的決策。GDP 的概念最初是在 1934 年由美國經濟學家提出的，是為衡量一國經濟總量的工具。在此之前，由於決策者沒有 GDP 做為指引，就像盲目開車。馬修・畢夏普（Matthew Bishop）和麥可・葛林（Michael Green）稱 GDP 概念是「自 1929 年經濟大蕭條以來，出現得最突然、也最重要的發展」。[16]GDP 能使我們做更好的計畫，但是 GDP 也有局限。2009 年，約瑟夫・史迪格里茲（Joseph Stiglitz）主持的經濟表現與社會進步衡量委員會（Commission on the Measurement of Economic Performance and Social Progress）曾警告說，GDP 會使我們忽略產品與服務品質、生活水準與環境永續經營的重要變化。彼得・馬伯（Peter Marber）也在《美麗新數學》（*Brave New Math*）一書中論道，2007 ～ 2008 年決策者不能因應其他警訊的部分原因在於，GDP 看起來強勁，但未深入探究。

另一個可以參考的系統是共同基金的自動平衡機制。在投資組合中的某些部位表現特別好，則會自動賣出，獲利了結，加碼到其他部位。

我們現在已有許多不錯的早期警報系統，特別是天氣。儘管總有一些人會忽略天氣警告，在美國中西部，絕大部分的人都會注意龍捲風警報，東岸居民也會留心颶風警報。美國太平洋岸的海嘯警報系統自 1920 年代開始設立，大西洋岸的警報系統則是在 1940 年代及 1960 年代設置。這樣的警報系統和前述金融業壓力測試系統一樣，都是在經歷災難的衝擊之後開始實行的：即

1946年阿拉斯加阿留申群島地震與海嘯及規模達9.5的1960年智利瓦爾迪維亞大地震。在2004年南亞海嘯奪走20萬條人命之後，印度洋海嘯警報系統也設立了。只要是會引發海嘯的地震，海嘯警報系統能使很多人免於死劫。儘管假警報時有所聞，讓人虛驚一場，但是我們並不會有財產損失。反之，金融危機的假警報則可能弄假成真。不管怎麼說，如果我們忽略真正的警報，那就得付出慘痛的代價。

自動調節系統

面對各方面的危機，不管是金融、健康、天氣、政策或經濟管理，我們都需要安全防護系統，使我們免於做出不好的決定。

根據芝加哥大學布斯商學院（Booth School of Business）的經濟學教授約翰・卡克倫（John Cochrane）等人的提議，「狹義銀行」（narrow banking）系統可防範更大的金融危機。這樣的系統就是把銀行的存款功能與放貸功能分開。根據2014年國際貨幣基金組織兩位經濟學家提出的研究報告，此系統的優點包括：更能掌控信貸週期、避免發生銀行擠兌、使政府減少利息負擔、大幅減少聯邦債務，也有助於私人債務的減少。[17]

卡克倫的建議可謂「芝加哥方案」*的修訂版，主張銀行和貨

* 芝加哥方案（Chicago Plan）：芝加哥大學經濟學家費雪（Irving Fisher）等人針對1930年代初期的經濟大蕭條和銀行業的改革發表的建議，包括廢除部分準備金制度，要求銀行維持100%的準備金。

幣市場基金只能在最低風險之下投資公債。[18] 其他銀行業務所需資金也必須來自資產淨值。此外，為了抵消放貸對社會造成的風險，政府可對金融機構的高風險短期資金來源課以系統風險稅，亦即一種「皮古稅」。《經濟學人》報導卡克倫等人的提議時，指出從原來的系統轉換到狹義銀行系統將困難重重。另一個問題是，如果有其他機構取代銀行，進行放貸業務，是否會出現新的弱點。不管如何，狹義銀行系統仍值得認真考慮。[19]

在卡克倫看來，銀行擠兌就是灰犀牛。他論道：「目前的監管制度只是要可能發生擠兌的銀行負起責任，而非銀行資產的監管。景氣循環在所難免，但我們可利用更簡單且以法規做為依據的監管制度，要銀行負起責任，以減少銀行擠兌的事例和金融危機。」新版芝加哥方案吸引人之處在於可有效避免銀行擠兌，阻止某些恐慌行為，以免被灰犀牛踩死。

已有一些國家開始實驗自動調節系統。例如德國和瑞典已有自動穩定措施，並在 2008 ～ 2009 年金融海嘯谷底發揮作用。經濟深深倚賴出口商品價格的智利則利用銅穩定基金以備不時之需。（雖然委內瑞拉也想利用石油穩定基金來應急，但這筆基金因官員貪汙付之闕如。）

具有辨識金融灰犀牛的慧眼者往往能從市場的波動獲利，因此不會是自動調節系統的頭號粉絲。儘管如此，沒有一個系統可完全移除危機，因此這些人仍有機會從中套利。

如果要領導人早一點行動，我們可增加賭注，如某些投資人的做法，藉由操縱市場，迫使領導人做出改變。社交媒體的興起也能創造危機感，如阿拉伯之春以及透過社交媒體傳播開來的伊波拉恐慌症。不管是流行病、颶風、龍捲風和海嘯警報，都有我們值得我們效法之處：除了小心防範，也得有一套行動指引。近年各國致力於金融監管的加強和安全網的設置都是歷經金融海嘯之後的亡羊補牢之計。然而，如果我們能有更好的警示系統加上系統化的行動來避免人為缺失，就能做得更好。

要避免灰犀牛，最好的辦法就是跳過恐慌階段，盡快從診斷切入到行動階段。

灰犀牛心法

- **在恐慌氣氛蔓延時，群體行為只會把我們拋到灰犀牛的前方。**恐慌會使原本的問題放大。原來只是一隻灰犀牛，會變成一群衝過來。我們也可能被彈到更早的階段，從否認問題轉變為劍拔弩張，反而更難解決問題。
- **為非理性繁榮拉一條絆線。**如果擔心否認反射會阻礙行動，就進入**系統化的行動**。
- **早一點提高賭注。**所謂一分預防，勝過十分治療——愈早營造危機感，就愈能減少解決問題必須付出的代價。
- 效法流行病、颶風、龍捲風和海嘯警報：**事前做好萬全的準備，建立因應的行動指南，訓練人員用系統化的行動來應變。**

就像美國中西部居民，一聽到龍捲風警報，就立刻躲到地下室，以及小學及幼兒園教師接受年度流感預防注射。

- **小心犀牛的角**。催化危機也許可減少必須付出的代價，加速問題的解決，然而也可能弄巧成拙，反倒造成傷害。

第 7 章
行動：當頭棒喝之效

美樂酷爾斯啤酒廠（MillerCoors）附近飄散濃烈的啤酒花味和麥芽香。這氣味蔓延到 94 號州際公路，只要你開車接近 35 街的交流道出口，不必看路標也知道啤酒廠近了。這一帶的啤酒產業是由 19 世紀在密爾瓦基落腳的德國移民建立起來的。啤酒產業不只是密爾瓦基這個城市發展的基礎，美樂酷爾斯啤酒廠因應危機的能力更值得我們學習。這家公司放眼未來，看到明顯的危險，在問題惡化之前就拿出行動，找出解決之道。

美樂酷爾斯啤酒廠離密西根湖只有幾分鐘的車程。密西根湖是北美五大湖之一，這五大湖是世界最大的淡水水域，總水量約為 22,671 立方公里，占世界地表淡水的 20%。豐沛的淡水是啤酒產業得以在美國中西部發展的主因。但是這個地區的淡水並非取之不盡、用之不竭。環繞五大湖的八個州也都知道這點。由於氣候變遷引發的旱象日益嚴重，國會在 2008 年同意小布希總統與加拿大的安大略與魁北克省共同簽署五大湖協定，除了必要的農業和工業用水，不得濫用水資源，以保護五大湖的水源與環境。早在 1990 年代，因氣候變遷造成的氣溫上升，水分蒸發，五大湖平均水位已開始大幅下降。國家海洋暨大氣總署（National Oceanic and Atmospheric Administration）從 1918 年開始測量五大湖水位，發現 2013 年密西根湖和休倫湖的平均水位已降到最低點。

水資源短缺的現實改變了密爾瓦基釀酒業的思維方式。在五大湖協定簽署的那一年，美樂酷爾斯發動了節水計畫。前一年，跨國啤酒大廠美樂啤酒（SABMiller）與總部在科羅拉多、世界排行第七的酷爾斯啤酒（Molson Coors）宣布聯營。這兩家公司在合併之前皆已考量到水資源的管理責任，聯營後更致力於這個目標。

美樂和酷爾斯都看到這樣的現實：如果啤酒業無法因應水資源短缺的威脅，很可能會失去重要商機。美樂酷爾斯環境永續部主任金・瑪洛塔（Kim Marotta）常掛在嘴邊的一句話就是：「沒有水，就沒有啤酒。」此即該公司的核心策略。

瑪洛塔曾任公設辯護人，除了法學，也擁有行銷學位。她非常在意自己的工作會為別人帶來什麼樣的影響。節水計畫就是她在美樂酷爾斯的核心任務。她不但和大麥農夫一起進行節水方案，也在廠內推動種種節水措施，從廢棄物減量到永續農業，並設法使生產到配銷每一個環節都能節省用水。她在密爾瓦基的辦公室接受我採訪時，告訴我說：「節水就是一切的核心。」畢竟，生產啤酒的每一步，包括清洗、灌注、煮滾和發酵，都少不了水。

由於美國南部有些美樂啤酒廠的節水成效高超，美樂酷爾斯於是在公司成立一個用水效能團隊，要他們前去那些工廠學習。這個團隊果然學到精髓。瑪洛塔說：「節水的關鍵不是科技，也不是資金，而是人。只要想通這點，就知道怎麼做了。」這個用水效能團隊於是把寶貴的心得帶到分布在全美的美樂酷爾斯啤酒廠，與他們分享，要大家付諸行動。她又說：「我們特別設立了用水戰情室，要求啤酒廠的每一位同仁貢獻節水的點子。如果我們能從公司文化下手，授權給員工，就能推動變革。力行節水計畫之後，幾乎不到一個月，就看得到成效了。」

你一踏入美樂酷爾斯在密爾瓦基的啤酒廠，大麥糖化、發酵發出的甜香隨即撲鼻而來。製造啤酒的第一步是製麥，也就是將洗淨的大麥置入巨大的銅槽中，然後讓麥子吸收發芽必備的水氣和氧氣，在嚴密的溫度與溼度控制下使大麥適度發芽，然後用熱風乾燥。接著將研磨後的麥芽加入熱水，使澱粉糖化，變成糖化液，過濾後加啤酒花煮沸後，過濾成麥汁，等麥汁冷卻後，加入酵母，放入發酵桶中進行發酵。過濾出來的渣滓可做為牛飼料，就不必為了種植飼養牲畜的穀物而用水。在我參觀美樂酷爾斯啤酒廠之時，該公司八個廠區中有七個都充分利用麥渣，製造零廢棄物。到本書印行時，所有廠區應該都能達成這個目標。

加入啤酒花煮沸、發酵後的啤酒則添加酵母繼續在小心控制的低溫下發酵八到十天。這個過程就是熟成。熟成後，再經一、二次的過濾，去除酵母和微粒就可裝瓶、封蓋、貼標、裝箱，準備出貨。

過去，啤酒廠工人總是用大鍋煮麥汁，大滾後，再把火關小，然後再開大，沒控制水分蒸發的量。這種方式不但浪費水、能源，也無法生產口味最佳的啤酒。新方式則在銅槽上安裝熱量和蒸氣表，以保持最佳溫度。他們也研究將銅槽完全清洗乾淨所需時間，以減少浪費的水量，同時確保清洗乾淨，以乾燥潤滑法取代溼式潤滑法，並用離子氣體來清潔瓶罐。美樂酷爾斯也設法利用再生水——當然不是用來製造啤酒。

美樂酷爾斯實行節水計畫後，也節約了運水和加熱所需能源。儘管如此，製造啤酒還是需要大量的水。該公司製造啤酒用水的90%以上皆來自農業供應鏈，包括大麥、啤酒花和其他穀物。

該公司除了在製酒過程努力節水，也與大麥農夫合作，創下節水佳績。半世紀以來，供應這家公司的大麥農夫約有 850 人。這些農夫發展耐旱、抗風的品種，使大麥產量從每英畝生產 100 噸，提升到 140 ～ 160 噸。愛達荷州東南部的農夫則評估使用樞軸和噴嘴澆灌作物對集水區的影響，也設想出新的策略來做實驗。他們研究何時需要澆灌，何時則否，降低噴嘴高度，以減少水分蒸發，並根據作物需要調整澆灌速度，如果下雨，則把噴嘴關掉。另一項測試，則是用不同作物的共生種植來改良土質。他們估算收成尖峰時期，發現多澆了一星期的水。儘管只有一星期，由於澆水器旋轉一圈會用掉 200 萬加侖的水，因此浪費的水量還是相當驚人。他們也把麥田邊緣的末端噴頭關掉。因為利用末端噴頭澆灌、生產的大麥品質不一，美樂酷爾斯不予收購。

與美樂酷爾斯合作的愛達荷州銀溪谷大麥農夫就靠著這些簡單的改變，在 2014 年節省 5 億 5,000 萬加侖的用水。瑪洛塔說：「關於節水，有很多輕而易舉就能達成的目標，就像摘下低垂的果子那麼容易。」接下來，美樂酷爾斯尋找一勞永逸的做法，以幫助其他農夫學習節水之道，增加產量。於是該公司設立了兩個模範農田，讓其他農夫也能效法，同時也建立一個資料庫，分析哪一種技術節水效能最大。

改變世界的鴻鵠之志

安迪・魏爾斯（Andy Wales）是美樂永續發展部門的主任。這家啤酒廠在他的領導之下得以掌握用水的成本與風險，進而減少水資源日減的衝擊，甚至訂立更有雄心的目標。

魏爾斯是在英國伯明罕長大的，父母皆是虔誠的教徒。在他成長的社區，很多人都樂於幫助他人。他在薩塞克斯大學（University of Sussex）就讀時，已開始思索要過什麼樣的人生，心想他應會去樂施會或綠色和平等非政府組織工作，為拯救世界盡一番心力。畢業後，他不時前往莫三比克和孟買的援助組織服務，一邊思考如何使人道救助與發展模式更具有效能。於是，他改從企業下手，看是否能找到改變世界的好方式，發揮更大的影響力。他獲選為未來論壇的研究人員。每年只有十來位菁英獲選，得以輪流到不同的組織進行觀察與研究，一次待一個月。魏爾斯參訪過的組織包括《經濟學人》雜誌社、格拉斯哥市議會都市政策小組，以及在英國自由民主黨研究環保交通工具。

後來，他到英特飛（Interface-FLOR）工作。這是家身價數十億美元製造地毯和磁磚的大公司。英特飛的創辦人雷・安德森（Ray Anderson）體悟到環保的重要，自 1994 年起，直到 2011 年過世，一直大力推動永續發展計畫。安德森展讀保羅・霍肯在 1993 年出版的《商業生態學》（*The Ecology of Commerce*），即有醍醐灌頂之感。他說：「我才讀一半，我想追求的即明明白白在我眼前顯現。我內心隨即出現一股強烈的衝動，想要做點什麼。霍肯的話，像一枝箭，射中我的胸膛。」到了 2009 年，英特飛在歐洲所有的分公司已百分之百改用可再生能源。水的使用量減少了 75％，溫室氣體的排放減少 44％，能源的使用則節省了 43％。這家公司的產品使用的材料曾經只有 0.5％來自回收材料。[1] 現在，該公司生產的磁磚 51％是用回收材料製成，地毯更是百分之百使用回收材料。魏爾斯下結論說，在商業界工作最能推動大變革。

2007 年，魏爾斯來到美樂啤酒，希望能幫助這家啤酒廠大幅減少用水。如果一家公司要在節省用水上投資，衡量就是最重要的工具。他說：「除非把成本算出來，否則你難以做出明確的決定。」

美樂先衡量生產啤酒的水足跡——即產品在生產過程中耗費了多少水；各國生產啤酒的水足跡差異很大。以祕魯為例，巴克斯啤酒廠（Backus）每生產1公升的啤酒，就得用61公升的水，其中的4.3公升是在廠內製造啤酒耗費的，其他則是作物的栽種所需。烏克蘭的薩馬特酒廠製造1公升的啤酒，也需要61公升的水，其中的6.9公升用於廠內製程。坦尚尼亞製造啤酒耗費的水量幾乎是祕魯和烏克蘭啤酒廠的三倍，每生產1公升的啤酒，就用了155公升的水。儘管如此，廠內製程用水效率卻是最高的，每1公升只需4.1公升。美樂啤酒馬上看出這是個學習的好機會，可至用水最有效率的啤酒廠取經。2008年，美樂啤酒設定目標：到了2015年，在廠內製造每1公升啤酒的用水必須減少25%。該公司在2014年已達到目標，不久就為2020年立下更遠大的目標。

雖然美樂早已決定增進用水效能，直到2009年才有大規模的變革。魏爾斯說：「我們公司已經知道水很重要。」催化行動的關鍵時刻在於2009年，智庫2030水資源組織（2030 Water Resources Group）發表的研究報告〈水資源前瞻〉（"Charting Our Water Future"）。[2] 該據該智庫的預估，到了2030年，世界約有40%的區域將面臨水資源匱乏的窘況。魏爾斯說：「這個預估讓美樂認清現實：如果我們不面對這個問題，未來必然會受困。水不再是專家才會關心的問題，已變成主流議題。」

在水資源組織發布報告之後，可口可樂的穆塔・肯特（Muhtar Kent）、雀巢的彼得・布拉貝克－萊特馬斯（Peter Brabeck-Letmathe）和美樂的葛拉罕・麥凱（Graham Mackay）

等企業執行長決定與政府與非政府組織合作，共同致力於水資源的保育。由於這些企業領導人有志一同，水資源才能晉升為全球議題。魏爾斯指出，各國政府只著眼於國家或地區風險，往往不能放眼全球，看出問題如何盤根錯節。他說：「企業執行長能看出在世界各地冒出來的中期風險，集結全球各企業分部的力量。」氣候變遷的議題主要是由非政府組織主導，但企業與非政府組織似乎同時發現水資源危機的急迫性。正如啤酒廠注意發酵、加熱和冷卻的環境足跡，不久一般人也開始注意用水效能。魏爾斯估算，光是在 2013 年，美樂因節水和節能，已省下 9,000 萬美元。

美樂一方面要生產線的經理人承擔用水效能的責任，也向外尋求合作夥伴，從更大的系統思考。例如，美樂與波哥大的自然保育署合作，發現酪農在巴拉那河（Paraná River）上游放牧，致使下游泥沙淤積嚴重，用水的成本增加。為了解決這個問題，美樂以金錢做為誘因，請酪農把牛隻帶到平地，不要到上游陡坡，以減少徑流和泥沙淤積。這個問題能輕鬆解決是因美樂願意與其他機構合作。就此案例而言，發現問題和解決之道就是波哥大的自然保育署。魏爾斯說：「如果沒能從大處著眼，就不會想出解決問題的辦法。」這個做法成效極佳，美樂的合作夥伴也在波哥大其他地方、基多和利馬效法。魏爾斯說：「這是相連的挑戰，不能只是從農業或能源下手。你也不能只想解決自家籬笆裡的問題。我們都是群體的一部分，必須同心協力解決問題。」

美樂已在八個國家實行其水資源保育計畫，大抵是透過水資源未來夥伴（Water Futures Partnership），其他合作機構還有世界野生動物基金會（World Wildlife Federation）英國辦事處和德國國際合作機構（Deutsche Gesellschaft für Internationale Zusammenarbeit）。美樂早就知道水資源的永續經營不只是一件好事，而是不得不做的事。畢竟，不知有多少公司的生產線都仰賴水，包括啤酒製造業、科技業、紡織業，還有能源公司和消費品製造業。只要是頭腦清楚的經理人應該知道，水帶來最大的危機不是成本、法規，也不是成長減緩，而是公司能否存活。

為什麼還有很多公司不了解這一點。魏爾斯認為，其中一個問題就是溝通。先前，水資源短缺的議題的呈現不夠清楚、明確，無法讓人一目瞭然。因此，很多公司不了解，也不相信這問題有多嚴重。近年來由於一些機構和專家得以辨識水的危機，並將之量化，因此有愈來愈多的公司了解缺水將為他們的投資帶來很大的風險。其次，水資源共享的特性形成所謂的「公地悲劇」：在這典型的政治科學的困境之中，因資源有限，致使個人利益與公共利益有所衝突。人人只著眼於私利，不想合作，最後出現自我毀滅的行為。第三，很多被商業世界吸引的人，由於不想面對形形色色的利害關係人，不願在複雜的環境之下工作。能利用對話突破上述困境是很重要的。最後，大多數的人都「不管他人瓦上霜」，認為解決水資源的問題不是自己的事。

水資源與氣候變遷的問題都是典型的灰犀牛挑戰。目前我們已可看到有人拿出行動因應這樣的危機——有些甚至是深具意義、有如精采好戲般的行動。然而，我們仍不清楚，這麼做是否離理想目標還很遠。就最好的做法而言，也還沒有共識。但不只是我，還有很多人都認為製造產品必須利用水的廠商必須更積極的擔負用水的責任。另外有一些人則批評說，企業增進用水效能其實有如一層面紗，以遮掩其對水的私心。不管如何，這些批評人士應該同意，減少廢水和汙染是大家應該共同努力的目標。如果水情吃緊，就不得不限制工業用水。因此，產業界應該積極參與水資源永續經營的對話，力求改變，才不會被迫限水。

水資源是個重要的例子，讓我們得以看到一些領導人如何認清威脅，跳過否認、不作為的階段，診斷問題並提出對策，如評估水資源風險、發出示警訊號，在危機感之下拿出行動。但是光是領導人高聲疾呼還不夠，如果其他人皆袖手旁觀，仍有很長的路要走。

很多人都認為水資源短缺的威脅遠在天邊，但在這個世界，對很多地區而言，缺水的危機已近在眼前。如果我們不拿出行動，很快就會嘗到缺水之苦。如果問題已迫在眼前，選擇有限，那就比較會有所回應。雖然這比坐以待斃要來得好，仍相當危險，畢竟這是和時間賽跑。

祈雨

地球上有超過 40 億人生活在缺水或水資源不足的地區。與

1900年相比，這個世界每年耗費的水是那一年的六倍以上。這是因為人口增加，而且每人消耗的水也變多了。有些預估，到了2030年，全球需要的食物和能源將會比現在的需求量多出50%。根據2030水資源組織的估算，再過十五年，全球淡水將供不應求，短缺40%。

水情告急的危機已在很多地區出現。2007年是美國東南部最乾燥的一年，亞特蘭大缺水嚴重。11月，喬治亞州州長索尼・培度（Sonny Perdue）帶領官員和宗教界領袖在州政府大廈外的廣場舉行祈雨禱告。[3]他先懺悔道：「神啊，我們的確浪費了很多水。」前一個月，根據預測，如不下雨，在90日內就會完全沒水，喬治亞州宣布該州北部居民不得為草坪澆水，家家戶戶和企業也都必須進行節水措施，如縮短沖澡時間。喬治亞州也向聯邦政府請求停止供水給佛羅里達州和阿拉巴馬州。[4]因為這次的缺水危機，喬治亞州在2008年初通過水資源保育計畫。

一年後，喬治亞州發布了水資源保護指引，[5]新聞稿中加上環保署長卡洛・高渠博士（Carol Couch）發表的聲明：「水資源保育的終極目標並非鼓勵大家少用水，而是增加用水效能，讓每一加侖的水發揮更大的效用。」然而，這樣的聲明與水資源保育的定義並不相符。這份水資源保育指引強調「保育是整個計畫的基礎」，實際做法包括鼓勵民眾使用省水馬桶和省水器材、設置雨水感測器，更重要的是水足跡的追蹤。喬治亞州除了從增加用水效能著手，為了爭奪水源，不惜與佛羅里達州和阿拉巴馬州興訟，也開始和田納西州搶水——2013 年 4 月，喬治亞州要求國會更正該州與田納西州邊界，以便把水量充沛的田納西河部分變為己有。[6] 佛羅里達州也在 2013 年 10 月對喬治亞州提出訴訟，以取得蘭尼爾湖（Lake Lanier）的水權。[7]

巴西的兩大城聖保羅和里約正面臨嚴重缺水的窘境。這兩個城市人口呈爆炸性的成長，卻遇上八十年來最嚴重的乾旱。2015 年初，聖保羅三座水庫的第二座已快見底，只能再供應數週用水。加州一直有缺水危機，到了 2014 年更到了無法忽視的地步——連續三年飽受乾旱之苦，此旱象已達千年之最。沙加緬度河和聖華金河盆地只剩 11 兆加侖，遠低於正常水位。州政府宣布進入乾旱緊急狀態。作物與牲畜的損失，加上抽水費用，總計達 20 億美元，還有 17,000 人因此失業。[8] 即使沒有旱災，加州已在缺水的威脅之下。加州每年雨量不到芝加哥的三分之一，更不及紐約的四分之一，這個州卻是美國蔬果最重要的產地。加州用水的政策關乎農業和都市之間的取捨。加州不惜重金，從遠方運水過來，以供應農田和都市生活所需。由於水費高昂，很多農夫於是改種利潤高的作物，如杏仁。但是這種做法就是典型的顧此失彼。因為那些高利潤作物通常耗水量大，因此於事無補。更大的問題是：為何美國半數農作物都來自乾旱地區？

衡量，改變

雀巢總裁布拉貝克－萊特馬斯表示，企業界、政府及非政府組織已發現缺水是個重大風險。他說：「在目前的情況下，如果水資源管理方式不變，在石油耗盡之前，我們早就無水可用。」根據威立雅水處理設備公司（Veolia Water）估計，如果產業用水方式依舊，高達 63 兆美元的投資就危險了——這可是全球經濟規模的一半。其他企業領導人和決策者終於跟上來。世界經濟論壇自 2013 年起，連續三年詢問全國企業執行長和思想領袖，當今最重要的危機為何。大多數領導人皆答：水資源不足。全球大企業何以有這樣的洞見，因而把水資源永續經營列入投資項目？一個原因是，萬一缺水，很多工廠都得停工。這是全世界各大企業共同面臨的重大危機。另一原因是，大家對水的危機意識提高了，因此促成這樣的轉變。

2005 年左右，可口可樂和百事可樂在印度一些地區的營業許可證被吊銷，就是因為當地嚴重缺水。2012 年，財星五百大企業中有些公司表示，缺水致使他們的業務面臨考驗。

所有的企業都知道該怎麼做，也願意採取行動解決缺水的問題，其中最重要的關鍵就是衡量。

在國際上推行碳追蹤及減量以因應碳風險的碳揭露計畫（Carbon Disclosure Project）在 2008 年也設立了水揭露計畫（Water Disclosure Project），以幫助企業進行更佳的水資源管理。將近 600 位投資人已使用水揭露計畫的年度報告來監測各公司因應缺水風險的表現。這些投資人掌控的資產高達 600 億美元。儘管這是個好的開始，也只占全世界投資人的一小部分。2014 年碳揭露計畫發出問卷給 2,000 家以上的公司，詢問其用水量。約有半數公司回覆了。碳揭露計畫分析了大型公司中的一部分。在 174 家全球五百大公司當中，只有 38％追蹤用水量。在接受調查的公司中，68％表示缺水是重大危機。[9] 有趣的是，其中有 75％則從水資源保育看到商機。

2007 年，聯合國祕書長發起「CEO 水資源管理任務」（CEO Water Mandate），宣告全球企業將努力因應缺水危機。參與的企業承諾將達成節水目標，也鼓勵他們的供應商和合作夥伴改善水資源管理的效能，同時參與公民社會及跨政府組織，共同致力於水資源的永續經營，推動公平、一致的公共政策和監理架構。在這些任務中，最重要的是資訊透明，特別是報告水的使用情況。

從「CEO 水資源管理任務」可見有些公司已經深切了解水資源不足的問題。但從這些公司的行動來看，要因應缺水的挑戰仍有一段長遠的路。在筆者撰寫這個章節之時，只有 120 家公司呼應這個任務。在全世界股市，上市公司有 45,000 家以上，還有許多公司不在上市公司之列。

歐盟已要求歐洲 6,000 家以上的公司，揭露其產品製造過程對環境的衝擊。然而，對付水資源不足的危機，這樣的努力可謂杯水車薪。不管如何，缺乏全面、詳實的數據就難以公平分配水資源。以加州為例，由於農夫不願報告實際用水量，最後就是沒有人知道水為什麼被用光了。據估計，加州 80％的水皆用於農業，但是這也只是估算，並非實際數據。太平洋研究所（Pacific

Institute）在 2015 年發布了一份研究報告，[10] 結論提到：「也許加州農業用水資訊最重要的特點就是嚴重不足。由於沒有一致的衡量標準和報告，農業用水的情況究竟如何，仍有許多問號。資訊發布的時間不但已經過時，定義也模糊不清。」儘管旱象嚴重，政策制定者與企業領導人仍無明確的數據可做決策依據，以因應水資源不足的燃眉之急。

不見棺材不掉淚

通用磨坊（General Mills）是總部設於明尼蘇達、企業版圖遍布全球一百多國的食品公司。該公司有 75 個重要農業產地，發現當中有 15 個風險極高。當然，公司已擬定管理計畫，在其中的 8 個實行。直到墨西哥巴約（El Bajío）出現嚴重的缺水威脅，通用磨坊的經營團隊才有當頭棒喝之感。他們赫然發現，巴約地區的地下蓄水層下降幅度每年達 1.8 公尺。換言之，不到二十年，當地將沒有足夠的水可種植作物。

該公司執行長肯・鮑維爾（Ken Powell）說：「直到得知如此嚴重，我才幡然大悟。」這不只是企業的社會責任，而是關乎企業的命脈。他在大自然保護協會（Nature Conservancy）主辦的會議中，對企業人士、政府官員、非營利組織領導人說道：「如果沒有水，我們的生意就會萎縮。我們知道這是個大問題，必須全力以赴。」

通用磨坊眼見巴約農地的困境，矢志在 2015 年達成節水

20%的目標。其實，早在 2006 年，該公司已立定明確的目標，力行節水，就從報告用水量做起，把數據傳送到碳揭露計畫的資料庫。

通用磨坊和墨西哥飲料集團凡薩公司基金會（FEMSA Foundation）合作，幫助巴約地區的農夫從畦溝灌溉改為渠灌，如此一來幾乎可將用水量減半。這是個重要的開始，然而這只是當地用水量的五分之一。通用磨坊了解，他們公司的產品主要來自農業，公司每年用水總量的 99%都是供作物之用（這麼大的水量足以將伊利諾州淹到 6.7 公尺深的水底之下），而這些水皆來自工廠外的水資源。因此，如果公司想要做好水資源保育，必須要求農作物供應者都用負責的態度來用水。通用磨坊也進行其他專案，例如要求農夫使用家禽糞便堆肥，不要使用化學肥料，也鼓勵農夫使用滴灌法，以節水並增加作物產量。

目前不只是美樂與通用磨坊致力於節水。其他公司也在水資源安全方面進行投資，希望到了中期就能看到成效，只是短期經濟效益恐怕無法讓投資人滿意。可口可樂及其裝瓶公司已為了增進用水效能和提高水的品質花費了幾近 20 億美元。李維斯（Levi's）也推出「節水系列」（water-less）牛仔褲，以表示他們對水資源的重視。不管如何，這總是個好的開始，畢竟製造牛仔褲需要棉花，而棉花田的灌溉用水量很大。

其他公司、城市和國家能做什麼？他們可投資基礎建設、加強自然保育、減少用水、分享資訊，一起為用水效能和公平用水努力。接下來，他們也必須說服更多人一起來做——這可是更大的挑戰。

公私部門夥伴關係計畫的主持人多米尼克・沃瑞（Dominic Waughray）說道，儘管水情告急，讓缺水問題躍升為全球議題並不容易。沃瑞也是世界經濟論壇管理委員會的成員。他一直努力為公、私部門牽線，讓大家更加警覺用水危機意識，並以更聰明的方式來用水。他說：「這是典型公共財產資源面臨的困境。因此，集結眾人共同創造一個所有人都同意的解決方式並不容易。如果要讓公共部門、私人部門和公民社會一起解決問題，那就得靠某種催化劑。」技術並不足以解決問題，必須全球的人徹底改變態度才行。

沃瑞提到對水資源匱乏的意識在過去十年的轉變。他說：「以前，在有關水資源的論壇，根本沒人要參加。」但是，現在水資源危機的討論經常引來大批的人。為什麼會這樣？他看著我，眼神閃爍著智慧的光芒，說道：「我只能給你一個忠告，也就是巴西總統魯拉（Lula da Silva）所言：『政治的藝術就是創造成功的前提——就算是這樣的前提不存在，你也得設法創造出來。』」為了探討灰犀牛的議題，不管如何你都得設法改變現況，不能在原地踏步。

沃瑞發現，有些公司已把用水效能當成首要任務，這樣的改變總是從個人開始。他說：「最先看到灰犀牛的人，因為已意識到危機迫近，常常會採取行動，以免自己的組織跌入萬丈深淵。

他們必須有足夠的個人資本和高超的情緒智力，才能鼓舞他人合作，以實際行動來解決問題。」這些領導人注重人際網絡的發展。「通常公司內必須有一群關係緊密的人相互合作、發揮影響力，才能推動變革。如果你能號召同儕，創立私人交際網絡，也能發揮影響力。」

一旦這樣的網絡形成，接下來要怎麼做？首先，必須立定志向，發心完成，接著擬定長期計畫。可利用研究資料做為說帖，說明投資、就業機會和經濟層面的風險，然後想出因應辦法。他們把技術專家所言轉譯成可能的解決之道，以吸引更多的人。例如讓原本漠不關心的人對他們談到的議題感興趣，或是利用國際事件來引起大家對該議題的關注。他們也把重要訊息傳達給政府機關，鼓勵不同部門的官員利用這樣的資訊進行友善競爭。沃瑞說道：「只有在競爭前那個階段，你能使百事可樂和可口可樂這樣的勁敵攜手合作。能源部和農業部也是，政府部門其實和民間企業一樣競爭。」如果你能讓競爭對手一起合作找出解決之道，就能促使他們進一步把解方化為行動。他又說：「只要你提出問題，任何一方都不想在對手面前顯得無能為力。」

奪水大戰

已故伊利諾州參議員保羅・賽門（Paul Simon）的正字標記就是他的領結和果敢行事的風格。在 1998 年，他出版《一滴不剩》（*Tapped Out*）一書探討缺水危機。[11]

早在 1962 年，瑞秋・卡森（Rachel Carson）就將她在《紐約客》（*The New Yorker*）雜誌上的文章結集成《寂靜的春天》（*Silent Spring*）。此書為環保運動吹響了號角。她在一篇文章發出最早的警訊：「在這個時代，人已經忘了自己的根源，無視生存最重要的需求。因為人類漠不關心，水和其他自然資源已成為犧牲品。」

在 1980 年代前，缺水的問題幾乎無人聞問。直到 1990 年代初，多個組織才出面呼籲大眾關心缺水的威脅，包括《國家地理雜誌》（*National Geographic*）、國際扶輪社（Rotary International）、世界觀察研究所（Worldwatch Institute）、《時代》（*Time*）雜誌、世界銀行（World Bank）和世界經濟論壇。

最早注意到缺水危機的是中東地區。這個地區人口占全世界的 5%，但可用的水只有全世界淡水的 1%。自 20 世紀中期，中東地區國家因為爭奪水源，已爆發多起衝突。以色列和敘利亞長年為了加利利海、海厄利亞沼澤、約旦河的引流鬧得不可開交，1967 年爆發第三次中東戰爭（又稱六日戰爭），導火線就是為了爭奪約旦河的水資源。前埃及總統沙達特和約旦國王胡笙警告世人，水能引爆戰爭。[12] 前埃及外交部長布特羅斯・布特羅斯－蓋里（Boutros Boutros-Ghali）也曾這麼預言：「未來的戰爭將是為了爭奪水資源，而非石油。」

全球共有 200 多個流域，分布於 148 個國家，很多都位於國界交界處，在一國之內，流經州界的河流更是不可勝數。自

1950 年至 2000 年，因爭奪水資源發生的衝突已多達 1,800 起以上。[13] 太平洋研究所製作水資源衝突時間線，一直持續不斷的將每年發生在國際和各國內部的用水衝突納入其中。簡而言之，水資源不足就會帶來衝突，如果不用合作方式來解決問題，恐怕必須付出慘痛的代價。

賽門用一個簡單明瞭的計算方式，讓人明瞭拿出行動解決全球用水危機有何好處。他說：「只要美國拿出武器研發經費的5%來進行海水淡化研究，用不了多久，就能造福全世界。」他提出一套基於常識而非出於政治考量的計算方式，以算出成本、效益和各種取捨。

同樣的，根據《國家地理雜誌》的計算，在海水淡化設備投資不到 100 億美元，就可滿足以色列、約旦和約旦河西岸地區所有居民的用水需求。「相形之下，在波灣戰爭之中，阿拉伯國家為了解救科威特就花了 4,300 億美元。」[14]

繡花口罩

和水類似的資源問題已包括在更大的環境和氣候變遷議題之中，也和商業做法與政策有關。

美籍華人劉佩琪（Peggy Liu）是著名的環保女強人。她從麻省理工學院畢業後進入商界，曾在麥肯錫顧問公司工作，之後到矽谷發展，擔任產品經理，然後創業。2004 年，她回到上海，從事創投業。不久，她就發現，隨著中國經濟飛快成長，也必須面臨某些挑戰，特別是資源有限的現實。

於是，她在 2007 年籌劃了 MIT 企業論壇，討論中國未來能源的發展，促成美國與中國政府官員首次就清潔能源進行公開會談。此次論壇催生了中美清潔能源合作組織（Joint U.S.-China Collaboration on Clean Energy）。劉佩琪就是這個組織的執行長，希望幫助中國快一點走向更環保的未來。她說：「中國正在和能源使用問題纏鬥。在接下來的十年，如果中國不能做好，世界其他地區做什麼都沒用。畢竟中國的影響太大了。非常問題需要非常解決之道。我們已經快把這個地球推向極限。」

我和劉佩琪都參加了世界經濟論壇在天津召開的新領軍者年會（又名夏季達沃斯），兩人相談甚歡。我先去離北京城一小時車程之地遊玩，在大會開幕的前幾天才抵達天津。一出機場，我的眼睛和鼻子就領教到中國都市空氣汙染的威力。即使大會是在長城底下舉辦，天空依然灰濛濛的。一晚，大雨稀哩嘩啦，強風吹拂。翌日清晨，我們享受到難得的潔淨——甚至看到稀罕的藍天。當地人說，他們不知多少年沒看到這麼乾淨的天空。但是才過一天，附近的電廠排放廢氣，天光又暗了下來。

劉佩琪每天都會藉由空氣品質 App 查看空氣汙染指數。她說：「由於空氣汙染過於嚴重，我兩度帶孩子離開中國。就算你在每個房間安裝了空氣清淨機，也戴上口罩，你還是不該出力，甚至連用力呼吸都不行。」如果空氣汙染指數超過 600，她就會帶兒子離家。依照中國政府的標準來看，空汙指數小於 50，空氣品質都算「良好」，從 50 ～ 101 則「不適合過敏體質」。2012 年 1 月，北京 PM2.5 實時濃度突破 900ppm（超出世界衛生組織建議安全標準四十倍之多），中國於是承諾在五年間花費 2,750 億美元來解決空汙問題。我和劉佩琪聊天那日，天津的空汙指數約 220。她如果要走到室外，就會戴上繡花口罩，她兒子則戴綠色口罩。佩琪笑著說：「那是男孩喜歡的顏色。」

劉佩琪說：「常有人問我這麼一個問題：中國是否有心做好環保？或者只是『漂綠』（宣示將對環境保護付出，實際上卻反其道而行）？提出這種問題的人，未曾踏上中國，不了解汙染的嚴重性——包括土壤汙染、水汙染、空氣汙染、食安問題、乾旱、對天然災害的耐受度等。」劉佩琪認為，中國領導人了解這些問題，正在和時間賽跑。她說：「無疑中國將是所有新興國家和大多數已開發國家的領頭羊。每一位領袖都在國情咨文中提到這一點。畢竟，中國政府已開始進行五年規劃。這可不是小目標。未來，如果我們回顧今天的中國，將會發現中國的確已經拚命在處理這個問題……然而，歷史也將告訴我們，中國這麼做為時已晚。」

那個星期，世界氣象組織（World Meteorological Organization）發布了一份最新報告警告說，前一年二氧化碳排放速率已是有史以來最快的。大氣中的二氧化碳濃度為前工業時代的 142%，而甲烷則高出 253%。世界氣象組織祕書長米柯爾・賈洛（Michel Jarraud）也警告說：「我們快來不及了。」[15]

從搖籃到搖籃

翌日，天津空汙指數高達157。論壇安排史丹佛大學教授威廉・麥唐諾（William McDonough）與新光科技公司（Newlight Technologies）執行長馬克・何倫瑪（Mark Herrema）對談，筆者有幸擔任主持人。麥唐諾教授畢生研究目標不只是利用設計減少汙染，還有設法將廢物變成有用的東西。新光科技公司則透過碳捕存技術，把燃燒化石燃料產生的廢氣和甲烷變成塑膠。

麥唐諾的樂觀感染力十足，聽他述說，每一個人都不由得興奮起來。就本書第5章提到的原則，他正是最好的例子：要鼓勵別人採取行動，你必須把問題化為良機。麥唐諾說：「有毒物質要是在對的地方，就可變成有用之物。」他兒時在日本成長，常常傾聽牛車載運堆肥到農田。那得得的牛蹄聲和車輪滾動的轆轆聲已長存在他的記憶中，因此生出他想要把「廢物」轉化為「原料」的靈感。如他所言，「這比免費還便宜。」

麥唐諾在2002年和麥克・布朗嘉（Michael Braungart）合著《從搖籃到搖籃：綠色經濟的設計提案》（*Cradle to Cradle: Remaking the Way We Make Things*），告訴世人，如果我們從設計之初就著眼於回收和再生，廢物也能變成超值原料。麥唐諾認為產品的生命週期並非「從搖籃到墳墓」一直線，而是可不斷循環，供人利用。有句老話說：「不浪費，就不匱乏。」「從搖籃到搖籃」的做法充分展現其新意。

麥唐諾說：「自然能夠回收大氣中的二氧化碳，像土壤就具備吸收二氧化碳的強大功能。我們何不設計出可安全回歸到自然的材料？」例如鎘和鉛是焊接電腦零件的好材料，但是滲漏到生態圈就會變成神經毒素和致癌物。「鉛能用來焊接電腦，如經由血液進入孩童的腦袋，就會造成死亡。」

同樣的原則也可套用在碳上。碳是造成汙染和氣候變遷的元凶，也是生命之源。麥唐諾問道：「我要如何讓碳和氮回到土壤？我們能不能透過設計釋放出氧？」他還希望更進一步延伸這樣的原則。「我們不要只是減少這些東西的壞處，更該增加其好處。產品生產模式一直是天然資源的『取用、製造和廢棄』（take, make, waste），我們該把這樣的循環倒回去，變成『利用廢棄物、製造、變成可取用的資源』（waste, make, take）。」

我第一次聽麥唐諾說起把碳變成塑膠，以減少大氣中的碳，覺得這點子實在不可思議，因此無法完全了解他在說什麼。然而，何倫瑪的科技公司已經落實這樣的理念。何倫瑪說道，他創立新光科技公司的靈感源於報上的一篇文章。該文討論牛在打嗝和呼吸時，會排放甲烷到大氣中。在他閱讀這篇文章之前，和很多人一樣，覺得氣候變遷的問題似乎過於抽象，但他從那篇文章得知：每一頭年每天會排放 600 公升的甲烷到空氣中，如果把這些氣體蒐集起來，用於發電，就可點亮一顆燈泡。何倫瑪計算一大群牛排放的甲烷量，發現這麼多的甲烷發電效能幾乎等同於發電廠。這個計算結果讓他明白問題的嚴重性。他說：「試想，排放到大氣中的溫室氣體有多少。」然而，等到他採取行動，進行實驗，才有真正的突破。他問：「我們在這個世界上製造出來的東西含有碳，同時我們又不斷的把碳排放到空氣中，這兩者必然能夠產生某種關連吧。如果我們能用另一種眼光來看碳，不是把這物質看成是像火一樣的壞東西……別把碳當成是毀滅之物，將之視為光的來源呢？如果大自然可以回收碳，我們為什麼不能？」他想到光合作用創造的巨大紅木森林、能從水中吸收二氧化碳的珊瑚礁、在海底依賴甲烷生存的生物。接著，他不知花了多少年，日夜殫盡思慮，經歷十年的挫敗，公司研發團隊才有所突破，能將空氣中的碳捕捉下來，用於製造塑膠，使塑膠生產與石油原料脫鉤，同時保有價格和功能上的競爭力，且能達到減碳之效。

新光科技公司創造出生物催化物，亦即利用生物生成的酵素與富含二氧化碳的氣體作用，使之變成塑膠。該公司研發團隊把廢物送進實驗室，實驗室的規模愈來愈大，經歷十年以上的努力，投資數百萬美元之後，終於發現如何把碳變成塑膠。何倫瑪說：「抓到竅門之後，你就不必擔心氣候變遷的問題。」由於負碳塑膠比利用石油製造的傳統做法更省成本，將能改變製造業的生態。新光已利用負碳塑膠生產塑膠椅，堪稱世界創舉。目前美國電信業者史普林特（Sprint）約有半數手機殼都是利用負碳塑膠製成，戴爾電腦產品的包裝塑膠袋也是。新光科技做的正是化腐朽為神奇。何倫瑪說，他最喜歡看鄰居的院子，看光線映照在樹葉上，樹葉吸收空氣中的碳，釋放出生命的能量——這就像他的志願，使碳從廢物變成原料。

適得其所

戴索（Desso）是家總部位於荷蘭、銷售網遍布全球的地毯和人工草皮製造公司。這家公司也是把廢物化為創新機會的典範。戴索的執行長亞歷山大・德思庫瑞（Alexander Collot d'Escury）自 2008 年起就加入企業改造團隊，希望讓戴索所有的產品都合乎從搖籃到搖籃的標準。德思庫瑞於 2012 年擔任戴索的執行長之後，隨即帶領團隊想辦法利用一些讓人意想不到材料來製造地毯，如碳酸鈣（製造粉筆的原料）。他們已從當地飲用水取得碳酸鈣來製造地毯。目前戴索出品的地毯已有一半以上使用回收材料，如漁網和老舊的地毯。德思庫瑞支持歐盟實行新的包裝法規，也就是要求企業在 2025 年之前，產品包裝必須使用更多的回收材料，並禁止把可回收之物送到垃圾掩埋場。他說，目前全歐洲每年生產的廢物達 25 億噸，回收量只略多於三分之一。儘管有些公司反應靈敏，早已擁抱「循環經濟」的思考模式，新的包裝法規仍遭到一些貿易集團的阻撓。[16] 由於歐洲企業聯盟（BusinessEurope）反對新的包裝法規，荷商聯合利華（Unilever）不惜退出這個聯盟。

麥肯錫顧問公司（McKinsey）預估，在 2025 年以前，循環經濟的產值可使全球企業每年生產成本節省 1 兆美元。根據麥肯錫在 2014 年發表的報告：如果廠商能生產較容易拆解的手機，鼓勵消費者回收廢手機，可節省一半製造成本。啤酒製造廠出售穀物渣滓，每製造 100 公升啤酒產生的殘渣幾乎可得 2 美元。英國回收每公噸的舊衣可得 1,295 美元。[17] 很多公司皆已力行循環經濟。

布里維希妮・普拉度（Privahini Bradoo）是藍橡公司（BlueOak）的共同創辦人，也是世界經濟論壇全球青年領袖。她設立這家公司就是為了回收廢電器。光是在美國，消費者丟棄的廢電器每年就超過 320 萬噸，其中 80％都被送到垃圾掩埋場——此地的有毒金屬濃度達 70％以上。全世界每年產生的廢電器為 5,000 萬噸，而企業為找尋新的礦藏每年的花費達 120 億美元。在美國，消費者丟棄的舊手機，每 20 分鐘就有 1 噸。每年被丟棄的廢電器所含的銅約是全球生產銅礦的三分之一。電器製造商擔心沒有足夠的稀土金屬可供利用（尤其是中國），但是全世界從廢電器回收的稀土金屬還不到 1％。藍橡公司已把這個問題化為商機，興建迷你冶礦廠以從廢電器冶煉出貴金屬和稀有金屬。該公司的願景是「革新廢電器的處理方式：把廢電器變成重要金屬和稀土金屬的來源，供明日科技發展之用。」藍橡的做法已獲得 Google 和哈佛商學院的推崇，也吸引了一些創投大咖。

憑藉這種思維方式成功的不只是新創公司，還包括一些國際大公司。聯合利華的生產網絡分布於全球 67 個國家，工廠總數共有 240 個以上，旗下品牌包括夢龍冰淇淋（Magnum）、康寶

（Knorr）、多芬（Dove）、多霸道清潔劑（Domestos）等。該公司在 2015 年初宣布，該公司生產線必須送到垃圾掩埋場的廢物已成為減為零，所有的廢物皆可回收再利用。[18] 聯合利華的工業廢物並非送到垃圾掩埋場，而是變成價格低廉的建築材料，供非洲和亞洲使用。該公司在印度的工廠也把有機廢物變成堆肥，讓社區民眾種植蔬果，在印尼的工廠則把廢物轉化為燃料，用來製造水泥。聯合利華的廢物再生計畫已創造了數百個工作機會，並為公司節省 2 億歐元的成本。

保羅・波曼（Paul Polman）2009 年來到聯合利華擔任執行長，不但計劃使公司規模加倍，更致力於減少公司的環境足跡。在那之前，聯合利華在環保方面一直沒有什麼作為。波曼希望公司所有產品線都能以永續經營為目標，不但節省成本，更能強化品牌。自 2008 年至 2013 年，聯合利華的生產線與物流部門減少了將近了 100 萬噸的廢物，節省下來的成本幾乎達 4 億美元。波曼不但正視環境灰犀牛的問題，也沒忽略企業灰犀牛，一方面節省成本，另一方面又讓聯合利華獲得新的品牌優勢。

真正省悟的一年？

卡森在 1962 年出版《寂靜的春天》，直到 1974 年，我們才開始推行世界地球日活動。漫畫家凱利筆下的小老頭波哥就曾說過這麼一句話：「我們已看到敵人的真面目了……敵人就是我們。」1970 年代，我還是個孩子。記得在嚴寒的冬日，我父母總把暖氣開得很弱，不是為了環保，而是因為我父親只是個教師，所得有限，不得不節儉度日。再者，我外公和外婆在第二次世界大戰期間嘗過物資匱乏的滋味，因此要兒女以儉素為美。到我長大之後，才把節約能源和拯救地球劃上等號。但是大聲疾呼要大家拯救這個地球並沒有任何幫助。畢竟，那太抽象、遙遠，大多數的人都覺得與己無關。然而，如果說到錢，節省金錢、用效能來增進收益，或是避免明顯的商業風險，那就完全不同，可以激發行動。

近年來，極端氣候頻傳——如卡崔娜颶風、超級風暴珊迪，乃至極地渦旋帶來的急凍、北極海冰的減縮、加州和巴西的大旱——這些災難使我們不得不注意氣候變遷的問題。人們紛紛出聲，對氣候變遷帶來的效應表示憂心，儘管有些人對氣候變遷矢口否認，但這樣的聲浪已被淹沒。保險公司不只是要客戶注意各種災害訊息，更要採取行動保護自己，畢竟這和商業利益有關：客戶損失少，他們理賠的金額也比較少。

有一份刊物宣布，2014 年是「大企業決心拿出行動對抗氣候變遷的一年」。[19] 該刊物提到，洛克斐勒家族成員決心從化石燃料產業轉型，加強在綠色能源上的投資。（此舉似乎有先見之明。石油價格果然在 2015 年初大跌。）蘋果執行長提姆・庫克（Tim Cook）表示，蘋果矢志減少溫室氣體的排放，有人要是懷疑，那就滾蛋吧。

2014 年，世界是否真的醒悟，決心拿出行動因應氣候變遷的問題？

美國前國務卿喬治・舒茲（George Schultz）看了北極冰帽融解、「新海洋」出現的影片，在這一年和前紐約市長麥可・彭博（Michael Bloomberg）等人發布了一份跨黨派的報告，呼籲政府拿出行動，對抗氣候變遷的難題。[20]

教宗方濟各也向全世界的教堂宣告，希望大家一起對抗氣候變遷的挑戰。10 月，他在拉丁美洲和亞洲社會活動者的會議中表示：「土地壟斷、濫墾濫伐、占用公共水源，以及農藥使用，這些問題都傷害到人賴以為生的土地。我們已見識到氣候變遷、生物多樣性的消失和濫墾濫伐的後果。」[21] 儘管最初的報導忽略了最明顯的問題，也就是人口成長的衝擊，教宗後來提到，要當一個好天主教徒，不一定要像兔子那樣會生。

美國和中國排放的溫室氣體占全球溫室氣體的三分之一以上。兩國終於在 2014 年簽署協定，承諾努力減少溫室氣體。美國設定的目標是在 2025 年的溫室氣體排放量，要比 2005 年再減少 26%到 28%。中國則決心在 2030 年之前盡快減少二氧化碳的排放，同時使綠色能源占所有使用能源的 20%左右。

在這一年，認為全球暖化危機是事實的美國人急遽增多。根據耶魯大學和喬治梅森大學（George Mason University）所做的民意調查，[22] 2014 年 4 月，64%的美國人相信氣候變遷是真實的危機，相較於 2010 年 1 月所做的調查，只有 57%的美國人認為如此。歐巴馬總統在 2015 年的國情咨文中，已把氣候變遷列為最重大的問題。他提到史上最熱的十五個年頭有十四個出現在本世紀。不久，國會宣布氣候變遷是無可否認的事實，只是沒說人類是罪魁禍首。

我們的環境問題日益嚴重，包括水資源的短缺、汙染、廢棄物、溫室氣體等，然而現在總算看到具體行動。災難愈近，就愈可能激發行動，即使我們所有的努力還不夠，還是比坐以待斃來得好。同時，如果我們能把危機化為轉機，就可能讓灰犀牛的腳步慢一點。

灰犀牛心法

- 即使你已採取行動，**也許已經遲了**。
- **衡量**。評估問題的大小，有助於找到問題的解決之道。
- **化整為零**。如果你無法解決全部的問題，可從一小部分下手，從最小、最可能看到成效的地方開始做。例如全國的問題從一個州開始解決，全州的問題從其中一個城市開始進行，整個產業的問題從一家公司著手，整家公司從一個單位下手。
- **把威脅轉化成機會**。基於認知偏誤，我們對獲利較有反應，常會迴避問題，但是危機也可能是商機。
- **譁眾取寵也許能成為眾人矚目的焦點，然而通常一步一腳印，低調行事，才能看到成果**。正如美樂酷爾斯的經驗：透過簡單的行為改變，就能省下大錢。

第 8 章
被犀牛踩踏之後：如何化危機為轉機？

6 月下旬一天下午，天氣晴朗，萬里無雲，挖土機沿著加拿大卡加利市弓河（Bow River）河畔爬行。弓河旁有條小街，兩旁淨是高級住宅，以修剪整齊的草坪及菱形圍籬網和工地相隔。2013 年，卡加利遭逢數十年來難得一見的大洪水。挖土機旁本來是條鋪了石塊的步道，中間有一道黃線，讓行人和騎自行車者保持安全距離，然而因為洪水淹過堤岸，步道和黃線都不見了，只看得到黃濁的河水。

這一長條土地就在英格伍德（Inglewood）東南 8 街的尾端。這裡是卡加利市最古老的社區，就在弓河和肘河——卡加利的生命之河——的交會處，平時是個靜謐的好所在，但在這次洪患受創極深。不久前，堤岸和河流還有一段距離，現在堤岸則緊挨著河流。洪水來襲時，每秒有近 1,800 立方公尺的水衝向堤岸，而非沿著河道蜿蜒蛇行。不到二十四小時，將近 60 公尺寬的陸地都被沖到河中。要不是市府員工在河岸緊急放置 40 個混凝土護欄和 2,000 個沙包，西岸那片陸地上的房子恐怕難保。

從堆在堤岸邊的亂石可見市政府已盡力防護。市府團隊已在肘河和弓河沿岸各堆放了 10,700 噸和 96,000 噸的亂石。有兩處剛堆放好的堆石突堤延伸至河流中，希望暴風雨再來時，達到引流之效。有些河岸則種了一整排樹木，以避免侵蝕。還有好幾十棵的樹木堆放在一旁，園丁挖好洞，就可埋進土裡。放在街尾的豎管是新的，舊的已被沖走。河流彎處再過去就是賞鳥區。堤岸現在看來像一片蛋糕，上方仍有綠草，但是下方的土層已被淘空。堤岸暴露出來的地方有一個個孔洞，灰沙燕在此築巢。由於這種燕子最近被列為瀕絕物種，因此難以把這些孔洞填補起來，強化堤岸。

前一年 6 月，亞伯達省才因暴雨和融雪引發洪災，肘河和弓河滿溢。這兩條河流的會合使卡加利得以擁有豐沛的水源，因而成為亞伯達省的經濟引擎。卡加利的居民從歷史得知，河流帶來繁榮，也帶來生存的威脅。2013 年的洪水是加拿大有史以來最嚴重的天然災害，致使損失達 60 億美元，其中 4 億 4,500 萬美元是用來修理損壞的公共基礎建設。被撤走的民眾幾近 10 萬人。電話線路中斷、公共運輸停擺、35,000 人無電可用。約有 4,000 戶住宅和公司行號受到洪水損壞。在這場大浩劫中，死亡人數只有 1 人，這真是奇蹟。死者是一名女性，因為不肯撤退，才會送命。

我到卡加利一遊，並詢問市府官員他們對 2013 年洪水的反應。他們描述洪水的威力有如猛虎出柙。有幾位告訴我說，弓河洪峰最大流量每秒可達 1,700 立方公尺——這已打破加拿大的歷史紀錄，是河水平均流量的十三倍。弓河和肘河下游交會處，亦即英格伍德一帶，洪峰最大流量每秒為 2,400 立方公尺。

2013 年洪水是卡加利第二次宣布進入緊急狀態。第一次則是在 2005 年爆發洪水之時，那場天災造成 4 萬戶住宅損毀，1,500 人被迫撤離家園，3 人死亡，經濟損失達數億美元，只有 1 億 6,500 萬得到政府洪災保險計畫理賠。卡加利這兩次洪水的經歷，可讓我們透視一個城市如何因應危機，以預防未來再蒙受類似破壞，同時也可看出決策者可能有什麼樣的盲點。

超級 Google 地圖

在 2005 年卡加利洪患之後，亞伯達省成立了一個跨部門的洪災應變委員會，並進行研究，看如何在未來避免這類天災帶來的傷害。該委員會的負責人是喬治·古倫維德（George Groeneveld），委員會擬定的因應方案因而稱為古倫維德報告。此報告建議措施只有 18 項，需要經費為 3 億 500 萬美元。有意思的是，很多措施來自 2002 年的防災草案，而這份草案是在 1997 年和 1998 年洪災之後擬定的，只是那時洪水規模較小。儘管古倫維德報告已正式發布，大多數建議就像當年草案，只有吃灰的份。

卡加利的災害應變指揮中心（Emergency Operations Center）

是位於山丘上的一棟低矮的建築，但很多樓層都在地底下，看起來有如 007 電影拍攝場景。儘管這個應變指揮中心不在古倫維德報告之內，這個中心可說是 2005 年洪災促成的。2005 年洪災之後，卡加利市議會同意設立災害應變指揮中心，並於 2009 年開始興建。卡加利災後復原重建計畫主任克莉絲・亞瑟斯（Chris Arthurs）說道，卡加利市斥資 4,700 萬美元成立這個中心，2012 年落成，沒想到不到一年又碰上洪水來襲。亞瑟斯開車載我到指揮中心，停車時，她對我說：「現在，我們已做好萬全的準備。」

這棟有點像彎月的建築不只居高臨下，還有集水槽泵，以免淹水。這裡遠離飛機航道，也離鐵軌和公路很遠，以免火車或卡車載運危險物質發生事故而受到影響。這裡本來是個舊煤倉，地底下的每一個樓層面積約 3,700 平方公尺，裝設了 32 支監視器、3 套電話系統、無線電通訊系統、無線電天線塔、數位中繼站、容量達 5 萬公升的儲水槽，以及可供 60 人吃上三天的食物。儘管這個指揮中心只需要 2 部發電機，還是準備了 4 部——在停電時，發電機可供應七到十天所需的電力。該中心副主任湯姆・仙普森（Tom Sampson）告訴我：「如果關掉電燈，電力可持續供應三個星期。」後來，仙普森被調升為卡加利緊急事故管理局（Calgary Emergency Management Agency）局長。

在這個災害應變指揮中心的中控室有許多巨大的螢幕，顯示最新發生的緊急事件和地圖。仙普森在一個螢幕開啟卡加利市衛星影像，可顯示 212 種可供參看的資料，包括稅務、各種執照、水電、瓦斯、報案電話、輕軌車站、擁有危險原料的倉庫、學校、圖書館等。他說：「這就像是超級 Google 地圖。」他指向某一棟樓房，然後拉近、側視、旋轉，利用滑鼠來測量其中一扇窗的高度。接著，他把地圖拉遠，下指令，要地圖顯示河水上漲 1.5 公尺的情況。於是，河水淹沒大片區域，還有一個紫色螢幕可精細顯示哪條街、哪一戶即將被河水淹沒。然後，他要螢幕顯示學校、圖書館等公共建築，哪些已經淹水，而哪些可做為避難的安全場所。這樣的設備正是依照古倫維德報告的建議設置的。

這個建模工具在 2013 年卡加利再度發生洪災扮演關鍵性的角色，使應變指揮中心的人員和電力公司得以辨識重大風險：第 32 號變電所有淹水之虞。卡加利電力公司 Enmax 在洪水爆發前就設置好護堤，以保護這個變電所。從洪水爆發時的照片可見，洶湧的河水被變電所四周的護堤阻擋住。仙普森說：「要不是靠這樣的工具，不但損失會達數百萬元，還有 16 個社區的房子可能會被大水沖垮。」這就是事先防範的功效。他又說：「過去幾年，我們不知處理過多少真實的緊急事故，因此用不著演練已駕輕就熟。」他們處理過的事件包括火車脫軌、暴風、火災……噢，當然還有水災。

赴湯蹈火

儘管卡加利在 2005 年遭到洪水重創，即開始應變，防範災難，仍有不少阻力。我去卡加利市長辦公室訪問他那天，從報攤上的《卡加利先鋒報》（*Calgary Herald*）的頭條新聞標題，可看出抗災任務的艱巨：「救災尚需 10 億元經費。」

納席德・南施（Naheed Nenshi）在 2010 年當選卡加利市長，直到 2013 年洪災過後，才看過古倫維德報告。他告訴我：「我甚至不知道有這麼一份報告。但我們倒是成立了災害應變指揮中心——水災發生前，我沒踏進這個指揮中心一步。」他坦白跟我說，這個中心要買第三套備用伺服器，預算進行最後表決時，連他都投了反對票。當時，他認為有兩套備用就夠了，後來才後悔。他說：「那兩套被水淹壞了。」他終於用後見之明看到自己的愚蠢。他洋洋得意的用手機給我看倫敦災害指揮中心的照片，與卡加利相比，英國實在落後太多了。

我們談到因應災害的挑戰和防範的未來計劃時，他拿起一顆紫紅色、表面有突起的大顆壓力球，從一手換到另一手。他是來自坦尚尼亞的移民第二代，也是第一位在北美洲城市當上市長的穆斯林。他是哈佛畢業生，曾在麥肯錫公司擔任顧問，後來在商學院當教授。他是個精通策略的專家，個性風趣。我初次和他見面是差不多是在洪水爆發前六個月，我們都參加了 2013 年世界經濟論壇在達沃斯舉辦的年會，一起帶領研討會，討論治理的未來。我們這個團隊建議，在未來透明化和連結就是成功治理的里程碑。南施在預算決策及鼓勵眾人參與等策略，也運用同樣的精神，設法得到市民的意見回饋。誰知道這些理念在幾個月後會成為因應災難的關鍵？

2013 年洪災之時，南施的全力投入以及抱持開放的態度時時溝通，為他贏得不少好評。他的推特帳戶有 25 萬名以上的追蹤者，網路新聞媒體公司 BuzzFeed 將他名列 2013 年世界上「最風趣的領導人」，因為「他很會利用推特……他可說是推特之王……或許該說他是推特市長。」身為政治人物，他總是展現他的幽默特質。

洪災期間，他打出「赴湯蹈火」的口號，快速進行災後重建計畫。水災侵襲才過兩個星期，即使會場、攤位和看台底層座位積水未退，卡加利依然舉辦一年一度的牛仔節。禍不單行，在卡加利水災之後，不久多倫多也淹大水。《多倫多太陽報》（*Toronto Sun*）有個記者在推特發文說，多倫多市長勞勃・福德（Rob Ford）家裡停電，於是和孩子一起待在休旅車上吹冷氣。很多市民看了之後，都發推文，請求卡加利市長南施過來幫忙。（有人發文道：「多倫多市民要募集多少現金，才能拿福德去換南施過來？」）在卡加利水患之後，亞伯達省同意以市價收購所有遭到洪水毀損的房屋。南施也對災民喊話：「如果你要申請災害救助，我們願意給你更多的錢——但是你必須努力防災。」（防災工作包括把家電搬到不會被水淹到的地方、修補房屋裂縫、使窗戶密閉以及使用防水塗層。）

在洪災屆滿一週年時，卡加利市的防災計畫碰上了兩難。市府團隊計算之後發現，堤岸要重建與強化，3 億 1,700 萬還不夠。幾天前，市府防洪小組遞交了一份報告到市議會，列出的經費近乎 10 億元。

南施說：「今年有很多人都很緊張：洪水會不會再來？不管如何，即使你說，根據統計資料，像去年那樣的洪水發生機率一百年只有一次，因此今年應該不會再來，然而你不能保證，民眾也不能確知。今年冬天特別漫長、嚴寒——北美洲的每一個人都感受到了。春天到了，所有的人都很欣喜，也許只有我們憂心忡忡。我們仰望天空裡的每一朵雲，每次氣溫升高，我們就擔心融雪。我一天要聽好幾次洪水預測報告。我知道河水暴漲會沖向哪裡。但是，我每次總是焦慮的看著藍天，每次過河，我總要停下來，查看一下河水水位。」

然而，洪水帶來的情感衝擊是一回事，重建與防洪又是另一回事——畢竟碰上這麼大的災難，要花費花幾年的時間和巨資才能重建完成。卡加利已找出三大目標：一是建立疏洪道，將河水引開，以免市區淹水；二是在斯普林班克（Springbank）附近從河流取水、儲水，不但可防洪，也可因應乾旱之需，畢竟亞伯達省也常常缺水；在麥蓮溪（McLean Creek）蓋一座乾壩（橫跨水流、沒有閘門的水壩），以在洪水時阻攔洪水下洩的流量，達到限洪之功——然而這樣的乾壩無助於紓解旱象。

南施拿一張紙，畫引流渠道給我看，從肘河開始，穿過市中心地底下 20 公尺深的地方，再流到弓河，全長約 5 公里。南施畫了個箭頭：「洪水來襲時，我們就可保護肘河流經的這個地區，卡加利市區就不會淹水了。」

他接著又說：「很多人說，他們很高興能參與討論。有些家裡沒淹水的，就說不需要做引流渠道，而一些受災戶則大力贊同，說那就做吧，不管花多少錢，我都同意，只要不再淹水就好。這三種觀點都對。如果要實現防洪三大目標，總計得花10億元。我已經被基礎建設搞得分身乏術：我要做輕軌、要鋪路，還得蓋淨水廠。這些工程加起來要250億元，但錢還沒著落。如果防洪計畫花了10億元，但這些建設說不定不會派上用場……」他的聲音愈來愈小，讓那無可避免的結論懸宕著。「如果我們幸運，就用不著這些防洪建設。對公共政策而言，這是個很有意思的問題：為了百年一遇的水災，我們必須花10億元。如果不做，真的碰上了，就得面臨50億元的損失。」

這樣計算，並不合理。南施也知道這樣計算不對。只從經費來看，是否考慮到人命的代價？我們仍有太多未知。

如卡加利在2013年遭遇的大洪水，是否真是百年一遇？畢竟，在過去十年，卡加利就碰上了兩次「百年一遇」的颶風，科學家預估，未來超級風暴會愈來愈常見。其實，加拿大政府很快就知道，以建築物而言，一百年的防災標準已不夠好，民眾要求更高標準。有一位市民投書說：「如果市政府只要求建築合乎一百年的防洪標準，將難以抵擋天災。百年一遇的洪水是根據過去統計數據所做的預測，並未包括可能在近期發生的大洪水。」加拿大其他城市已採行更高標準。溫尼伯的紅河疏洪道是依據七百年的防災標準。亞伯達省要求將標準提高到一千年。荷蘭防洪系統則已強化到一千二百五十年，每五十年評估一次，看是否需要再提高。

從定義來看，百年一遇的洪水意謂機率為一百年發生一次。但是每次洪水來襲，河流流域都會改變，未來發生洪水的機率也會跟著產生變化。跨政府氣候變化委員會總合許多頂尖科學家的意見，有鑑於全球暖化造成的大氣變化，預測極端天氣發生的機率將會愈來愈高。除了暴雨會出現得更加頻繁，洪水也會愈來愈猛烈。海平面上升也會為海岸區帶來更嚴重的破壞。同樣的，融雪也會為河流和湖泊附近區域帶來大洪水。根據加拿大保險局（Insurance Bureau of Canada）在 2012 年發布的報告，乾旱和洪水都會更加嚴重。[1] 另一份報告則預測，在三十年內，百年一遇的大洪水出現機率將增加，變成三十五年至五十五年一遇。2013 年，建築工程顧問公司 AECOM 接受聯邦救難總署（FEMA）的委託進行一項研究，預測在未來的九十年內，海岸和河流地區洪水規模增大的機率為 50%。[2]

如果要把避免破壞節省下來的錢計算進去，就會變得極其複雜和困難。儘管溫尼伯市民抗議紅河疏洪道的興建是浪費錢，疏洪道還是在 1968 年依照九十年洪水的標準修建完畢，斥資 6,300 萬元。1997 年，「世紀洪水」來襲，溫尼伯的紅河疏洪道果真發揮效能，使損失得以減輕。反之，北達科塔州的大福克斯災情就十分慘重。顯然，這次洪水已超過紅河疏洪道的極限，再來一次更大的洪水，就無法抵禦了。在曼尼托巴省，史上最大的洪水發生在1826年，水量要比1997年的洪水多出40%。再來一次這麼大的洪水，曼尼托巴省的經濟損失預計將達50億元。2005年，加拿大政府、曼尼托巴省和溫尼伯一共花費了6億2,700萬元增強紅河疏洪道的抗洪強度，使之可抵擋七百年一遇的大洪水。這點十足展現加拿大人務實的作風。官員估計，紅河疏洪道已避免320億元的損失，光是2009年那次的大洪水，就避免了120億元的損失。[3] 曼尼托巴省充分了解多一分預防勝過十分治療的道理。

曼尼托巴省的經驗證明，預防要比災後重建來得划算。根據美國聯邦救難總署與多重災害緩解委員會（Multihazard Mitigation Council）的計算，在防災投資1元，就可使民眾減少4元的損失。[4] 此外，還有機會成本必須考量。對防災與災後重建不遺餘力的洛克斐勒基金會總裁茱蒂絲・羅汀（Judith Rodin）估算，在重大天災之後，災區之內的中小型企業25%就此歇業。

羅汀在2014年出版的《韌力：如何置之死地而後生》（*The Resilience Dividend: Being Strong in a World Where Things Go Wrong*）論道：「任何人或及任何機構都能培養防災、抗災的韌力。然而，我們常常等到碰到重大災難——例如珊迪颶風的侵襲——才知這種韌力的重要。千萬不要等到死到臨頭，才想要有所改變。」

從統計數據來看，事前的防範勝過事後的補救。遺憾的是，政治的算計卻完全不同。南施回憶說：「去年6月發生洪災，10

月就是市政府選舉。我想，有些市民會問我：『你要如何進行防洪工作？』但是防洪並不是選舉議題。」的確，南施的公關祕書給我看《海象》（*The Walrus*）雜誌刊登的一篇論述卡加利洪水的新文章，其中引述 2009 年的一份研究報告說，選民比較重視災後救濟金，而非防災準備。[5] 南施說：「災後至今，已滿一年，災民記憶猶新。如果我們不趕快決定在接下來的兩年間撥費進行防洪計畫，以後恐怕很難要到這筆錢。」

如果沒能從慘痛的災難經驗得到教訓，之後行事就有可能只是為了做而做，缺乏遠見或協調不足。

去年 9 月，亞伯達省省長吉姆・普蘭堤斯（Jim Prentice）宣布該省將在斯普林班克建造乾壩，而非在卡加利原本計劃的麥蓮溪上。[6] 奇怪的是，普蘭堤斯沒徵詢民眾或防洪專家的意見。南施發表了一篇聲明，批判這樣的決定：「這推翻了我們原本的計畫。如果在斯普林班克興建水壩，不但可儲水，以供乾旱之需，也有防洪之效。建造乾壩則只能防洪，無法進行全面的水資源管理——和省政府立下的目標可謂背道而馳。」[7]

始料未及的後果

此刻，在我提筆為文之時，這場乾壩與水壩之爭仍無結果。不管如何，一個計畫考慮再怎麼周詳，還是不免常會受到政治的干預。在危機發生之後，匆忙之中所做的決定，除了毫無作為，常失之短視近利、成效不佳或是令人匪夷所思。

在九一一恐怖攻擊之後，小布希政府實施了許多反恐政策，其中一項就是機場安檢變得嚴格，乃致於安檢櫃臺大排長龍，旅客時間的損失換算成金錢可達天文數字。安檢要求常教人惱怒，例如被要求脫下鞋子檢查。問題是，如此安檢似乎做到滴水不漏，失敗率還是居高不下。根據《富比士》雜誌尚・萊恩（Shaun Rein）的計算，在九一一恐攻事件之後，旅客在美國機場因安檢造成的損失每年達 200 億至 300 億美元。[8] 但是旅客還是逆來順受，彷彿這些措施真的有助於航空安全。

此外，一些例子也顯示出無意間造成以鄰為壑的效應。2002 年 8 月，易北河氾濫，帶來世紀洪水，致使 6 萬人撤離，20 人喪生，潰堤處有 131 個，經濟損失達 110 億歐元，受災民眾多達 30 萬人。在這場水災，德國東部的薩克森安哈特邦（Sachsen-Anhalt）受創嚴重，災後不但積極重建水壩和堤防，並打造了洪水預報系統和長期抗洪計畫。

2013 年 6 月，洪水再度來襲，易北河水位幾乎高漲至平時的四倍——甚至要比 2002 年的洪水來得高，但是上游潰堤的地方要來得少，洪水氾濫的情況也不若 2002 年嚴重。但是，下游卻遭殃了。薩克森安哈特邦首府馬德堡（Magdeburg）南邊，也就是易北河與薩勒河（Saale River）會合處的水壩崩塌了。[9]

慘遭洪水肆虐的社區在災後總會擬定許多周詳、實際的防洪計劃，可惜能實施的只有一小部分。

加爾維斯敦島（Galveston Island）是個長條形島嶼，孤懸於德州海岸邊，有如「紐約長島漢普頓」，島上最高處只比海平面高 2.74 公尺。高中校外教學時，我們班就去了加爾維斯敦島，藉此了解德州歷史的梗概。1900 年猛烈的熱帶氣旋將此島夷為平地，死亡人數超過 6,000 人，是美國史上最致命的天災。不到兩年，島民就建造了一座長 16 公里、高 5 公尺的海牆，以抵禦由墨西哥灣東邊侵襲的風暴。然而，海水還是以每年 3 至 4.5 公尺的速率侵蝕此島。至 1950 年代以來，島上的溼地已少了三分之一。[10] 2008 年，颶風艾克來襲，造成 5,000 萬美元以上的損失，島上八成以上的房屋都遭到破壞。

島民努力爭取經費保護沙灘而且繼續推動新的建設。從地質災害預測圖來看，到了 2062 年，此島將變得更狹長，除了目前的溼地，只有沙灘、潮汐平原和沼澤，將不適合人類居住。[11] 加爾維斯敦市宣稱，他們的地下水系統可耐受五級颶風的考驗。有人估算，加爾維斯敦要強化海岸線，必須花費 1 億美元。如果這個島遭遇百年一遇的颶風，可能造成的損害達 100 億美元，1 億美元的防災投資絕對划得來。只是這樣的防災計畫仍是紙上談兵，島民只能等災難發生再來應變了。

警鐘響了

哥倫比亞國家災援中心（National Center for Disaster Preparedness）的創辦人厄溫・雷德連納（Irwin Redlener）在哥倫比亞大學國際公共事務學院講演時說道：「自開天闢地以來，

人們一直把災難視為警鐘。」

珊迪颶風可曾喚醒紐約市民？

2012 年 10 月，雷達追蹤到颶風珊迪朝向美國東岸逼近之時，颶風警報已發布了好幾天。由於格陵蘭島附近高氣壓成形，阻擋了颶風出海路徑，加上冬季冷鋒從西方接近，對珊迪產生牽引作用，又來滿月大潮，致使海水灌入曼哈頓地區，災情慘重。近年來，紐約早已知道海平面升高、海水溫度上升產生的威脅。過去一百年來，海平面已升高了 30 公分以上。氣候學家預估，到了 2050 年左右，海平面又會再上升 76 公分。都市計劃專家和氣候學家多年來皆預測，紐約市愈來愈無法抵禦大型風暴，低窪地區將變成一片汪洋——這正是我們在颶風珊迪過境或災難電影看到的景象。1995 年，美國陸軍工兵團（U.S. Army Corps of Engineer，世界上最大的公共工程、設計、建築管理機構）預測，如四級以上的風暴來襲，將會掀起 9 公尺高的巨浪。根據 2006 年美國太空總署戈達德太空研究所（Goddard Institute for Space Studies）的研究，儘管三級風暴只會使海平面升高 45.7 公分，紐約市遭受到的破壞就和珊迪颶風橫掃如出一轍。

儘管目前的天氣圖已可顯示幾週、幾天甚至幾小時的天氣變化，並用高解析度的圖像顯現；但真正的警告，包括海平面升降的詳細研究及風暴將會造成的破壞則多半遭到忽略。2007 年，紐約市的確要求聯邦救難總署更新洪水潛勢地圖。雖然美國東北濱海地區發展迅速，仍沿用 1983 年制定的洪水圖。新的洪水圖終於自 2009 年開始重新繪製。然而還有很多威脅由於並未迫在眉睫而遭到忽視，如加強基礎建設的抗災強度。

2010 年 12 月，紐約市長彭博小看了來襲的暴風雪，反應慢半拍，而遭受民眾抨擊，於是在珊迪颶風登陸之前，嚴陣以待。很多民眾依照命令撤離，仍有一些人死守家園。美國東北部總計有 110 人在這場風災中喪生。其實，上次颶風登陸已是四十年前的事——亦即在 1972 年來襲的艾格尼絲。2011 年 8 月，颶風艾琳逼近，紐約市首次下令強制低窪地區民眾撤離，在強制撤離區的居民多達 37 萬 5,000 人。市府後來統計，約有 60％的民眾撤離了。結果，艾琳颶風沒有民眾想像的那麼嚴重，後來民眾對撤離命令就沒那麼留心。根據市政府所做的調查研究，珊迪颶風來襲時，住在強制撤離區的民眾只有 29％撤離，33％的人不相信颶風會有那麼嚴重或是認為待在家裡是安全的。換言之，他們都在否認事實——也就是灰犀牛的第一階段。

珊迪離去之後，否認已不是個選項。這場風災使紐約市區淹水面積達 129 平方公里，遭受損毀的建築幾乎有 9 萬棟，受災戶為 30 萬戶，受影響的商家達 23,400 家。幾乎整個城市停擺一週，還有一些地區癱瘓時間甚至長達數月或數年。我認識的一個人是餐廳老闆，本來生意不錯，在風災的打擊之下，不得不結束營業。一個朋友的辦公室在金融區，暫時將辦公室搬到別處，一年後才遷回。還有一些友人有家歸不得，必須找一個暫時的棲身之所，經歷數週至數月的重建之後，才能重回家園。住在洛克威

（Rockaways）的一個朋友，他家房子幾乎全毀。還有一個開餐廳的朋友也關門了。災後，紐約市公共建設的重建與修理必須耗費 130 億美元，而經濟活動的損失為 60 億美元。私人保險公司理賠金額總計達 190 億美元，而聯邦政府必須支付的理賠金則為 120 億至 150 億美元。

飽受珊迪的摧殘之後，紐約市府官員前往荷蘭取經。荷蘭在 1953 年歷經北海大洪水的侵襲後，就把防洪標準提高，使重建的堤防和大壩得以抵禦萬年一遇的洪水。珊迪風災才過半年，彭博市長就設計了一份全面的防洪計畫，預計經費達 200 億美元，希望使紐約做好萬全的防災準備。[12] 只是這份計畫能落實多少，尚待觀察。畢竟許多在災後擬定的周詳計畫，儘管立意良善，最後還是一場空。彭博提出的防災計畫書足足有 400 多頁，第一部分包括更詳實的地圖、預報以及與大眾溝通。第二部分則建議加強海岸線的防護，如放置防護石、修建防水壁、防波堤，以及在史泰登島、洛克威等脆弱地點設置防潮閘門。此外，也得致力於溼地、礁石、海岸線生態的保育等。彭博市長想要興建的巨型防潮堤，預計需要 200 億至 250 億美元，也許得花數十年才能打造完成。紐約市政府還提議提高建物安全標準，淘汰或翻新老舊建築。最後則是保險的改革，讓低收入的居民也付得起保費，並與聯邦救難總署合作，擴大保費選擇範圍，讓民眾意識到天災保險的重要。

據情報分析智庫蘭德公司（RAND）的研究，在颶風珊迪來襲時，紐約的 36,000 棟建物（或 163,000 戶住宅和公寓）在淹水的高風險區，其中只有一半有聯邦洪水險。[13] 因申請聯邦貸款，必須投保洪水險的人當中，只有三分之二的人確實投保。如可自行選擇是否投保洪水險，則只有 20%的人投保。

2013 年 6 月，聯邦救難總署公布了新的地圖，標示出洪水的高風險區，結果必須投保洪水險的房屋增加為兩倍。蘭德公司估計，在最近才被列入高風險區的房子當中，每十戶有九戶沒達到防洪標準，而其中的三分之一在珊迪來襲時沒投保洪水險。因此，不但必須投保洪水險的建物增多，保費也大幅提高，約是洪災前的十二倍至二十三倍。

不管住在洪水或是火災的風險區，民眾的習慣和觀念都很難改變。他們似乎認為多一事不如少一事。數據資料公司科絡捷（CoreLogic）在 2013 年發表了一份研究報告，指出美國西部十三個州當中有 120 萬戶住宅座落在森林火災的高風險區，暴險的資產總值為 1,890 億美元，從 2012 年開始，增加了近 50%。科絡捷的研究人員還發現，從 1990 年到 2008 年，美國人在容易發生森林火災的高風險區興建了 1,000 萬間新屋，或者說在那些地區的新屋 58%都在那段時間興建的。[14] 2000 年，蒙大拿西部苦根谷的拉瓦利郡（Ravalli County）發生猛烈的森林大火，選民卻對風險區的劃分不以為然。郡政委員會拒絕接受新製作完成的森林火災風險劃分圖。其實，該郡居民有四分之三以上住在危險區，擔心風險劃分圖曝光之後，他們的房屋保費會增加，而房價會下跌。[15]

有時，要喚醒大眾對明顯危機的注意，就像對颶風喊叫。2010年，海地和智利都發生大地震，但傷亡和財產損失大相逕庭。會有這樣的差異在於兩國的防備不同。魯賓藝術博物館（Rubin Museum of Art）的共同創辦人唐納・魯賓（Donald Rubin）為了避免海地大地震那樣的災難，發起安全建物運動（Campaign for Safe Buildings）。他了解在一些法治不健全的國家，建築法規等於虛設，因此提議建設公司必須為建物保險、有一定資金，願意確實遵守建築法規並接受查驗，才能開工興建。魯賓希望推動大規模的安全建築運動，以避免數十億美元的損失和數百萬人命的犧牲。然而，他因為這麼好的理念很難推動而深感挫折。

這個世界漸趨數位化，離自然愈來愈遠，縱使已碰到危機，仍不願行動，未來必然付出代價。

2011年春天，索尼電玩網路服務網路遭駭，致使超過1億的用戶受到影響。2014年11月下旬，索尼影業也遭到駭客攻擊。駭客威脅索尼影業不得公開放映諷刺金正恩的電影《名嘴出任務》。顯然，索尼員工訓練不足，加上資安系統出了紕漏，讓木馬程式得以趁虛而入。[16]然而索尼並非罕見的例子，光是在2014年就有許多大公司遭駭，包括連鎖超市塔吉特、精品百貨尼曼馬庫斯、Yahoo信箱、AT&T、eBay、UPS、家得寶（Home Depot）、蘋果iCloud、善意企業（Goodwill Industries）、摩根大通（JPMorgan Chase）、冰淇淋連鎖店冰雪皇后（Dairy Queen）及政府機關。[17] 儘管有索尼這樣的前車之鑑，其他大公司、企業甚至政府部門都沒學到教訓，不知利用數位危機推動重要變革。

艱難的決定

慘遭踩踏之後，要面對的挑戰就是避免過度反應和麻木不仁。這就要看領導人和社群如何評估危機與安全，以及領導人是否願意冒失去政治資本的風險去做對的事，把自己的利益放在一邊。以後見之明來看，曼尼托巴省長達夫．羅伯林（Duff Roblin）決定在溫尼伯興建紅河疏洪道實在是明智之舉，然而在提出疏洪道計畫之時，羅伯林也被狠批，說這回他恐怕要在「陰溝裡翻船」。亞伯達省長普蘭堤斯的乾壩興建計畫則過於短視近利，儘管計畫落空，也用不著付出什麼代價。話說回來，如果附和卡加利市的提議，他也撈不到什麼好處。

灰犀牛心法

- **調整反應**。考慮成本、效益，以及是否可能出現意想不到的後果。從大處著眼，分析其他可行之道。切莫過度反應或變得麻木不仁，根據實際情況來調整心態。避免不良誘因的出現，讓人陷入道德風險。
- **危機也是轉變的契機**。可利用危機形成的壓力來推動變革。在遲鈍和政治權宜之下，難以有所作為。

- **小心為下一次危機埋下種子**。有時，走出危機會為未來帶來風險。一旦解除危機，就得反省、評估當時所做的決定。
- **彈性思考**。有時，被踩踏是無可避免的命運。要思索如何置之死地而後生。
- **要創立系統，以避免危機再度發生**，最好的時機是在危機發生之後。

第9章
地平線上的灰犀牛：前瞻思維

每一季，未來獵人顧問公司（Future Hunters）總會讓客戶與來自政府機關、學界和企業界的思想家齊聚一堂，利用將近一天的時間討論趨勢走向。每一個月，這家公司從新聞擷取與趨勢相關的訊息，濃縮成75篇摘要，加上詳細的注解和可供交叉對照的資料，以追蹤各種趨勢交會的情況。他們還根據這些摘要和資料再進一步整理、分析，並把要點印出，在季會時拿出來供與會人士參考。季會時，大家以自由、活潑、刺激思考的方式進行對談，設想種種可能在未來發生的事、未來的世界將會變得如何，以及對企業和個人生活的影響。他們討論的議題很廣，從新科技、人口發展到認知分析，乃至社會組織與風險管理。

未來獵人顧問公司執行長怡蒂・韋納（Edie Weiner）和公司的副總裁艾莉卡・歐蘭吉（Erica Orange）、賈德・韋納（Jared Weiner）及公司的另一位共同創辦人阿諾・布朗（Arnold Brown，卒於2014年）帶領大家進行討論。布朗原來在紐約的美國人身保險集團（Institute of Life Insurance）擔任公關部主任。

當時是 1960 年代，公司要他分析對保險業可能會造成衝擊的國內外大事：諸如越戰、馬丁・路德・金恩和甘迺迪總統的遇刺、反戰示威遊行以及冷戰帶來的核子危機陰影等。布朗後來找怡蒂・韋納來幫忙，一起追蹤、研究相關文章，濃縮成摘要，然後進行趨勢分析。美國人身保險集團在 1977 年遷至華盛頓特區，但布朗、韋納和另一位搭檔浩爾・艾德瑞克（Hal Edrich）決定留在紐約，成立自己的公司。[1]

他們的客戶群很快就從保險業擴大到大企業和其他產業。愈來愈多人向他們求教，希望知道趨勢將如何會影響到公司前景，以及該怎麼因應。他們的客戶大都不是新創公司或科技業的巨人，而是傳統產業——這些產業的人已經知道如果他們不早一點未雨綢繆，未來恐會遭到淘汰。

他們的公司也不斷在演進。歐蘭吉是怡蒂・韋納之子賈德・韋納的大學同學，怡蒂一直是她的人生導師。歐蘭吉搬到華盛頓特區之後，仍與怡蒂保持連絡。幾年後，歐蘭吉二十多歲時，碰到了所謂的「青年危機」，於是請怡蒂為她指點迷津。韋納母子突然想到歐蘭吉在心理學和政治學的訓練以及她對類型辨識的天賦——這樣的人正是趨勢研究的人才。於是歐蘭吉加入了他們，成了未來獵人公司一員大將，就像怡蒂過去幫忙布朗一樣。歐蘭吉後來和賈德結婚，三人的關係因而更加緊密。

趨勢學如今已漸漸成為一門顯學，過去趨勢專家則寥寥可數。怡蒂・韋納告訴我：「目前，財星一千大公司的每一家或多或少都對未來有所展望。」但是，很多公司似乎只是做做樣子。「公司董事會每年刻意在會議中花幾個小時認真討論未來嗎？大概不會吧。」

公司對未來的定義也改變了。首先，時間框架被壓縮。韋納說：「以前，公司都覺得可以擬定五年計畫或十年計畫，相信自己具有前瞻性。後來，他們都放棄策略性的計畫，開口閉口都是『行銷』。兩年已是長期了。市場也鼓勵短期思考。再怎麼看，都不出兩年。很多公司根本不想去想二年或三年後的事。」

韋納對未來的關切主要是人口結構的改變。這點與個人及重大的經濟、政治趨勢有關，也和其他改變發生交互影響，特別是科技的角色日益吃重和人工智慧。嬰兒潮世代已成為龐大的退休群，對整體經濟將會產生重大衝擊，因為勞動力將大幅減少，但退休和醫療的基礎建設還沒有足夠的能力應付這樣的轉變。韋納說：「工業社會垂垂老矣，年輕人愈來愈少，無法替代退休的嬰兒潮世代，我們必須設想：未來會如何？」

人口結構的改變也可解釋，日本如何在第二次大戰之後展現的技術優勢。二戰過後，日本的嬰兒潮世代致力於新技術的實驗，帶動第一波的自動化。韋納說：「我們可能視之為科技發展，其實是人口趨勢。」今天，日本人口逐漸老化、凋零，機器人和人工智慧因應而生。韋納預測，下一代的人工智慧和機器人將有高超的感知能力，而且能夠表情達意。至於人工智慧會使人類毀滅之說，她十分懷疑，但她認為，不管如何，下一代的科技將會改變目前的世界。她說：「這不是世界末日，而是我們熟悉的舊世界消失了，變成一個新世界——就像行動電話對通訊世界的衝擊。」

她為這個理念創造了一個新名詞，也就是後設空間經濟（metaspace economy），意指某些破壞性科技出現，創造出新的效能，長期下來出現的變化。後設空間經濟有別於過去的農業經濟、工業經濟或是後工業經濟，是由與數位經濟相連的無形力量所促成，未來的工作型態因應而生。[2] 經濟變化步調快速，工作技能、工作能力和工作過程都和以前不同，以往的勞動力將很難跟上。這又回到人口結構改變的問題。韋納說：「儘管很多人失業，新的產業也不斷出現。如果什麼也不做，只能面對這樣的後果——年輕人失業率居高不下、過度教育（高教低就）、學非所用、暴力、恐怖主義，以及年輕人和社會格格不入。」

每次我去參加未來獵人舉辦的趨勢研討會，看該公司團隊提出一些像後設空間經濟的新概念，總讓我獲益良多。多年來，他們已創造出一百多個新詞，讓我們得以窺視新趨勢的樣貌。

在後設空間經濟中，數位運動和遊戲的興起，出現了新的英雄：「e- 賽手」。學生可能申請「e- 賽事獎學金」，而未來我們可能得擔心「e- 毒品」的問題。人口市場將把有溝通、互動能力的社交機器人納入。除了 3D 列印，未來還會出現有自我複製功能的「4D 列印」。

「殆危階級」（precariat）則融合了「岌岌可危的」（precarious）

與「無產階級」(proletariat)，指在職貧窮或工作不穩定者，如無全職福利者的短期契約工，以及高教低就的千禧世代(milleniat)。還有所謂「空白空間的危機」，意指個人或組織遭遇的意料之外的危機。至於「時間爆炸」(templosion)則是指時間壓縮太過，乃至無法應付。現在由於產品與服務的多工，生涯週期改變，我們對時間的浪費愈來愈無法容忍。

歐蘭吉最欣賞的一個概念就是「外星人觀點」：以客觀的眼光來看這個世界，就像你第一次踏上地球。她說：「我們已累積了很多訊息——這是我們最大的資產，也是我們最大的弱點。因此，我們要求客戶用外星人的眼光來看：如果你是外星人，你看到的未來是何種樣貌？」外星人觀點可對抗習得的無能為力、知識的包袱、無法改變——這些概念可能伴隨認知偏誤而生，使我們無法因應灰犀牛的挑戰。

未來獵人利用這樣的創新詞彙以簡潔表達某一個概念。歐蘭吉說：「為了真正了解未來的走向，我們必須打破既有詞彙的局限。」她把字詞當作是思想科技的一部分，可幫助我們創造架構，以看清未來。

文字很重要，可讓你掌握抽象概念，把焦點放在這種概念在真實世界的涵義。例如「黑天鵝」的概念可激發人去思索，自身及其企業在面對發生機率極低、衝擊力大的事件之時，如何能更有韌性，而「灰犀牛」則可使領導人專注於很可能發生、衝擊力大的事件。

與灰犀牛保持距離

要避免被一群灰犀牛踩踏，最好的方式就是跟牠們保持距離：如犀牛出現在地平線上，就別接近。對企業、組織、公司，以及每一個人，這意謂保持冷靜（特別是在混亂的時候）、思索未來，設想種種可能發生的情況，還有擬定因應對策。

如果等到病情嚴重才到急診室，那就得付出很大的代價。等到最後一刻才來處理緊急需求也是一樣。正如前幾章所述，等待時間過長，遲遲不作為，最後往往後悔莫及。然而，要是我們為了應付這個週末之前或本季結束前必須完成的工作或是最近一次付款日，已焦頭爛額，如何能想到未來？在為這本書找資料時，我不知聽過多少人說，短期內要面對的事太多，壓力很大，實在無暇顧及未來。儘管如此，仍有少數公司、組織、政府、領導人和個人的確著眼於長期計劃。其他人則可向他們學習。長期計劃似乎是件奢侈的事，我們要如何將之納入優先考量？

有時，我們可利用一些技巧來突破舊有的思考習慣：如設立一些短期目標做為跳板，導向長期目標。芝加哥大學布斯商學院的涂豔萍（Yanping Tu）與狄立普・索曼（Dilip Soman）就曾進行過這樣一個實驗：他們把印度農夫分為兩組，要求這些測試者開設儲蓄帳戶，如果在六個月內設立帳戶會有獎勵。第一組的研究於 6 月開始，截止期限是同年的 12 月，第二組於 7 月開始，截止日期則為翌年 1 月。即使兩組期限相同，第一組有較多的測試者選擇立即開戶，因為期限在同一年，第二組立即開戶的較少，是因截止期限是在下一年，測試者於是認為還不急。[3]

已故管理大師史蒂芬·柯維（Stephen Covey）在《與成功有約：高效能人士的七個習慣》（*The 7 Habits of Highly Effective People*）中提到：可把工作分為緊急、重要，以及重要但不緊急，或是緊急但不重要。重要、緊急的工作應該在我們待辦事項清單的最前面，但是我們也必須分配時間給重要但不緊急的工作。一旦我用這種方式來檢視工作，工作流程就不一樣了，而且不管再如何忙碌，比較能做好重要的事。我發現我比較能著眼大局，用系統化的方式訂立優先次序，不但能節省時間，還能完成更多的事情。這樣原則不只可運用在各種組織、公司，對個人也有幫助。

美國軍方進行各種模擬試驗，以預知重大事件帶來的衝擊。這種做法也擴展到政府其他部門。自 2003 年開始，國家情報優先架構（National Intelligence Priorities Framework）每十八個月就集結國務院、財政部與國防部的官員，討論在三到五年內可能發生的重大危機。

有些公司——例如與未來獵人合作的保險公司——因本質的緣故，比較倚重長遠的思考。他們的壽險精算表和財務預測都是為了未來而設計的，然而主管還是必須留意趨勢變化，如近年極端天氣發生的頻率變高，過去數十年的統計預測就不見得準確。石油和天然氣公司執行長也是著眼於數十年後的未來。光是這類天然資源的探勘就得花上好幾年。殼牌石油（Shell）自 1970 年開始就成立了一個計劃群，利用各種情境來預測地緣政治、地理經濟、市場、能源等資源供應與需求趨勢可能出現的結果。儘管這樣的預測無法精確，可能被意料之外的短期事件推翻，對這些公司而言，著眼於未來仍是公司的重要策略。

然而，正如前面章節所述，光是具有趨勢的嗅覺或有先見之明依然不夠，只有拿出行動來因應，才能轉危為安。

變則存，不變則亡

全世界許多歷史悠久的公司都曾重新為自己定義，以不斷進步的科技公司自居，產品不斷推陳出新。IBM 的前身是 CTR（Computing-Tabulating-Recording Company，計算列表紀錄公司），創立於一個世紀前，主要銷售可分配資料卡並列印統計表的機器，主要客戶是美國人口普查局，1924 年改名為 IBM（International Business Machines Corporation，國際商業機器股份有限公司），也生產尺、秤子、時鐘等。湯姆斯・華生（Thomas Watson, Sr.）自 1914 年出任公司總裁，就開始併購一些公司。他特別注重公司目標與價值觀的宣揚，提出的策略也為很多前瞻未來的思考者所採用。他說：「公司希望大家團結，朝向同一個目標前進。」

即使在經濟大蕭條的谷底，華生依然做了大膽的決定：投資最先進的實驗室。[4] 我們已在第 6 章討論過，反潮流而行絕不容易，就像在市場大好時潑大家冷水或是打算憑藉信心、放手一搏。要這麼做就得超越當下，放眼未來，以公司的價值觀和目標為羅盤。

將近半個世紀後，華生之子小湯姆斯・華生（Thomas Watson, Jr.）也在紐約一場演講呼應他父親的信念：「我深信，任何組織如何要生存、揚名立萬，必然要有一套自己的信仰，做為政策與行動的前提。其次，我認為一家公司要成功，最重要的因素就是百分之百服膺這套信仰。最後，在這不斷變動的世界，如果一個組織要能迎向挑戰，則必須脫胎換骨，同時不忘記原來的信仰。」[5]

IBM 在百年來的企業生命中不斷摸索、變化，特別是在 1990 年代，公司原本掌握的個人電腦市場逐漸凋零，後來智慧型手機和平板電腦問世，更完全改變了我們對電腦的概念。

IBM 北美地區總經理布麗姬・凡・克拉林根（Bridget van Kralingen）在《富比士》雜誌發表了一篇誠實的省思。她寫道：「至 1984 年，我們一直是華爾街祝賀的對象。然而，好景不常，再過不到十年，我們就完蛋了。」1993 年，IBM 創下新的紀錄——80 億美元——這個數字不是獲利，而是美國公司有史以來最大的虧損。經過痛苦的轉型，IBM 已從硬體製造轉為軟體和服務。該公司花了 300 億美元併購了約兩百家公司，以將服務擴展到數據分析等高價值的產品線。有幾年，我還在用 IBM 生產的最後一代手提電腦 ThinkPad，後來這條產品線就賣給中國聯想集團（Lenovo）。

的確，很多屹立不搖的公司，特別是在科技界，從創立開始，一直在轉型。諾基亞（Nokia）創立於1865年，本從事紙漿生產和造紙，在1963年以無線電話進入通訊業之前，曾製造橡膠、電纜和電器。1987年，該公司生產了第一台行動電話，1992年開始全力投產。經歷了公司在手機市場最興盛的時期又滑落之後，在2014年將設備和服務業務全部出售給微軟，轉型為行動寬頻網路業務和智慧型定址服務等新科技。[6]

回到基本原則

稻盛和夫是京瓷株式會社的創辦人，該公司生產項目包括陶瓷電子零件、太陽能板、行動電話等。京瓷的成功使稻盛和夫在日本富豪排行榜名列第28名。他出身貧寒，初中考試名落孫山，不久又得了肺結核，一家人住的房子又在空襲時化為灰燼。自鹿兒島大學工學部畢業後，任職於生產高壓電流絕緣體的松風工業，由於與經理人意見不合，發生爭執，憤而離職，1959年他在京都創立京都陶瓷時，年僅27歲。（該公司在1982年改名為京瓷。）

稻盛和夫一生波折不斷，到了1990年代，更遇見人生最重大的危機：京瓷最大的客戶破產，另一客戶則改用較廉價的原料，其客戶群集中在日本，急需向外擴展。1997年，他就交棒給新一代的領導人，以創辦人和名譽會長自居。[7]那年，他經醫師診斷得了胃癌，人生之路因而出現急轉彎。他接受胃部腫瘤切除術回復健康之後，則在京都妙心寺派圓福寺出家修行。

他能多次經歷難關，化險為夷，多賴長年奉行的經營哲學，也就是從大處著眼，前瞻未來，因此得以通過短期危機的考驗。他在《敬天愛人》一書寫道：「困苦的時候，我總會想到基本原則，自問：『身為一個人，什麼是應做的事？』我不管做什麼，都秉持這樣的基本原則。我日以繼夜，念茲在茲，已有許多教人驚異的結果。」[8]

2010 年 2 月，稻盛和夫受日本政府的請託，接下日航這個爛攤子。之前，還不到十年，日本政府已紓困日航三次。前一年，日航虧損 30 億美元，股價直直落，負債達 290 億美元，已申請破產重整。他同意以零薪酬接下這個重責大任。對日航來說，這次的危機正是改變的契機。稻盛和夫不但裁掉了三分之一的員工，也砍了員工一部分的薪資和福利。2012 年，日航竟然起死回生，得以重新上市；稻盛和夫亦於翌年功成身退。

稻盛和夫的經營哲學聞名於世，包括善待員工、善用材料，摒棄短期思考，眼光放遠。他說：「一家公司要能長存，只有社會還需要這家公司，才能繼續生存下去。」

2005 年日本電信公司軟銀（SoftBank）面臨灰犀牛的危機：10 億美元的虧損，股價更是創下新低紀錄。軟銀就像大蕭條時期的 IBM，認為公司生存的關鍵在於長期計畫。該公司的創辦人暨執行長孫正義認為，即使公司慘遭踐踏，也要看長而不看短，才能超越短期難關，成為全世界最大的公司。接著，他宣布了他的「三百年計畫」，強調前瞻未來的重要性。[9] 當然，這個三百年計畫遠遠超過他先前提到的「三十年願景」，使得「三十年願景」聽來像是個短期計畫——也許這個「三十年願景」才是真正的目標。這是已證明可行的協調策略：設立一個極其遠大的目標，以讓人更了解真正的目標。

不獨軟銀，還有其他公司也很強調著眼於長期。日本的建築公司金剛組株式會社創立於公元 578 年，是世界上歷史最悠久的公司。[10] 根據韓國銀行的研究報告，全世界共有 5,586 家百年以上的歷史的大公司：日本有 3,146 家，德國有 837 家，荷蘭有 222 家，而法國有 196 家。[11] 日本研究人員發現更多歷史久遠的公司。2009 年，根據東京商工研究株式會社（東京商工リサーチ）的統計，在日本成立百年以上的公司就有 21,000 家以上，然而大都規模很小，只有 1,662 家資本額超過 100 萬美元，而公開上市的百年公司只有 388 家。[12] 儘管如此，日本的百年老店數量之多聞名於世，也就是所謂的「老鋪」（しにせ）。

儘管亞洲有較多老店，西方公司正重新思索長期策略的重要性。1920 年代，美國公司平均壽命為六十七年；但到今天，據耶魯大學理察理查・佛斯特（Richard Foster）的研究，只剩下十五年。[13]

但還是有例外，如波克夏・哈薩威公司（Berkshire Hathaway）及其領導人華倫・巴菲特（Warren Buffett）。由於巴菲特出身於內布拉斯加州的奧瑪哈，又被稱為「奧瑪哈先知」（Oracle of Omaha）。波克夏・哈薩威公司以及擁抱長期價值聞名。該公司成立於 1839 年，為羅德島的一家紡織公司，曾併購兩家紡織廠。1960 年代，巴菲特入主後，眼見紡織業已成夕陽工業，於是以保留盈餘，轉型為控股公司：他先從保險業下手，進而延展到投資公司、公用設施、媒體、物業和零售等。波克夏・哈薩威和很多歷史悠久的公司一樣，因為轉型的緣故，已與原本的面貌截然不同。

筆記軟體公司 Evernote 的執行長菲爾・李賓（Phil Libin）說道，他計劃建立一家「可屹立百年的新創公司」，意謂這家公司不但能存活一百年以上，而且不斷創新。[14] Evernote 和波克夏・哈薩威一樣，不但著眼於長期，且都具有日新又新的精神。

遙想一百年後……

馬克・莫頓斯（Marc Mertens）出生於奧地利中部的拉基興（Laakirchen）。這個小鎮人口只有 8,000 人。他發展事業的第一步是利用父母家的車庫開酒吧。父母起先還容忍他，心想至少他們知道兒子和朋友在哪裡鬼混。他說：「等我們要請樂團來駐唱時，他們就覺得太超過了。」於是他開始做活動企劃。後來遠離家鄉，搬到洛杉磯，2002 年他開了家廣告公司。在他踏進廣告界之初，就和很多大品牌合作過。一段時間之後，胸懷大志的他，已不甘於做一個「賣糖水的人」。

於是，他重新出發，開創了百年創意顧問公司（A Hundred Years），在洛杉磯和維也納設立辦公室。他的客戶包括波音、迪士尼、反貧運動組織（One.org）、美國太空總署、TED 等，幫助他們擬定長期策略，以因應科技、經濟與社會的種種變化。

百年公司提出一個簡單的建議：每天花 15 分鐘想像，你希望一百年後的世界是什麼樣子，以及如何才能看到那樣的世界。我和莫頓斯初次訪談後，隔週就在辦公室收到一個包裹，裡面有一個可衡量 15 分鐘的沙漏。這個沙漏簡單又實用，自此我都擺在案頭上。

莫頓斯告訴我：「一百年的概念要比創意思考來得大，我們很少想到超過十年後的事。一百年更是無可想像。」然而，在別人看是恐懼，在他看來則是機會。把眼光放在遙遠的未來，可使我們放大思考的格局。

莫頓斯說：「人都很怕未來。的確，我們若是從短期的角度來看新聞，會很害怕。然而，如果你從百年後的眼光來看，就會覺得為未來而恐懼是件瘋狂的事。我們在洛杉磯的辦公室就在福特 T 型車工廠的對面——百年前，這些汽車一部部從生產線製造出來。今天，讓我們看看電動車。是不是比汽油驅動的汽車要來得方便？畢竟汽油來自於地底下挖出的石油，然後必須用船運輸到每一個城鎮。如果從百年來的科技進步來看，未來有什麼好害怕的？」今天，我們的限制雖然不同，但是可以使用的資源則變多了。

他又說：「至於長期思考，最大的挑戰就是我們著眼於未來的問題，而不是想我們能達成什麼。」莫頓斯已看到短期為了求生存與長期目標的衝突：我們的短期目標往往只是為了活下去，長期目標才是我們的熱情和存在的原因。莫頓斯說，如果你思考的方式正確，短期和長期目標不一定是衝突的。一家公司可以透過一百年的眼光來看，而不是只盯著這一季，才能看出新的商機，並減少風險。

用長遠的眼光來看公司策略，就不得不把焦點放在公司成立的宗旨，如此一來，員工能獲益，也比較願意參與。莫頓斯說：「員工想在一個有意義、有目的的組織工作。」這對千禧世代的年輕人也比較有吸引力。「如果你的公司追求的目標只是賺更多的錢，必然會很辛苦。如果只是為了獲利，如何找人來為企業傳福音？員工如何甘心為了你的品牌拚命？」長遠的思考意謂放棄行銷語言，聚焦於公司的核心價值：讓人了解公司是在什麼使命之下創立的，強項何在，如何把氣力化為長期影響和競爭優勢。

耐心資本

愈來愈多公司和國家看出百年創意顧問公司所指出的趨勢，因而提倡長期思維和行動。做法包括了獎勵計畫，鼓勵長久持股，納入關鍵績效指標的長期思維，不做季報，並創立一整套新的指標。

2011 年《哈佛商業評論》（*Harvard Business Review*）刊登了

一篇具有里程碑意義的文章〈資本主義續航力〉（“Capitalism for the Long Term”），撰文者是麥肯錫全球董事總經理鮑達民（Dominic Barton）。鮑達民表示，現在應該回歸資本主義基本原則，讓世界經濟得以永續成長。根據麥肯錫顧問公司的研究，要建立一個新的、可獲利的事業，必須投資五到七年。麥肯錫的研究人員從成功公司的股價分析其價值組成，發現有70%到90%是來自於公司第三年或之後的預期現金流。他下結論說：「如果大多數公司的市值都取決於三年後的結果，但經營管理還是著眼於三個月後的報告，必然會有問題。」鮑達民論道，公司需要改變其激勵制度與結構，各團隊才能具有長期思維。在最佳的企業文化之下，所有關係人的利益得以使市值衝上高峰，董事會才有掌控力，不會受制於避險基金和市場起伏的短期效應。鮑達民指出，儘管這樣的提議以前就有了，卻是急迫的新挑戰。他寫道：「今天的企業領導人面臨一個選擇：我們要改革資本主義，還是讓資本主義來改變我們？不管這樣的改變是透過政治手段，或是來自憤怒大眾的壓力。」[15]

目前，有許多企業和與公民社會領導人組成的B團隊（B Team）也宣誓將致力於長期計劃與永續經營，成員包括維珍航空（Virgin Atlantic）的理查・布蘭森（Richard Branson）、聯合利華的保羅・波曼、《哈芬登郵報》（*Huffington Post*）的創辦人亞利安娜・哈芬登（Arianna Huffington）、挪威前總理布倫蘭德夫人（Gro Harlem Brundtland）、愛爾蘭前總統瑪麗・羅賓森

（Mary Robinson）、孟加拉鄉村銀行的創辦人穆罕默德・尤努斯（Muhammad Yunus）、中國遠大科技集團董事長張躍、印度塔塔集團名譽董事長拉坦・塔塔（Ratan Tata）等人。他們的目標之一就是以新的會計與報告方式取代原來的季報，用更好的方式追蹤企業的社會與環境價值。

成立於2001年、總部設於紐約的睿智基金（Acumen）接受慈善捐款，投資致力於解決貧窮問題的新創企業。這個組織稱其資金為「耐心資本」，在其網站有這樣的介紹：「耐心資本對風險有高容忍度，著眼於長期計劃，以應企業家的需求。我們不願為了股東的利益而犧牲終端消費者所需。同時，耐心資本也要求資本報酬，以能永續經營的企業為投資對象。」

世界經濟論壇與經濟合作暨發展組織也設法鼓勵長期投資，並視之為要務。過去半世紀以來，股票的平均持有時間已從八年縮減為四個月。[16]

2013年在瑞士達沃斯舉辦的世界經濟論壇即倡導長期思維，許多企業與政治領導人紛紛呼籲大家要把眼光放遠。義大利前總理馬力歐・蒙蒂（Mario Monti）責怪歐盟對歐元危機的處理過於短視、不夠積極。國際貨幣基金組織總裁拉加德也有類似的看法：「如果我們不聚焦於短期，能有長期思維，危機就能迎刃而解。」[17]

美世顧問公司（Mercer）看了我在部落格引述的這些談話，於是請我去他們公司參加一場會議，討論如何促進長期思維。這場會議是世代基金會（Generation Foundation）委託美世顧問公司與司特曼律師事務所舉辦的，研究公司如何利用忠誠驅動型證券，鼓勵投資人持有股票達三年或是更久。

哥倫比亞大學的派崔克・博敦（Patrick Bolton）與法國農業信貸集團（Crédit Agricole Group）的弗雷德里克・薩曼瑪（Frédéric Samama）提議發行忠誠股票（L-Share），如投資者願意長期持有股票，過了「忠誠期限」，就可獲得若干股票的獎勵。博敦和薩曼瑪指出，公司領導人在做決定之時，在壓力之下不得不把目標放在短期利益上。壓力來源主要有二：一是過去三十年來，企業執行長的薪酬部分是依據公司股價的表現；二是獨立董事、主動型避險基金與股東團體的影響力愈來愈大。

他們論道，在投機氣氛濃厚、泡沫隨時可能破滅的情況之下，短期誘因將會變得特別危險，不少執行長都會拉高倒貨。[18] 雖然短期獲利可觀，公司的長期價值則會受到傷害。

另一個轉變是，法人投資者增多。在 1951 年，散戶擁有 75％以上的股票，然而到 21 世紀初，將近 70％的股票都在法人（機構投資人）手中。有些公司，特別是在歐洲，已開始鼓勵投資人不要炒短線。1991 年，米其林集團（Michelin）就曾延緩巨額股利的發放。為了減少對投資人的打擊，該集團保證，只要繼續持有股票，就可獲得獎勵。

2014 年法國政府為了推動長線投資及投資人的忠誠度，通過弗洛朗熱法（Florange Law）自動給予持有上市公司股權超過兩年的股東雙倍投票權，有 75 家法國企業採行這種做法。此外，像是法國農業信貸集團、萊雅（L'Oréal）、拉法基水泥集團（Lafarge）等則給某些持股超過兩年的投資人更高的股利——但股利不得超過本金的 10%，以及某些股票無法獲得這樣的獎勵。其他國家的公司，包括英國電信（British Telecom）、英國標準人壽（Standard Life）、新加坡電信（Singapore Telecom）、德國電信（Deutsche Telekom）、澳大利亞電信（Telstra）則給股票長期持有人一次的紅利股票。儘管兩年實在很短，不能視為長期思維，總之已經比一季要來得長，算是跨出了一大步。

美世顧問公司下結論道，上述鼓勵股票長期持有的辦法不夠好，應該把時間拉得更長，以利投資分析，建立一個可供衡量的長期架構，獎勵公司表現，並加強投資人與公司的關係。[19]

今天，已有許多卓越的企業家大力倡導長期思維，如前述的 B 團隊，也開始付諸行動。問題是，其他企業多快能跟上來。

稅收策略

政府如果能創造公平競爭的環境，也能助長長期思維的傳播，特別是在美國這個不利長期投資的國家。照美國資本利得稅的規定，只要股票持有時間超過一年，賺的錢就可算長期資本收益，只需繳 15%的所得稅，未滿一年則必須按照一般所得稅率計算。問題是，一年如何算是「長期」？政府應該規定持有股票時間更長，才能享有所得稅的優惠，利用這樣的賦稅政策來鼓勵長線投資，甚至可分成好幾個層級，時間愈長，則能享有的所得稅優惠更多。

稅收法規的變革可減少股票炒作，鼓勵長期投資，也可讓一些致力公益的組織獲益，減少其短期壓力。免稅的退休金及哈佛和耶魯等名校利用捐款成立的基金由於賣出股票的獲利不必繳交資本利得稅，反而傾向短線投資，如果取消其賦稅優惠，就能減少炒股。如果名聲卓越的大學和基金會願意採取長期投資策略，而且致力於投資資訊的透明化，就能達成承諾。

不管是政府、公司和個人，都該加強長期思維和策略性的資本投資，利用策略來獲利。在景氣大好時獲得的利益應該用來促進長期目標。智利的銅穩定基金就是一個很好的例子，在商品價格高、獲利多的時候就可儲存起來，以備不時之需。

要衡量，還是不要衡量？

我們已在第 8 章看到，衡量結果是行動的催化劑。從鄧小平的經濟改革到今天的五年規劃，都可以看到中國對重要事務的關切。這些計劃不但納入現代策略，也採用衡量的方法。中國把五年規劃的焦點放在可衡量的具體結果上，而非像蘇聯用強硬的手段來推行，因此五年規劃可以變成精妙的管理工具，成為中國崛起成為經濟強國的關鍵因素。自 2008 年金融海嘯發生後，中國的資產管理大有進步，提高人民的生活水準；最近更大力打房，以免房市泡沫成形。儘管有人一再預言「中國危機」即將爆發，短期看來應該沒有危險。現在稱頌中國成功還言之過早，但我們確實可向中國學習如何解決巨大的問題。

中國的五年規劃最初是效法蘇聯，自1953年開始至2015年，已實施了十二階段的五年規劃，主要針對重大建設、生產力和國民經濟重要比例關係等進行規劃，為經濟發展遠景制定目標和方向。雖然這一系列的五年規劃仍有一些瑕疵，但已達到強化經濟的目標。在未來，這樣的規劃將如何因應成長遲緩和全球變動則尚待觀察。

我們可利用報告和關鍵績效指標來追蹤個人行為並給予獎勵，政府在擬定年度預算之時，也該報告年度計畫與長期目標的關係（如長期目標達成的百分比），並預測投資報酬。

以企業而言，如要編列研發預算，但投資人十分在意短期收益，就得想辦法說法他們。例如杜邦（DuPont）在2010年即向投資人表示，公司營收的30%將來自創新產品，而且每一年確實計算有多少營收來自過去四年的創新發展。[20] 2011年，杜邦取得的專利即多達910項，而且自2008年到2011年，年度營收增加了10%。[21] 2014年，杜邦營收已達90億美元，其中的32%來自創新產品。[22]

然而，從企業減少季報來看，先忽略近期結果的衡量，也許有助於長期發展。雖然這麼做也許會有意料之外的結果，減少季報可使公司對產業變化更加敏感，避免短視近利，也比較能投資在必要的改變，而這些改變總是得經過一段時間才能看出成效。

灰犀牛心法

- **全新的觀點和新奇的語彙可幫助我們洞視未來**。要避免落入團體迷思的陷阱需要有開放的心靈，而且敢於發出新聲。要了解未來有什麼危機和機會，也需要新的心態。
- **了解長期的價值何在**。只有超越短期思維，才能有更大的獲利空間。在這不斷變動的經濟世界，千禧世代的影響力將愈來愈大，讓這些年輕人有努力的目標，進而擁抱長期價值，尤其重要。
- **利用高效能的策略和長期思維**把錢省下來，創造機會，而不要只是補破洞。求取短期和長期思維的平衡。以事情的重要性來安排優先順序，而非只看緊急性。

第 10 章
結論：如何才不會被犀牛踩死

我們在梅瑟梭慕夏野生動物保護園區（Mthethomusha Game Reserve）坐車上山，前往下榻的旅舍。嚮導說：「這一段山路會顛簸得很厲害——這就是我們所說的『非洲按摩』。」這裡位於南非北邊克魯格國家公園的南端，靠近莫三比克邊界。我是為了看野生犀牛才來的。南非犀牛為數不多，已瀕臨絕種。因盜獵猖狂，每八小時就有一隻犀牛喪生，拯救犀牛有如必敗之戰。犀牛角本是犀牛保護自己的武器，卻因為這角被盜獵者看上，而惹來殺身之禍。

我們乘坐的越野車 Land Cruiser 在陡坡上爬行，引擎發出吼聲。突然間，車子停下來，司機指著草叢說，那裡有隻公羚羊。我瞇著眼睛，隨著司機指向羚羊的食指望過去，卻看不到那隻羊的身影。我的視力很差，然而如果眼睛好一點，也很難看到那隻羚羊。我不久就知道，這是大自然賜給很多動物的天賦，讓牠們善於偽裝，與周遭環境合而為一，以免被獵殺。

幾個小時後，太陽西沉，我們開始踏上獵遊之旅。這時，在追蹤動物的專家帶領之下，我已知道如何辨識動物。山丘上的那些黑點是水牛。草叢有沙沙聲，那是隻羚羊發出的。在我們右手邊，遠方的山谷上有成群大象，約莫二十來隻。同行的一家人甚至在嚮導指出之前，就看到大象了，但我還是盯了好幾分鐘才看出來。那可是一大群大象，怎麼會看不出來？我告訴自己，他們在以前的薩伐旅已經看過，有經驗了，所以比較會辨識。然而，我還是擔心自己的眼睛不行。

即使我知道同伴的眼睛比我厲害，真看到大象的時候，我才鬆了一口氣。那一大群大象有公象、母象和小象。嚮導諾爾把車停在路邊，熄火。我們坐在車子裡，靜靜的看著大象互相磨蹭，有幾隻在嬉鬧，還有一些則把枝葉拉扯下來，大啖一頓。突然，有一隻年輕公象衝向一隻比較大的公象，用象鼻互相推頂，最後小的那隻認輸，躲到一邊。接著，一隻體型最為巨大的公象走向方才惹事的小公象，這一群象又開始往前移動。

我們繼續上路。過了 15 分鐘左右，帶我們觀覽動物的追蹤專家亞倫要嚮導停車。他指著丘陵下方，另一部車就停在路邊。諾爾眉頭深鎖，搖搖頭。那部車離大公象太近，實在危險。人往往因為好奇而陷入險境。最後，大公象走開，諾爾才鬆了一口氣。在幾天後用餐的時候，嚮導說公象會因荷爾蒙刺激，而進入長達數週、甚至數月的發情狂暴期，有部薩伐旅的車就受到這麼一頭公象的衝撞，幸好順利逃脫了。

我們注意看是否有犀牛出沒。亞倫指向一個泥坑：雨水會在那裡匯集，不會排汗的犀牛就可在那裡打滾、散熱。雖然犀牛皮厚度近一吋，看來非常強韌，還是會被昆蟲叮咬，也會曬傷。另一個尋找犀牛的線索就是糞堆。犀牛會用糞堆來標記地盤，並互相溝通。犀牛糞堆上都是糞金龜。糞金龜小心翼翼的推著糞球，以防被其他糞金龜劫走。真是好笑。犀牛糞既已堆積如山，這些糞金龜還需要搶嗎？犀牛一日糞便量可達 22 公斤以上。然而，我已經從研究得到一個心得，亦即動物或昆蟲的行為不見得是合理的。

太陽剛下山，天還沒全黑，我們發現路邊的草叢有動靜。車子開近，哇，竟然是三隻白犀牛。牠們身形龐大，嘴唇寬闊，喜歡成群結隊，如果是黑犀牛則常形單影隻。這些白犀牛的角已被砍掉，就是為了防止盜獵者獵殺。但我們的車子一接近，牠們走開了。雖然只是驚鴻一瞥，而且夜色昏暗，這的確是我與野生犀牛的第一次接觸。

第二天，我們看到了形形色色的動物，包括長頸鹿、獅子、羚羊、白斑羚、黑斑羚、成群的大象、鳥、蛇等，我終於對自己的眼睛比較有信心了。有隻烏龜甚至從我們車子底下爬過，顯然是活得不耐煩了。我也看到了更多犀牛泥坑，犀牛卻無影無蹤。

翌日，我們凌晨 4 點就起床，前往緊鄰梅瑟梭慕夏保護園區的克魯格國家公園。克魯格國家公園面積幾近 20,000 平方公里，共有 6 個生態區。這個國家公園和以色列國土面積差不多，吸引許多觀光客前來，帶來的觀光外匯收入，保守估計約占南非

GDP 的 3％。克魯格國家公園的犀牛也是全世界最多的，達 8,000 頭以上，約占非洲犀牛總數的三分之一以上。

克魯格國家公園不像梅瑟梭慕夏保護園區，不會為了防止盜獵而砍掉犀牛角。在十幾輛休旅車並排的馬路邊，我們看到一隻公犀牛突然跑過馬路，犀牛角的輪廓完整。白天，我們從近處觀看河馬、獅子、鱷魚、大象和水牛，而這隻穿越馬路的公犀牛是我們看到最近的一隻犀牛。其他犀牛都離我們很遠：兩隻犀牛在遠方的岩石上曬太陽、一隻母犀牛在餵小犀牛，還有兩隻犀牛在樹下吃草，一看到我們就連忙逃走。

最後一天，我們回到梅瑟梭慕夏保護園區，看到很多斑馬。這趟南非之旅，我最期待的就是近距離好好觀看犀牛，然而到目前為止，還未能如願。太陽下山了，天色漸暗。我自我安慰：儘管不能近看，只要能從遠處觀覽到犀牛的身影，那就夠了。要是犀牛的處境再糟下去，很快野生犀牛就要絕跡，沒有人可以看得到了。

突然間，諾爾把車停在路邊，熄火。亞倫指著左邊：一群犀牛在空地邊緣的樹叢底下。我們的車緩慢接近，有幾隻逃走了，但有三隻仍留在原地，在黑暗中打量著我們這些不速之客。

一隻母犀牛背對著我們，似乎完全不怕人，被亞倫的手電筒照到，也無動於衷。後面還有兩隻。最後，母犀牛站起來，抖一抖，然後走向左邊的樹下。牠在那兒站了一會兒。我們聽得到牠移動的聲音，但是看不到牠。還有一隻犀牛也消失了。最後一隻大型的公犀牛則接近母犀牛躲藏的那棵樹，接著和牠一起消失在樹的後方。

我實在難以想像可以看到犀牛的日常活動：母犀牛老神在在，就連我們接近了，還繼續睡牠的大頭覺。我們的出現，也沒壞了公犀牛的好事。想到我們的下一代可能看不到這樣的動物，我就覺得傷感。

旅舍員工不但擔心犀牛的未來，也為自己的生計憂愁——畢竟，有犀牛這樣的野生動物，當地的觀光業才能興旺，他們的薪水也才有著落。諾爾說：「我們必須了解犀牛保育的重要性，不只是為了我們自身，也為了下一代。來南非的旅客，很多是衝著犀牛來的。如果犀牛消失，觀光業將一蹶不振。如此一來，大家都會受害。」

雖然園區的人先砍掉犀牛的角，以遏阻盜獵之風，每年仍有四、五隻犀牛受到殺害。雖然犀牛角很慢才會長回來，盜獵者還是會為了殘餘的犀牛角狠下毒手。犀牛角重約 1 到 3 公斤，就像我們的指甲是由角質構成，根據研究，既不能退燒，也不能殺菌，在鎮痛、消炎、利尿、抗痙攣和腸道感染等方面都沒有效果，更沒有壯陽之功。犀牛角被當作仙丹妙藥純屬迷思。

每一頭犀牛的死，都讓人心痛。諾爾說起最近一次盜獵事件。「一天下午，我們開車上路，突然發現一大群禿鷹飛來。我以為這些禿鷹想撿獅子吃剩的遺骸。我們開車接近禿鷹聚集之處，隨即聞到一股腐臭味。原來是頭慘死的犀牛。我立刻查看，看犀牛的角是否還在，發現犀牛角很完整。我於是打電話給保護區的管理者。那頭犀牛被盜獵者擊中，中槍之後繼續逃跑，最後倒在那裡。我們不知道那些盜獵者為何落荒而逃。」

回到旅舍後，旅舍總經理克里斯・艾德華茲（Chris Edwards）過來跟我們聊天。他為犀牛打抱不平：「你們看迪士尼的『羅賓漢』，裡面的犀牛都是壞傢伙。」忍者龜裡的人形犀牛洛克史迪也是大反派。他說：「不知道什麼時候犀牛才會變得跟小飛象一樣可愛？卡通裡的犀牛都是灰灰、肥肥的。」

我已閱讀了很多有關犀牛的資料，加上近日親眼所見，除非遭受威脅，犀牛確實相當溫馴。河馬要比犀牛來得危險，而就奪走的人命而言，蚊子要比非洲五大最危險的動物來得多。

雖然狂奔中的犀牛的確可怕，然而我覺得我用犀牛來比喻危險，似乎對犀牛不公平。但是在我必須尋找一種意象來代表巨大、明顯的威脅時，第一個想到的，就是犀牛。就瀕絕物種而言，特別是犀牛，人類才是灰犀牛。人類對犀牛造成的危害，遠勝過犀牛對人類。犀牛已在地球生存了五千萬年以上，牠們的命運如何，代表我們因應重要挑戰的能力。如果灰犀牛的架構能讓人改變犀牛的命運，讓牠們獲得一條生路，拿灰犀牛來做比喻也就不為過。

綿延五千萬年的生命

拯救瀕絕的犀牛就是灰犀牛思考的一個好例子，讓我們明瞭失敗的地方在哪裡，以及何處是希望所繫。一種物種的生存威脅，顯示否認和故意忽略會阻礙解決。我們很容易得意忘形，忘了危險就在身邊。面對盜獵者的威脅，政府因為貪腐和維護利益，一直無所作為。等到真要採取行動，又不知從何著手。從犀牛保衛戰可以看出，政府不斷在恐慌和行動階段來來回回。其實，如果能好好因應這樣的危機，犀牛就能有轉機。

我們往往到情況危急，才會注意到問題有多嚴重，但這時要救那些瀕絕動物，已經太遲了。如果早一點干預，或許對已瀕絕或面臨瀕絕的動物會有幫助。然而，要不是危機迫在眉睫，使人不得不行動，我們才不會干預。未來會如何，就看我們的想像和機會。

過去幾十年的犀牛保衛戰指出一個常見的挑戰：不管奮戰多久，我們還是很難打贏。

20 世紀初，在非洲和亞洲約有 50 萬頭犀牛。但在大肆捕獵之下，白犀牛只剩下 100 頭。1898 年 3 月，南非政府已知要管制狩獵，以免野生動物的數量急遽減少，於是決定建立野生動物園區，1926 年克魯格國家公園於焉成立。

老羅斯福（Theodore Roosevelt）在 1909 年卸任美國總統後不久，即前往非洲遊獵。他在那趟遊獵殺了 11 頭黑犀牛和 9 頭白犀牛——約當僅存白犀牛的十分之一。由於當時黑犀牛還很多，羅斯福抱怨說，黑犀牛實在太多了，已經妨礙到他們獵殺其他野生動物。

不到七十年，存活的犀牛總數已大幅減少。1960 年代，非洲爆發內戰，大量輸入的槍枝很多是用象牙和犀牛角換來的。到了 1970 年，非洲黑犀牛總數只剩 65,000 頭。至 1993 年，則只剩 2,300 頭黑犀牛。

同時，各國政府比較努力保護這些僅存的犀牛，給人民誘因，讓他們一起致力於犀牛保育工作。南非、肯亞等國即利用野生動物建立觀光產業，使人民看在收入份上，願意保護這些瀕危物種。

由於南非成功阻擋盜獵者，南方白犀牛數量終於增加，但其他種類的犀牛還是愈來愈少。到了 1960 年，南方白犀牛已有 600 頭，是 20 世紀初的六倍之多。1961 年，南非推行「犀牛行動」，把烏母夫洛吉（Umfolozi）和赫盧赫盧韋（Hluhluwe）保護區的犀牛遷移到其他園區和私人狩獵場，以重建犀牛繁殖群。1968 年，南非為了鼓勵人民照顧野生動物，於是發放狩獵許可證，讓他們經營獵場做為生計。儘管捕獵犀牛有違犀牛保育的目的，這種有條件的開放還是奏效了，白犀牛的數量因此增加了好幾倍。

犀牛保育行動後來納入更大的瀕危物種拯救運動，不只在犀牛棲地，還包括犀牛角的消費國。1973 年，在歷經十年的準備之後，有 80 個國家正式簽署了瀕臨絕種野生動植物國際貿易公約（Convention on International Trade in Endangered Species），簡稱 CITES。此國際協議是透過對野生動植物出口與進口限制，以確保野生動植物的國際交易行為不會危害到物種延續。1977 年，這個國際貿易公約把犀牛列入附錄 I，即受到滅絕威脅的物種，禁止犀牛角的國際交易。

有幾個國家於是禁止犀牛角的買賣，不管是在境內或透過國際交易。1970 年代的犀牛角的消費大國日本在國際壓力之下，終於在 1980 年加入了 CITES。日本厚生省要求所有的醫療院所不再開立含有犀牛角的處方，改用其他藥物取代犀牛角。接著，韓國也在 1983 年禁止犀牛角的進口，也把犀牛角從藥典上移除，並在十年後加入 CITES。台灣因來自美國的壓力，自 1985 年禁止犀牛角的進口與販售。有一段時間，犀牛的保育工作似乎頗有起色。非洲的犀牛自 1990 年代中期開始大幅增加，至 2012 年白犀牛的數量已增至 20,405 頭，而黑犀牛則增至 5,055 頭。

犀牛危機才和緩下來，另一波危機又來了。儘管日本、韓國和台灣已禁止犀牛角買賣，過去二十年亞洲經濟的蓬勃發展，又帶動新一波犀牛角的需求。因中國和越南富豪與中產階級對犀牛角的偏好，犀牛黑市市場的規模高達 200 億美元，犀牛角的價格就和古柯鹼一樣昂貴。2005 年，由於越南民間謠傳一些高官貴人靠犀牛角治好癌症，令更多無辜的犀牛死於獵人槍下。有些不肖商人於是向病人或其家屬兜售，稱其為治癌祕方。此外，犀牛角也被視為財富和社會地位的象徵，商人用以賄賂政府官員或當做成交的禮物。

儘管經過多年的努力，非洲的犀牛數量才回升，因為中國和越南的龐大需求，盜獵者又蠢蠢欲動。2009 年，南非犀牛被獵殺的數量為 122 頭，但在 2007 年只有 13 頭，從 1980 年到 2007 年平均每年則只有 9 頭。至 2014 年，盜獵者開始變本加厲，被宰殺的犀牛增為十倍。[1] 他們殺了 1,215 頭犀牛，光是在克魯格國家公園就有 827 頭遇害。被逮捕的盜獵者則寥寥無幾。[2] 盜獵者愈來愈不擇手段，例如將犀牛麻醉之後，活生生砍掉牠們的角，讓犀牛清醒之後面對凌遲之痛。有的還使用軍用級直升機和夜視鏡來捕獵犀牛。他們甚至會一併砍下犀牛的耳朵和尾巴，好讓買家相信犀牛角是真的。

南非政府已大刀闊斧逮捕盜獵者。盜獵者不只來自鄰國莫三比克，還有貪贓枉法的本國官員——即所謂的卡其領犯罪。2014 年，竊賊從普馬蘭加省（Mpumalanga）觀光局偷走了 120 支犀牛角，據說是內神通外鬼的結果。由於莫三比克對犀牛角的偷盜、買賣，睜一隻眼、閉一隻眼，南非政府十分不滿。盜獵者侵入克魯格國家公園，只要逃到國界之外，騎警就拿他們沒辦法，盜獵者因而愈來愈猖獗。

幸好，目前這股盜獵之風已引發各國關注。有關犀牛遭到獵殺的壞消息不斷傳播出去。國際犀牛組織執行理事蘇西・艾利斯（Susie Ellis）告訴我：「犀牛已在這個地球上漫步了五千萬年，但是現在每天都有三頭被宰殺。每一天，在你吃午餐的時候，有一頭死了，等到晚餐時分，又有一頭送命，到你就寢的時候，又死了一頭。」1991 年，一群動物園園長成立國際黑犀牛基金會

（International Black Rhino Foundation），後來則把五種犀牛全部納入並改名為國際犀牛基金會，以喚醒世人注意犀牛遭到獵殺的問題，對付盜獵者，增加存活的犀牛數量。他們的第一步是把 20 頭黑犀牛引進到美國和澳洲。今天，國際犀牛基金會已和英國的國際拯救犀牛協會（Save the Rhino）與世界自然基金會並列犀牛保育最大的組織。艾利斯說：「希望我們的下一代還看得到犀牛。」

國際犀牛基金會已和英國環境調查機構（Environmental Investigation Agency）合作向美國請願，希望美國政府向莫三比克施壓，遏止犀牛角的盜獵和買賣。艾利斯說：「就看這些政府是不是願意雷厲風行。」

現在，我們正面臨這樣的關鍵時刻：犀牛是否能夠繼續存活，就看政治意志力強烈與否。你可以說，我們現在已到了恐慌階段。新的發展加深了危急意識，這對犀牛來說，也許是件好事。但是這樣的覺醒代價不小：已有一種犀牛亞種滅絕了，另一種瀕絕，還有兩種也很危險。

2011 年，國際自然保護聯盟（International Union for the Conservation of Nature）宣布西部黑犀牛已經滅絕，近五年這種犀牛已完全消失。2014 年底，聖地牙哥動物園有一頭名叫安格里夫（Angalifu）的北方白犀牛壽終正寢，享年 44 歲。這種犀牛亞種只剩五頭，只有一頭是公的，牠名叫蘇丹（Sudan）。蘇丹的角已被砍下，目前在肯亞，由武裝保鑣日夜保護。蘇丹已高齡

42 歲，精子數量愈來愈少，恐怕很難讓母犀牛受孕，特別是和牠住在同一個保護區的兩頭母犀牛也老了。[3] 全球許多名人都飛去看牠，在推特加上 #LastMaleStanding（最後一頭公犀牛）的標籤，為了替牠募款。還有兩個犀牛亞種勢必會在我們有生之年滅絕。[4] 目前爪哇犀牛不到60頭，而蘇門答臘犀牛也只剩下100頭。

為了對付盜獵者，犀牛保育人員也加強高科技裝備，如為犀牛植入微晶片、DNA 檢測和建立資料庫，以追蹤犀牛。園區騎警則利用熱感攝影機和人工智慧來逮捕盜獵者。他們也接受類軍事訓練，並用警犬來追查走私的犀牛角和象牙。

有人曾經把犀牛角染色或是在上面塗上毒藥，然而由於犀牛角沒有血管系統輸送染料和有毒物質，任何塗抹上去的東西只留在表面，因此無法讓盜獵者打消念頭。再說，並非所有的犀牛角都用來入藥，有些則是做為飾品。

有幾家生物科技公司曾想利用 3D 列印的方式來大量製造犀牛角。如果這個市場供過於求，價格變得低廉，也許盜獵者就沒興趣了。但是犀牛保育者仍有很深的疑慮。國際犀牛基金會和國際拯救犀牛協會曾聯手調查這種替代品能否減少犀牛角的需求？還是反倒增加走私者利潤，讓犀牛的處境變得更加危險？他們的結論是，真的犀牛角仍會供不應求，無法遏止非法交易。[5]

有關犀牛保育，爭議最多的部分就是戰利品狩獵，也就是一種跟蹤和獵殺野生動物的運動。我抵達南非之前，美國德州一個獵人以 35 萬美元的新高紀錄在達拉斯薩伐旅俱樂部的拍賣會上，取得射殺一頭黑犀牛的權利。這頭犀牛來納米比亞，已垂垂老矣。我的第一反應和很多人一樣，心裡湧出一股強烈的反感。我不了解，為什麼有些人會喜歡這種殺戮遊戲，尤其殺的是已快滅絕的動物。但從這種交易背後的邏輯來看，這種事其實比我們想的要來得複雜。太老、無法繁殖的犀牛如果死了，年輕犀牛則比較有機會和母犀牛交配，有助於犀牛數量的增加。因此，這種看似殘忍的狩獵運動也是保育措施。以南非的白犀牛為例，合法獵殺年老的犀牛則能增加存活犀牛的價值。

傑森・高德曼（Jason Goldman）在《保育》（*Conservation*）雜誌撰文道：「如果瀕絕動物像黑犀牛一樣，面臨嚴重的盜獵威脅，相形之下有錢人的戰利品狩獵獵殺的只是極少數。」高德曼引述《國際野生動物法與政策期刊》（*Journal of International Wildlife Law & Policy*）在 2005 年刊登的一篇報告，該文指出，戰利品狩獵其實對拯救犀牛有幫助，然而只限於年老、無法繁殖的雄性，或是數量已過多的年輕雄性。戰利品狩獵的所得將做為動物保育基金。高德曼說：「真正的悲劇是，星期六那頭黑犀牛的拍賣引發太多媒體的注意。相形之下，每年無聲無息死於殘酷盜獵的犀牛多達數百頭。」[6]

南非航空在 2015 年 4 月宣布，該公司將拒絕運送瀕臨絕種的獅子、大象和犀牛，即使獵人握有狩獵許可證，依然無法申請空運。[7] 阿聯酋航空與漢莎航空很快也跟進了。即使戰利品狩獵有益於瀕絕動物的保育，我們也得擔心這麼做是否會帶來我們不樂見的後果？

這個問題很難回答。然而，我們現在已有共識，知道該怎麼做，也就是嚴格執法，利用各種科技裝備來阻止盜獵者的行動，把犀牛遷移到比較安全的地區，建立對犀牛友善的園區，以及發展有利於當地經濟的觀光業。最重要的一點則是減少人類對犀牛角的需求。

你的灰犀牛呢？

今天，不管是企業、組織、政府或是產業，都會面臨許多明顯、很可能發生的威脅。如果毫無防備，結果可能會很慘。每個人也都面臨灰犀牛的威脅。這灰犀牛可能出現在我們的私人生活、公司、社會或世界。我們的挑戰就是看清問題，勇敢面對，只是我們太常視而不見。

黑天鵝的概念喚醒我們注意無可預期的事件可能會發生。只是在每一隻黑天鵝的後面，總有成群的灰犀牛。你可能會想，我們不是早就開始因應這些危機了？其實不然。我們總是疏於注意早該有預期的。有時，灰犀牛愈龐大，我們反而愈難看清楚，因無法及時行動，最後慘遭踩踏。

一旦你了解灰犀牛是為何物，就會發現到處都是灰犀牛。2015 年春天，百年老牌冰淇淋生產商藍鈴（Blue Bell）因部分冰淇淋產品可能受到李斯特菌汙染而下架。該公司忽略先前的警告，才會有這樣的結果。[8] 2015 年 5 月，美國鐵路公司的火車在費城出軌，造成8人死亡的慘劇，原來是早該設置好的安全系統一再延誤。2013年，俗稱「歐巴馬健保」的可負擔健保法案的網站一上路就大當機。安隆、長期資本公司、柯達、黑莓機……像這類沒能因應灰犀牛危機，被踩死的案例可說不勝枚舉。

我們不知道灰犀牛何時會衝撞過來，可以肯定的是，如果忽略，必然會後悔莫及。3D列印對產品製造業產生的衝擊會不會像數位相機之於傳統相機？網際網路和YouTube對電視台和傳統媒體會有什麼樣的影響？人工智慧將會如何改變就業生態？我們又該如何因應？所得差距愈來愈大，社會和政治因此動盪不安，加上未來人力資本的需求，領導人該如何利用全球化提升每一個人的生活，以免財富過於集中，造成社會的崩壞？巨型都市又該如何面對急遽成長對基礎建設和資源造成的壓力？老化的城市如何因應人口結構改變、基礎建設升級的問題？如何能留住年輕人？共享經濟對傳統經濟型態有何影響？日本、歐洲和美國該如何面對人口老化對經濟、政治與社會帶來的影響？水、食物、重要礦物等資源日益減少，領導人和市民該怎麼做才能解決供應鏈的問題，以促進社會、政治與人民生活的穩定？海岸一帶由於海平面升高，萬年一見的洪水化為百年洪災，卡崔娜、珊迪、費林、海燕等超級颶風將愈來愈頻繁，居民又該如何因應？

我們又該如何面對超犀牛，亦即決策與政治結構深層的問題？公司、家庭與個人又該如何面對這樣的挑戰？

每一個顯而易見的威脅都可分成幾個階段，當中有陷阱，也有機會。如果你了解這點，就能改變態度，從否認到接受，從無所作為到擬定計畫，也不會陷入恐慌，能儘早採取行動，或是在慘遭踐踏之後東山再起。我志願當各位的灰犀牛薩伐旅嚮導，指出因應危機五階段的原則，換言之，也就是告訴各位，如何才不會被灰犀牛踩死。

一、辨識灰犀牛。正如黑天鵝可幫我們專注於發生率極低的危機，灰犀牛則可使我們把焦點放在很可能發生、明顯但又容易忽視的危機。只要能辨識灰犀牛，我們就能把問題轉化為機會。每一個人都知道「房間裡的大象」，但刻意不提、視若無睹，以免覺得不舒服。灰犀牛也和這樣的大象類似，只是更加危險。

灰犀牛的第一個階段就是否認，因此常容易和黑天鵝混淆。把發生率高的灰犀牛視為幾乎不可能發生的黑天鵝只是一種心理防禦機制，為的是眼不見為淨，不願面對事實。你可能會問，所謂「發生率很高」是從何種時間架構來看。我們可以這麼說，事故或災難都會在一定的時間內發生。所謂天有不測風雲，人有旦夕禍福，因此我們隨時都得提防可能發生的危險。

愈早發現灰犀牛，就愈能洞視威脅。人都有不願面對真相的心理，質疑預測，對可能發生的事故掉以輕心。基於鴕鳥心態，如果我們不想知道答案，就索性不問。本書第 2、3 章提出的策略可幫我們認清危險，了解人性與預測的關係，也比較容易超越否認和刻意忽略。

別怕提出質疑，也別擔心犯錯。別太相信掌權者所言，以為什麼問題也沒有，畢竟他們傾向維持現狀，因此會抗拒改變。要小心團體迷思，堅持自己的立場。在你的公司做決策時，如果只有一種觀點、一種聲音，那會很危險。對所有不同的意見，應抱持開放的心胸。正如查布里斯和西蒙斯的經典實驗「為什麼你看不見大猩猩」，有人指出大猩猩的身影，你才知道自己的盲點何在。同樣的，如果你認真尋找灰犀牛，就比較容易看到。

二、定義灰犀牛。當然，一旦我們看到一群灰犀牛衝過來，可能嚇到魂飛魄散。我們無法一下子解決所有的問題。因此，我們必須分析問題，設定優先順序，引起眾人的注意，好讓掌權人拿出行動。

你如何診斷、怎麼看一個問題，會影響到別人的反應和結果。你是否認為換一個 57 美分的點火開關太麻煩，而且要花太多錢？如果不換，則會使消費者送命，公司損失幾十億美元，甚至可能關門大吉，這樣難道划得來？如果一個問題會使你的投資現在損失 30%，不馬上解決，不久恐怕就會損失 75%。明白這點，你就知道如何當機立斷。

在公司生意興隆時，似乎不會注意到一些問題，等到利潤變薄，才會上緊螺絲。幾十年來，哈雷機車這家傳奇車廠不怎麼在意效率低落、曠職率高，員工標榜自行其是、獨斷獨行的文化。亞當・戴維森（Adam Davidson）在《紐約時報雜誌》剖析這家公司：「在金融風暴以前，哈雷根本不擔心公司效率問題。」2009年，消費者已難以負擔哈雷機車這樣的奢侈品，為了生存，哈雷機車不得不大刀闊斧進行改革，包括裁員、凍薪，提升生產線效率。他們發現，調整好一個塑膠扣具的角度，可使生產線節省1.2秒。即使1.2秒微不足道，在員工人數相同的條件下，卻可使公司一年多生產2,200部以上的機車，營收增加幾百萬美元。[9] 經歷金融風暴的打擊，哈雷才知道公司問題何在，並能及時因應。但如果管理階層早一點發現生產線效能的問題，就不會面臨差點要關門大吉的危機。

尋找一種能打動人心的方式來傳送訊息，就能讓人注意危險。澳洲墨爾本新的輕軌電車上路時，就製作了一支廣告，以提醒喜歡一邊走路一邊打手機簡訊的低頭族小心電車，特別是18歲到30歲的年輕人。廣告中，一群溜著滑板的犀牛猛衝過來，路上行人倉惶而逃。這時，廣告配音響起：「一輛電車的重量和30頭犀牛差不多。」然而，有個年輕人因為戴耳機過馬路，渾然不知電車就快撞上自己。

三、不要站在原地不動。如果你無法一下子推動大改革，可以考慮循序漸進來做。也許，你必須暫時在原地踏步，但這麼做是為了前進。

不管是過於興奮或是陷入低潮、停滯，我們都可能會被直覺和理性欺騙。如果可能，預先擬定計畫並好好實行。例如在颶風和龍捲風頻繁的地區，居民從小就在防災演習中知道該怎麼做。最好能創造自動行動觸發反應，以免你的判斷被恐慌影響。

即使我們不知道危險是否會來臨，仍應事先預防，如扣上安全帶、買保險、把起士堡換成沙拉、打流感預防針、做運動等。儘管我們不曾發生車禍、房子遭到天災損壞或是生重病、得流感，都得小心防範。畢竟一分預防勝過十分治療。

四、危機也是轉機。有時最大的問題並非如我們所想。在創造性的破壞來臨之時，我們所面臨的威脅是即將被淘汰，還是沒能跟上這股風潮？有時，要阻擋未來的犀牛，最好的時機就是災難剛過，大家記憶猶新之時。如果你不幸遭到踩踏，還是得站起來，看看是不是有新的路可以走。所謂禍兮福之所倚，災難也會帶給人意想不到的機會。

芝加哥人仍念念不忘 1871 年 10 月 8 日發生的那場大火。這場大火焚毀的街區約 7.77 平方公里，造成 300 人喪生，18,000 棟房子被毀，10 萬人無家可歸，損失以今日幣值計算達 40 億美元。這場火災源於凱瑟琳・歐萊利（Catherine O’Leary）的牲口棚。那晚，她養的一頭乳牛踢翻油燈。煤油滲透到地板和乾草，火苗立即竄上棚頂，引發熊熊大火。

由於那一帶都是木造老舊建築，焚毀後則以磚塊和石頭重建，很多建築直到今天依然屹立。芝加哥正是因為這場火災而獲得新生，街道有了新的規劃，垃圾不再堆在馬路上。距離市中心很近的格蘭特公園（Grant Park），則是大火後清理出來的數百萬噸瓦礫沿密西根湖堆積而成。[10]

史學家認為，芝加哥浴火重生，才能在 1893 年舉辦哥倫布紀念博覽會。那場在 1871 年發生的大火等於點燃了芝加哥的科技發展。因此，芝加哥 1871 年大火的故事重點不是火災，而是接下來的進展：讓最傑出的工程師、建築師和發明家得以聚在一起，打造一座新的城市。這些人的熱情與創新不只改變了芝加哥，也塑造了現代世界的面貌。

其實，這場火災是可以預見的。那年夏天特別乾旱，早秋時分，焦乾的落葉已鋪天蓋地，讓芝加哥的木造建築和橋梁陷入險境。《芝加哥論壇報》（*Chicago Tribune*）的記者在火災前幾天報導說：「連續三週乾旱無雨，只要星星之火，就可燒盡這個城市。」儘管消防局要求設置新的消防栓、更大的自來水總管道、更多的人力和兩艘消防船，實施全面的建物消防檢查，市府卻未能配合。[11]

五、待在下風處。儘管威脅仍遠在天邊，最好的領導人已開始採取行動。而我們通常在問題容易解決時，才比較可能著手。如果問題比較複雜，往往會拖到最後，才會行動，這時通常得付出極高的代價，而且成功率不高。

待在下風處的策略有二。首先，盯著地平線看，提防任何看來似乎還遙遠的威脅。其次，從根本去了解問題，做決斷，然後採取行動。決策的過程可能受到團體迷思的影響以及被不良誘因牽著鼻子走。分配資源要著眼於長期計劃，不要浪費在短期。

在風平浪靜、天下太平之時要推動變革必然很困難。在這種情況之下，可先擬定計畫，以防範無可避免的災難，到時候就知道如何採取行動。

六、眼觀四方，耳聽八方，留意犀牛的蹤跡。要因應危機，首先必須要找到灰犀牛。這就像是在野外看犀牛，是需要練習的技能。

每一個人都可以看到灰犀牛，然後請求別人一起來設想解決之道，並把思想化為行動。第 9 章提到的歐蘭吉曾說：「大家都看得出來需要怎麼做，最難的還是行動。如果沒有人挺身而出，就什麼也解決不了。」她不斷給予企業這樣的忠告。如我們在第 7 章的討論，最成功的公司就是要能了解，公司內部必須有人出來推行，才會產生結構性的改變。

這樣的人敢於和群體的意見抗衡，致力於消滅不良誘因並鼓舞他人。他們似乎有點瘋狂。總之，要有挺身而出的勇氣，願意犧牲，才能推動變革。

不達目標，絕不罷休

米曉娜（Mina Guli）就是能看到灰犀牛危機的人。她的初衷是為了水。她生長在乾旱的澳洲，從小就知道在洗手和沖澡時如何節約用水。她的父母在家裡放了很多桶子集水，再重複利用，不願浪費每一滴水。她還記得，有時因為乾旱，購物中心就得把噴泉關掉。她回憶說：「我們看水壩的水位愈來愈低，一顆心也一直往下沉。」她後來攻讀環境保護法和財務，開創碳金融業務，而且到北京與人共同創立沛雅霓資本公司（Peony Capital），以 4 億歐元的資金向中國減碳計畫提供資本與技術方面的支援。

她在 2011 年世界經濟論壇與雀巢執行長布拉貝克－萊特馬斯共同主持一場座談會時有所頓悟。一是人類社會用水總量只有 5%是在家戶內的民生用水，其他 95%都在家戶之外：光是種植棉花、製造一件 T 恤就得使用 2,700 公升的水；製造一條牛仔褲則需 11,000 公升的水；一份漢堡則需 2,350 公升的水。（米曉娜則不吃漢堡——她是素食者。）第二是有很多組織視水為清潔和衛生議題，沒從需求面來看。但她童年的經歷告訴她：「我們快把水耗盡了，因為我們用水的速度太快，來不及補充。」

米曉娜知道水資源短缺的問題已到了燃眉之急，刻不容緩。水就是她畢生努力的志業。於是她辭去工作，創立名為「渴望」（Thirst）的公益組織，希望發動年輕人改變世人用水的方式。

「渴望」的第一個計畫是在 2013 年 11 月，在北京號召近 2,000 位學生站在一起，以締造金氏世界紀錄——世界上最多人組成的水龍。「渴望」更和中國 18 個省份超過 100 間學校和 120 個社團合作，希望喚起人們對於消費如何影響世界水資源供給的認知，並舉辦了學生節水創新競賽。

2013年4月，她在撒哈拉舉辦馬拉松活動，希望引發各界注意到水資源短缺的危機。她才跑7公里，就覺得大腿痛得不得了。她說：「我坐在大石頭上，心想，這實在太糟了。如果我放棄不跑，也沒什麼好丟臉的。但我繼而想起這次活動所要傳達的訊息：如果碰上困難，你可以放棄，但是你也可以勇敢站起來，不要被擊倒。」於是，她繼續跑下去，完成全程243公里的距離。她回到家後，醫師發現她的臀骨出現兩道裂痕。

但是她還想把訊息傳給更多的人。她想，如果她要吸引媒體的注意，就得做更瘋狂的事。她從路易斯・皮武（Lewis Pugh）的創舉得到靈感。皮武是南非律師，被譽為「游泳界的希拉里爵士（Sir Edmund Hillary of swimming）」，為了吸引世人注意到北極海冰融化的問題，而游泳橫渡北極。儘管米曉娜還在用枴杖走路，已在策劃下一個計畫：在七週內、七個大陸、跑過七個沙漠，目標在2016年2月世界水資源日完成。米曉娜說：「只有瘋狂、堅持到底，才能讓人注意到問題。然而光是指出問題還不夠，你必須承諾，而且不斷努力。不達目標，絕不罷休。」

遲早的事

1911年1月，老羅斯福在《國家地理雜誌》發表了一篇文章，談到他的遊獵經驗：「真是奇妙啊，我們一下子就順應自然了。」在那次的旅程中，有一位非洲記者被一頭怒氣沖沖的犀牛撞到半空中而受了傷。他寫道：「如果你拜託人幫你把犀牛趕走，那個人可能會瞪著你，用不可思議的語氣對你說：這裡是非洲，這是遲早會發生的事。如果你太靠近犀牛，很可能會被撞到，不管你是愚蠢、害怕或是生氣。問題是，沒有人知道犀牛究竟會不會衝向你。」[12]

老羅斯福的描述很正確。就算我們看到犀牛，並不表示我們能及時脫身，把威脅化為機會而從中獲利。但是，如果犀牛就在眼前，我們還視而不見，就肯定會被踩死。灰犀牛思考是顧及現實，審慎樂觀。你一定得要有開放的心靈，而且打開耳朵，即使是厭惡的事，也得去想、去聽，才能及時採取行動，躲避危險。如果你夠樂觀，你就有很大的機會可以成功，把威脅變成機會。

我雖然不像迪士尼電影《快樂小天使》裡面的寶琳安娜（Pollyanna）那樣天真、快樂，仍可算是個樂觀者。本書已有足夠的例證，讓我們看到領導人如何因應在個人生活、企業、社會和世界出現的灰犀牛。他們不但能夠發現問題，而且致力於問題的解決。因此，我想要以一個充滿希望的故事作結。

一個冬日，我去芝加哥林肯公園動物園看金恩。金恩是一隻東部黑犀牛，將近兩年前在這個動物園出生的。動物園的非洲區空氣溫暖、潮溼，我經過狐獴和山羚的身邊。大衛流行病和內分泌研究中心（Davee Center for Epidemiology and Endocrinology）的主任瑞秋・山狄麥爾（Rachel Santymire）歡迎我的來到。山狄麥爾曾在南非東開普省研究犀牛的基因、社交型態和環境壓力因子。她藉由犀牛糞便樣本和睡眠型態（在柵欄設置隱藏攝影機），為動物園的犀牛減少壓力。在最近盜獵事件猖獗之前，大部分的研究已開始進行。山狄麥爾很擔心犀牛的未來。她說：「我的研究未來必然會對犀牛有幫助，但必須先讓犀牛族群生存下去。」根據最近發表的一篇報告，野生白犀牛最早可能會在2026年滅絕。她提到這篇報告時，眼睛泛著淚光。「到那時，我兒子已經10歲。我要怎麼跟他說呢？說她媽媽本來是研究犀牛的專家，但是她再也不能繼續這樣的研究，因為世界上已沒有犀牛？如果沒有犀牛，誰還願意支持棲地保護？」

這也就是為何林肯公園動物園的犀牛如此重要：除非更多人了解犀牛的珍貴，就很難拯救牠們。公眾教育是計畫的一部分。如果你沒看過犀牛，怎麼會想對牠們伸出援手？

小犀牛金恩的母親卡普基已10歲大，重達1,180公斤。牠喜歡玩巨大的塑膠桶、照鏡子，也很親人。動物園引進卡普基是希望牠能和動物園的公犀牛馬庫交配，生育下一代。牠是美國動物園及水族館協會（Association of Zoos and Aquariums）所屬物種保育計畫著眼於基因的多樣性，透過資料庫挑選出來的。卡普基與馬庫因此被送作堆。十四個月又兩個星期後，小金恩來到這個世上。上次動物園有小犀牛出生，已是1989年的事了。金恩出生時，只有27公斤，滿週歲前吸引了很多遊客前來看牠。

現在金恩已快2歲，身形幾乎和媽媽一樣龐大，但是牠還是像個害羞的小寶寶。這對母子一起吃苜蓿和青草時，金恩總是躲在媽媽後面，不時伸出頭來偷覷。卡普基果然是頭親人的犀牛，會走到柵欄前方，讓我看個仔細。牠的嘴唇很厲害，可以把一大束苜蓿捲進口中。以野外的黑犀牛而言，牠們的嘴唇就像拇指，可把枝葉送進嘴裡。牠們的近親白犀牛因為嘴唇寬闊，就無法這麼做。

犀牛到 6 歲左右，已達性成熟階段。金恩到 4 歲左右，依照物種保育計畫，動物園也許必須把牠送到另一個動物園，和那裡的母犀牛繁衍子代。不管如何，這不是林肯公園動物園能決定的。也有可能另一頭母犀牛會過來做牠的新娘。

金恩終究是個好奇心強的寶寶，願意走出來探險。犀牛通常在 2 歲左右離乳。金恩有時還會輕柔的躺下來，用角去碰觸媽媽的肚子。卡普基輕輕翻身，看著我們，眼神順從、柔和。儘管這個世上仍常常傳出犀牛遭到宰殺的壞消息，在一刻，這對犀牛母子的互動，還是讓我們心生希望。這個巨大的寶寶代表新的開始，也是無數保育人員無私奉獻的結果。因為他們，這個自史前時代已在地球上漫步的物種才能繼續生存下去，繁衍子子孫孫。

我們已踏出了拯救犀牛的第一步，使牠們免於滅絕。也許，這本書也能幫助你辨識危機，開創自己的生路。

致謝

我要在此衷心感謝我的出版經紀人安德魯・史都華（Andrew Stuart）與本書編輯喬治・威特（George Witte）。這兩位從灰犀牛概念形成之初就大力支持，而且在寫書的過程中，給我許多回饋意見。我也要感謝我的演講經紀人明視集團的 Tom Neilssen，他總是馬上了解我的意思。聖馬丁出版公司（St. Martin's Press）的團隊是一流的，包括 Carol Anderson、Amelie Little、Kate Ottaviano 與 Sara Thwaite。

我也要感謝世界經濟論壇所有青年領袖給我的靈感、友誼、指引、建議、鼓勵。他們思慮周密，且有過人的見解，不吝與我意見交流。特別感謝以下諸位：Analisa Balares、Georgie Benardete、Katharina Borchert、Binta Brown、馬修・畢夏普（Matthew Bishop）、妲娜・柯斯達許（Dana Costache）、Michael Drexler、Sophal Ear、Rossanna Figuera、Stephen Frost、James Gifford、Elissa Goldberg、米曉娜（Mina Guli）、Hrund Gunnsteinsdottir、Avril Halstead、Dave Hanley、諾瑞娜・赫茲（Noreena Hertz）、Brian Herlihy、Brett House、Terri Kennedy、Sony Kapoor、Valerie Keller、Peter Lacy、

Tan Le、劉佩琪(Peggy Liu)、Christopher Logan、Leslie Maasdorp、Butet Manurung、Felix Maradiaga、Greg McKeown、Erwan Michel-Kerjan、Akira Kirton、Kevin Lu、Jaime Nack、納席德・南施(Naheed Nenshi)、奧利佛・尼德邁爾(Oliver Niedermaier)、Olivier Ouillier、Eric Parrado、Mitchell Pham、齋藤浩幸、Sonja Sebotsa、Lara Setrakian、班・史金納(Ben Skinner)、Lorna Solis、Ray Sosa、Mark Turrell 及安迪・魏爾斯(Andy Wales)。謝謝這些夥伴為我指認他們的灰犀牛，並準備把這些威脅化為機會。

感謝克勞斯與希爾德・史瓦伯(Klaus and Hilde Schwab)對青年領袖論壇的支持，很多社群的人因而決定挺身而出改變世界。我也要特別謝謝青年領袖論壇的幹部，包括 David Aikman、Adrian Monck、John Dutton、長尾俊(Shun Nagao)、Eric Roland、Jo Sparber、Miniya Chatterjee、Katherine Brown、Merid Berhe、Shareena Hatta、Rosy Mondarini。

我決定寫這本書之後，即開始在哈佛大學甘迺迪學院公共領導中心為青年領袖論壇舉辦的 21 世紀全球領導力與公共政策研討會討論灰犀牛的議題。非常感謝籌劃、指導這次研討會的教授，特別是愛麗絲・波奈特(Iris Bohnet)、馬札林・巴納吉(Mahzarin Banaji)、麥斯・貝澤曼(Max Bazerman)、赫曼・里歐納德(Herman "Dutch" Leonard)、比爾・喬治(Bill George)，計畫主任 Leticia DeCastro，以及我在真北領導圈(True North Leadership Circle)的朋友。感謝世界經濟論壇、凱雷集團(Carlyle

Group）的 David Rubenstein、喬治家庭基金會（Bill & Penny George Family Foundation）、Marilyn Carlson Nelson 及 Howard Cox, Jr. 等人的大力支持。

本書有些想法受益於世界政策研究所（World Policy Institute）與新美國研究所（New America）舉辦的世界經濟圓桌會議。感謝圓桌會議的創辦人 Sherle Schwenninger。圓桌會議的成員給我許多寶貴的問題、意見與建議。

在我構思《灰犀牛》之初，我在世界政策研究所的同事 Ian Bremmer 與 Mira Kamdar 就給我熱情的支持，謝謝他們。感謝這個研究機構許多創新思想家的協助，包括 Annika Christensen、Amanda Dugan、Brendan Foo、Dara Gold、Michael Lumbers 和 Alice Wang。特別謝謝世界政策研究所的顧問 Bill Bohnett。在我打算用犀牛的意象時，他讓我了解不管犀牛是黑、是白，看起來都是灰的。世界政策研究所的主任和其他顧問也給我許多鼓勵和點子。謝謝下列諸位：Jim Abernathy、Peter Alderman、John Allen、Henry Arnhold、Jonathan Fanton、Diane Finnerty、Michael Fricklas、Diana Glassman、Sam Eberts、Nadine Hack、漢斯・休姆斯（Hans Humes）、Martin Kaplan、Elise Lelon、彼得・馬伯（Peter Marber）、Michael Patrick、Jack Rivkin、George Sampas、Mojgan Skelton、Mary Van Evera、John Watts、Rosemary Werrett 與 Debbie Wiley。特別感謝 Dieter Zander 在共進下午茶時，給我的友誼、問題與回饋。

我要謝謝我在芝加哥全球事務理事會的同事與領導力協會的學者，感謝他們和我一起腦力激盪。墨爾本輕軌電車幻化為犀牛用滑板的公益廣告就是麥克阿瑟基金會的領導力學者 Emma Belcher 告訴我的。

我也要在此感謝諸多受訪者，謝謝他們提供想法、資料和線索。沒有他們，本書就無法完成。他們是丹尼爾・艾爾伯特（Daniel Alpert）、Steve Blitz、Michelle Garcia、Robert Hardy、Constance Hunter、Bob Kopech、Orlyn Kringstad、Jeff Leonard、John Mauldin、Terry Mollner、Sam Natapoff、Yalman Onaran、Dan Sharp、Frank Spring、Devin Stewart、David Teten、Tom Vogel、Eric Weiner 和 Worth Wray。也感謝下列人士在南非給我的幫助：犀牛考察團（Rhino Expeditions）的 Leigh-Ann Combrink、Dipak Patel、邦哈尼旅館（Bongani Mountain Lodge）的工作人員。關於犀牛研究，謝謝 Cathy Dean、Susie Ellis、Jo Heindel、Ashli Sisk 與林肯公園動物園給我的協助。

我還要感謝所有在臉書和推特上與我意見交流的朋友，還有我在 94 街的鄰居、關懷流浪動物協會的義工、我在紐約上西區的朋友，我現在的鄰居，以及我現在居住的城市——芝加哥。

我為了寫作，成天坐在電腦前，然而還有很多友人一直在鼓勵我，耐心等待我，與我共享衣索比亞薄餅、壽司、96 街的塔可餅和萊姆派。他們是 Aaron and Randi Biller、Mary D'Ambrosio、Joe Harkins、Deb Kayman、Anne Kornhauser、Jean Leong、

Margarita Perez、Maria-Caroline Perignon、Leigh Sansone、Carol Spomer。謝謝 Daniel Grayson 為我在達沃斯的灰犀牛演講設計圖形。他和可愛的 Flo Lyle 甚至在我旅行時幫我照顧我的愛犬 Mitzi。我最要好的朋友 Amy Waldman 也給我許多編輯上的寶貴意見。

最後，我要謝謝我的家人給我的愛與支持，特別是我的父母艾德和丹妮。我的姪女卡珊德拉還幫我找資料。還有我的「小犀牛」比莉。當我在書桌前坐了老半天，她就會拉我去公園散步。謝謝妳，我的小寶貝。

注解

序

1. Michele Wucker. "Chronicle of a Debt Foretold." New America Foundation, May 2, 2011.
2. The New Climate Project. Better Growth, Better Climate. London: Global Commission on Climate and the Economy, 2014. http://newclimateeconomy.report.
3. Nelson Nygaard Consulting Associates. "Blueprint for the Upper West Side." November 2008.
4. http://transalt.org/sites/default/files/news/reports/UWS_Blueprint.pdf.
   Nelson Nygaard. "West 96th Street and Environs Pedestrian Safety and Circulation Study." November 2013. http://www.nyc.gov/html/mancb7/downloads/pdf/Manh_CB7_West96_Study_complete.pdf.
5. Thomas Tracy and Tina Moore. "Pedestrian Deaths from Vehicle Strikes Are Quickly Rising in New York City." *New York Daily News*, January 13, 2014. http://www.nydailynews.com/new-york/pedestrian-deaths-auto-strikes-rise-nyc-article-1.1577396.

第1章 灰犀牛來了

1. Cathy Booth Thomas and Frank Pellegrini. "Why Dynegy Backed Out." *Time*,

December 3, 2001. http://content.time.com/time/business/article/0,8599,186834,00.html.

2. Brian Kahn. "Record Number of Billion-Dollar Disasters Globally in 2013." *Climate Central*, February 5, 2014. http://www.climatecentral.org/news/globe-saw-a-record-number-of-billion-dollar-disasters-in-2013-17037.
3. WWAP (United Nations World Water Assessment Programme). *The United Nations World Water Development Report 2015: Water for a Sustainable World.* Paris, UNESCO 2015.
4. Kingsley Oghobor. "Africa's Youth: Ticking Time Bomb or Opportunity?" *Africa Renewal*. May 2013. http://www.un.org/africarenewal/magazine/may-2013/africa%E2%80%99s-youth-%E2%80%9Cticking-time-bomb%E2%80%9D-or-opportunity.
5. Accenture and United Nations Global Compact. Study Lead, Peter Lacy. "Architects of a Better World." September 2013. http://www.accenture.com/Microsites/ungc-ceo-study/Documents/pdf/13-1739_UNGC%20report_Final_FSC3.pdf.
6. "Typhoon of Historic Proportions Slams Philippines, Brings Worries of Catastrophic Damage." *Washington Post*, November 8, 2013.
7. International Monetary Fund. *World Economic Outlook 2007*. Washington, DC: October 2007. 也可參看Bank for International Settlements. "77th Annual Report: 1 April 2006–31 March 2007." Basel, June 2007. http://www.bis.org/publ/arpdf/ar2007e.pdf。
8. Alan Greenspan. "Never Saw It Coming: Why the Financial Crisis Took Economists by Surprise." *Foreign Affairs*. November/December 2013. http://www.foreignaffairs.com/articles/140161/alan-greenspan/never-saw-it-coming.
9. Jack W. Brittain, Sim Sitkin. "Carter Racing." Delta Leadership: 1986, revised 2006.
10. Max Bazerman. *The Power of Noticing: What the Best Leaders See*. New York: Simon & Schuster, 2014.

11. 參看A. Gary Shilling在1993年2月出刊的《富比士》發表的文章（頁236），但原始出處不明。http://quoteinvestigator.com/2011/08/09/remain-solvent/.
12. Michael Lewis. *The Big Short: Inside the Doomsday Machine*. New York: Norton, 2010.
13. Jeff Chu. "How the Netherlands Became the Biggest Exporter of Resilience." *Fast Company*, November 1, 2013. http://www.fastcoexist.com/3020918/how-the-netherlands-became-the-biggest-exporter-of-resilience#1.

第2章　預測的問題

1. "Vote: Worst Financial Prediction of 2013." PunditTracker. http://blog.pundittracker.com/vote-worst-financial-prediction-of-2013/. Accessed 2014; dead link September 2015.
2. Joby Warrick and Chris Mooney. "Effects of Climate Change 'Irreversible,' U.N. Panel Warns in Report." *Washington Post*, November 2, 2014. http://www.washingtonpost.com/national/health-science/effects-of-climate-change-irreversible-un-panel-warns-in-report/2014/11/01/2d49aeec-6142-11e4-8b9e-2ccdac31a031_story.html.
3. Tali Sharot. *The Optimism Bias: A Tour of the Irrationally Positive Brain*. New York: Vintage, 2011.
4. David Lazer, Ryan Kennedy, Gary King, and Alessandro Vespignani. The Parable of Google Flu: Traps in Big Data Analysis. *Science*. March 14, 2014: Vol. 343 no. 6176 pp. 1203-1205. DOI:10.1126/science.1248506.
5. James Surowiecki. *The Wisdom of Crowds: Why the Many Are Smarter Than the Few and How Collective Wisdom Shapes Business, Economies, Societies, and Nations*. New York: Doubleday, 2004.
6. Nate Silver. *The Signal and the Noise: Why So Many Predictions Fail—But Some Don't*. New York: Penguin Press, 2012.
7. Geoffrey K. Pullum. "No Foot in Mouth." University of Pennsylvania blog. December 2, 2003. http://itre.cis.upenn.edu/~myl/languagelog/archives/000182.

html.
8. Herodotus. *The Histories*, 409.
9. Herodotus. *The Histories*, xxvi.
10. Olivier Oullier. "Behavioral Finance and Beyond." *Perspectives* (special edition on asset allocation by risk factor), 2013. http://oullier.free.fr/files/2013_Oullier_Perspectives_Behavioral-Finance-Decision-Neuroeconomics-Bias-Neuroscience-Economics.pdf.
11. Noreena Hertz. *Eyes Wide Open: How to Make Smart Choices in a Confusing World.* New York: HarperBusiness, 2013. The study she cites is by Jan Engelmann, C. Monia Capra, Charles Noussair, and Gregory S. Berns. "Expert Financial Advice Neurobiologically 'Offloads' Financial Decision-Making Under Risk."
12. Barbara Mellers and Michael C. Horowitz. "Does Anyone Make Accurate Geopolitical Predictions?" *Washington Post Monkey Cage*, January 29, 2015. http://www.washingtonpost.com/blogs/monkey-cage/wp/2015/01/29/does-anyone-make-accurate-geopolitical-predictions/. See also their 2015 scholarly study of the project, "The Psychology of Intelligence Analysis: Drivers of Prediction."
"Accuracy in World Politics." *Journal of Experimental Psychology: Applied* 21, no. 1: 1–14. http://www.apa.org/pubs/journals/releases/xap-0000040.pdf.
13. David Brooks. "Forecasting Fox." *The New York Times*, March 21, 2013. http://www.nytimes.com/2013/03/22/opinion/brooks-forecasting-fox.html.

第3章　否認：為什麼我們看不到灰犀牛？

1. Luisa Kroll. "Crazy Comeback: The Man Many Blamed For The Economic Meltdown Is a Billionaire Again." *Forbes*, March 23, 2015. http://www.forbes.com/sites/luisakroll/2015/03/03/crazy-comeback-from-near-bankruptcy-back-to-icelands-only-billionaire/.
2. Robert M. Sapolsky. *Why Zebras Don't Get Ulcers: The Acclaimed Guide to Stress, Stress-Related Diseases, and Coping*, 3rd ed. New York: St. Martin's Press,

2004 (W. H. Freeman, 1994).

3. Elisabeth Kübler-Ross. *On Death and Dying: What the Dying Have to Teach Doctors, Nurses, Clergy and Their Own Families*. 1969. Reprint, New York: Scribner, 1997.
4. Jeffrey Young. "Obamacare Launch Day Plagued by Website Glitches." *Huffington Post*, October 1, 2013. http://www.huffingtonpost.com/2013/10/01/obamacare-glitches_n_4023159.html.
   Roberta Rampton. "Days Before Launch, Obamacare Website Failed to Handle Even 500 Users." Reuters, November 21, 2013. http://www.reuters.com/article/2013/11/22/us-usa-healthcare-website-idUSBRE9AL03K20131122.
5. The New York Times Editorial Board. "Lessons of New York's Prison Escape." *The New York Times*, July 6, 2015. http://www.nytimes.com/2015/07/06/opinion/lessons-of-new-yorks-prison-escape.html.
   Michael Winerip, Michael Schwirtz, and Vivian Yeejune. "Lapses at Prison May Have Aided Killers' Escape." *The New York Times*, June 21, 2015. http://www.nytimes.com/2015/06/22/nyregion/new-york-prison-escape-an-array-of-oversights-set-the-stage.html.
6. Eric Schmitt. "Use of Stolen Passports on Missing Jet Highlights Security Flaw." *The New York Times*, March 10, 2014. http://www.nytimes.com/2014/03/11/world/asia/missing-malaysian-airliner-said-to-highlight-a-security-gap.html.
7. Darryl Fears. "Before the Washington Mudslide, Warnings of the Unthinkable." *Washington Post*, March 29, 2014. http://www.washingtonpost.com/national/health-science/before-the-washington-mudslide-warnings-of-the-unthinkable/2014/03/29/0088b5f2-b769-11e3-b84e-897d3d12b816_story.html.
8. Timothy Egan. "A Mudslide, Foretold." *The New York Times*, March 29, 2014. http://www.nytimes.com/2014/03/30/opinion/sunday/egan-at-home-when-the-earth-moves.html.
9. Ian Mitroff with Gus Anagnos. *Managing Crises Before They Happen: What Every Executive Needs to Know About Crisis Management*. New York: American

Management Association, 2002.

10. Atul Gawande. "A Lifesaving Checklist." *The New York Times*, December 30, 2007. http://www.nytimes.com/2007/12/30/opinion/30gawande.html.
11. Atul Gawande. *The Checklist Manifesto: How to Get Things Right*. New York: Picador, 2009.
12. Alan Greenspan. "Never Saw It Coming." *Foreign Affairs*, November/December 2013.
13. "FOMC: Transcripts and Other Historical Materials, 2008." http://www.federalreserve.gov/monetarypolicy/fomchistorical2008.htm.
14. Carolyn Kousky, John Pratt, and Richard Zeckhauser. "Virgin Versus Experienced Risks." In Erwann Michel-Kerjann and Paul Slovic, eds., *The Irrational Economist: Making Decisions in a Dangerous World*. New York: PublicAffairs, 2010.
15. Carmen M. Reinhart and Kenneth S. Rogoff. *This Time Is Different: Eight Centuries of Financial Folly*. Princeton: Princeton University Press, 2009.
16. Sheelah Kolhatkar. "What If Women Ran Wall Street?" *New York*, March 21, 2010. http://nymag.com/news/businessfinance/64950/.
17. Catalyst. "The Bottom Line: Corporate Performance and Women's Representation on Boards." http://www.catalyst.org/media/companies-more-women-board-directors-experience-higher-financial-performance-according-latest.
18. "Mining the Metrics of Board Diversity." Thomson Reuters, July 20, 2013. http://thomsonreuters.com/press-releases/072013/Average-Stock-Price-of-Gender-Diverse-Corporate-Boards-Outperform-Those-with-No-Women.
19. S. E. Asch. 1955. Opinions and Social Pressure. *Scientific American* 193: 31–35.
20. Stanley Milgram. "Which Nations Conform Most?" *Scientific American*, December 1, 2011. http://www.scientificamerican.com/article/milgram-nationality-conformity/. Originally published in vol. 205, no. 6 of *Scientific American* in December 1961.
21. Steven Liu. Wowprime Corporation Presentation, http://www.wowprime.com/

investor/2013.3.11-HSBC%E7%94%A2%E6%A5%AD%E8%AB%96%E5%A3%87-%E8%8B%B1%E6%96%87.pdf.

"Wowprime's Key to Success—People First!" April 1, 2012. Taiwan in Depth via Taiwan Panorama. http://taiwanindepth.tw/ct.asp?xItem=189601&CtNode=1916. See also Joyce Huang, "Taiwan's Wowprime Attracts Eaters and Eager Employees." *Forbes*, August 29, 2012. http://www.forbes.com/sites/forbesasia/2012/08/29/wowprime-restaurants-attract-eaters-and-eager-employees/.

22. Noreena Hertz. *Eyes Wide Open*. HarperBusiness, 2013.
23. Robert N. Proctor. "Agnotology: A Missing Term to Describe the Cultural Production of Ignorance (And Its Study)." In *Agnotology: The Making and Unmaking of Ignorance*. Stanford, CA: Stanford University Press, 2008. http://scholar.princeton.edu/rccu/publications/agnotology-missing-term-describe-cultural-production-ignorance-and-its-study.
24. Naomi Oreskes and Michael Conway. *Merchants of Doubt: How a Handful of Scientists Obscured the Truth on Issues from Tobacco Smoke to Global Warming*. New York: Bloomsbury Press, 2010.
25. Peter C. Frumhoff and Naomi Oreskes. "Fossil Fuel Firms Are Still Bankrolling Climate Denial Lobby Groups." *Guardian*, March 25, 2015. http://www.theguardian.com/environment/2015/mar/25/fossil-fuel-firms-are-still-bankrolling-climate-denial-lobby-groups. See also Robert J. Brulle. "Institutionalizing Delay: Foundation Funding and the Creation of U.S. Climate Change Counter-Movement Organizations." *Climactic Change*, December 21, 2013. More details are at: http://drexel.edu/now/archive/2013/December/Climate-Change/.
26. Pew Research Center. "Climate Change and Financial Instability Seen as Top Global Threats." Survey Report. June 24, 2013. http://www.pewglobal.org/2013/06/24/climate-change-and-financial-instability-seen-as-top-global-threats/.
27. Beat Balzli. "Greek Debt Crisis: How Goldman Sachs Helped Greece to Mask Its True Debt." *Spiegel Online International*, February 8, 2010. http://www.spiegel.

de/international/europe/greek-debt-crisis-how-goldman-sachs-helped-greece-to-mask-its-true-debt-a-676634.html.

28. Max H. Bazerman. *The Power of Noticing: What the Best Leaders See*. New York: Simon & Schuster, 2014. See also Max H. Bazerman and Michael D. Watkins. *Predictable Surprises: The Disasters You Should Have Seen Coming and How to Prevent Them*. Boston: Harvard Business School Press, 2004.
29. Michael Greenstone. "See Red Flags, Hear Red Flags." *The New York Times*, December 8, 2013. http://www.nytimes.com/2013/12/08/opinion/sunday/see-red-flags-hear-red-flags.html.
30. Christopher Chabris and Daniel Simons. *The Invisible Gorilla: How Our Intuitions Deceive Us*. New York: Broadway Paperbacks, 2009.

第4章　不作為：為什麼看到犀牛還不快跑？

1. United Nations Department of Economic and Social Affairs, Population Division. *World Urbanization Prospects 2014*. http://www.un.org/en/development/desa/news/population/world-urbanization-prospects-2014.html.
2. McKinsey Global Institute: "Infrastructure Productivity: How to Save $1 Trillion a Year." January 2013.
3. Charley Cameron. "UN Report Finds the Number of Megacities Has Tripled Since 1990." *Inhabitat*, October 8, 2014. http://inhabitat.com/un-report-finds-the-number-of-megacities-has-tripled-in-since-1990/.
4. "Not So Golden." *The Economist*, November 30, 2013.
5. Institute for Health Metrics and Evaluation. *The State of US Health: Innovations, Insights, and Recommendations from the Global Burden of Disease Study*. Seattle, WA: IHME, 2013. http://www.healthdata.org/policy-report/state-us-health-innovations-insights-and-recommendations-global-burden-disease-study.
6. Robert Kegan and Lisa Lahey. *Immunity to Change: How to Overcome It and Unlock the Potential in Yourself and Your Organization*. Cambridge, MA: Harvard Business Review Press, 2009.

7. Centers for Disease Control and Prevention. "Prevalence of Childhood Obesity in the United States, 2011–2012." http://www.cdc.gov/obesity/data/childhood.html.
8. Michael Moss. "The Dopest Vegetable." *The New York Times Magazine*, November 3, 2013. http://www.nytimes.com/2013/11/03/magazine/broccolis-extreme-makeover.html.
9. Erik Sofge. "The Minnesota Bridge Collapse, 5 Years Later." *Popular Mechanics*, August 1, 2012. http://www.popularmechanics.com/technology/engineering/rebuilding-america/the-minnesota-bridge-collapse-5-years-later-11254114.
10. Minnesota Department of Transportation and Economic Development. "Economic Impacts of the I-35W Bridge Collapse." http://www.dot.state.mn.us/i35wbridge/rebuild/pdfs/economic-impacts-from-deed.pdf.
http://www.minnpost.com/politics-policy/2008/09/officials-hail-new-i-35w-bridge-and-workers-who-made-it-happen.
11. American Society of Civil Engineers. "2013 Report Card for America's Infrastructure." http://www.infrastructurereportcard.org/.
12. Myles Udland. "America's Old Bridges Are a Problem." *Business Insider*, January 18, 2015. http://www.businessinsider.com/goldman-on-american-infrastructure-2015-1.
13. The World Bank. *World Development Report 1994: Infrastructure for Development*. Washington, DC: June 1994.
14. Dan Ariely. *Predictably Irrational: The Hidden Forces That Shape Our Decisions*. 2008. Revised and expanded edition, New York: Harper Perennial, 2010.
15. Daniel Kahneman. *Thinking, Fast and Slow*. New York: Farrar, Straus & Giroux, 2011.
16. Vladimir Popov. "Shock Therapy Versus Gradualism: The End of the Debate." *Comparative Economic Studies* 42 (Spring 2000): 1.
17. Weiying Zhang. *The Logic of the Market: An Insider's View of Chinese Economic Reform*. Washington, DC. Cato Institute: 2014.
18. Ronald Heifetz and Marty Linsky. *Leadership on the Line: Staying Alive Through*

the Dangers of Leading. Cambridge, MA: Harvard Business Press, 2009.

19. Timur Kuran. "Sparks and Prairie Fires: A Theory of Unanticipated Political Revolution." *Public Choice*, Vol. 61, No. 1 (Apr., 1989) , pp. 41-74.
20. J. Levi, L. M. Segal, and C. Juliano. "Prevention for a Healthier America: Investments in Disease Prevention Yield Significant Savings, Stronger Communities." Washington, DC: Trust for America's Health, 2008. http://healthyamericans.org/reports/prevention08/Prevention08.pdf.
21. C. Schoen, S. Guterman, S. A. Shih, J. Lau, S. Kasimow, A. Gauthier, and K. Davis. "Bending the Curve: Options for Achieving Savings and Improving Value in U.S. Health Spending." New York: Commonwealth Fund, December 2007.
Josh Cable. "NSC 2013: O'Neill Exemplifies Safety Leadership." *EHS Today*. http://ehstoday.com/safety/nsc-2013-oneill-exemplifies-safety-leadership.
22. Mark Roth. " 'Habitual Excellence': The Workplace According to Paul O'Neill." *Pittsburgh Post-Gazette*, May 13, 2012. http://www.post-gazette.com/business/businessnews/2012/05/13/Habitual-excellence-the-workplace-according-to-Paul-O-Neill/stories/201205130249.
23. Tom Cohen. "Audit: More than 120,000 veterans waiting or never got care." *CNN*. June 10, 2014 http://www.cnn.com/2014/06/09/politics/va-audit/.
24. Richard P. Shannon, MD. "Eliminating Hospital-Acquired Infections: Is It Possible? Is It Sustainable? Is It Worth It?" *Transactions of the American Clinical and Climatological Association* 122 (2011): 103–14. http://www.ncbi.nlm.nih.gov/pmc/articles/PMC3116332/.

第5章　診斷：正確與錯誤的解決之道

1. 有些學者不同意這樣的解釋。參看Kees Rookmaaker. "Why the Name of the White Rhinoceros Is Not Appropriate." *Pachyderm*, January-June 2003. http://www.rhinoresourcecenter.com/pdf_files/117/1175858144.pdf。
2. Accenture and United Nations Global Compact. Study Lead, Peter Lacy. "Architects of a Better World." September 2013. http://www.accenture.com/

Microsites/ungc-ceo-study/Documents/pdf/13-1739_UNGC%20report_Final_FSC3.pdf.

3. Thomas Fox-Brewster. "195 Incidents in 10 Months: Leaked Emails Reveal Gaps in Sony Pictures Security." *Forbes*, December 12, 2014. http://www.forbes.com/sites/thomasbrewster/2014/12/12/195-security-incidents-sony-pictures-hack/.
4. Hilary Lewis. "Sony Hack: Former Employees Claim Security Issues Were Ignored." *Hollywood Reporter*, December 5, 2014. http://www.hollywoodreporter.com/news/sony-hack-employees-claim-security-754168.
5. John Gaudiosi. "Why Sony Didn't Learn From Its 2011 Hack." *Fortune*, December 24, 2014. http://fortune.com/2014/12/24/why-sony-didnt-learn-from-its-2011-hack/.
6. Richard Adhikari. "Security Firm Spills the Beans on Snapchat Vulnerabilities." *Tech News World*, December 28, 2013. http://www.technewsworld.com/story/79705.html. See also Violet Blue for Zero Day. "Researchers Publish Snapchat Code Allowing Phone Number Matching After Exploit Disclosures." *ZDNet*, December 25, 2013. http://www.zdnet.com/researchers-publish-snapchat-code-allowing-phone-number-matching-after-exploit-disclosures-ignored-7000024629/. See also Adam Caudill. "Snapchat: API & Security." Personal blog. June 16, 2012. http://adamcaudill.com/2012/06/16/snapchat-api-and-security/.
7. Gibson Security website. http://gibsonsec.org/snapchat/.
8. Barbara Ortutay. "Snapchat Finally Responds to Hack, but Doesn't Apologize." *AP/Huffington Post*, January 3, 2014. http://www.huffingtonpost.com/2014/01/03/snapchat-hack_n_4531636.html.
9. Emily Young. "Davos 2014: Hosting the rich and famous." BBC News. January 24, 2014. http://www.bbc.com/news/business-25843923.
10. Ricardo Fuentes-Nieva and Nicholas Galasso. "Working for the Few." Oxfam Briefing Paper, January 20, 2014. http://oxf.am/KHp.
11. *The Economist*. "Free Exchange: Inequality v Growth." March 1, 2014.

12. Ernest Scheyder and Liana Baker. "As Kodak Struggles, Eastman Chemical Thrives." Reuters. December 24, 2011. http://www.reuters.com/article/2011/12/24/us-eastman-kodak-idUSTRE7BN06B20111224.
13. Erik Sherman. "Kodak, Yahoo and RIM: Death Comes for Us All." CBS MoneyWatch, December 6, 2011. http://www.cbsnews.com/news/kodak-yahoo-and-rim-death-comes-for-us-all/.
14. Kodak company website. http://www.kodak.com/ek/US/en/Our_Company/History_of_Kodak/Milestones_-_chronology/1878-1929.htm.
15. Rory Cellan-Jones. "Stephen Hawking Warns Artificial Intelligence Could End Mankind." BBC News. December 2, 2014. http://www.bbc.com/news/technology-30290540.
16. Justin Moyer. "Why Elon Musk Is Scared of Artificial Intelligence—and Terminators." *Washington Post*, November 18, 2014.
17. "Elon Musk's Deleted Edge Comment from Yesterday on the Threat of AI." *Reddit*. http://www.reddit.com/r/Futurology/comments/2mh8tn/elon_musks_deleted_edge_comment_from_yesterday_on/.
18. World Economic Forum, Global Risks 2015, 10th edition. Geneva: January 2015. http://www.weforum.org/reports/global-risks-report-2015.
19. Carl Benedikt Frey and Michael A. Osborne. "The Future of Employment: How Susceptible Are Jobs to Computerization?" Oxford: September 17, 2013. http://www.oxfordmartin.ox.ac.uk/downloads/academic/The_Future_of_Employment.pdf.
20. "Still Waiting." Liana Foxvog, Judy Gearhart, Samantha Maher, Liz Parker, Ben Vanpeperstraete, and Ineke Zeldenrust. Clean Clothes Campaign and International Labor Rights Forum, 2013.
21. http://www.evb.ch/cm_data/Fatal_Fashion.pdf citing the company's website, which had been taken down by March 2014. http://s3.documentcloud.org/documents/524545/factory-profile-of-tuba-group.txt.
22. Timothy Aeppel. "Show Stopper: How Plastic Popped the Cork Monopoly." *Wall*

Street Journal, May 1, 2010. http://www.wsj.com/articles/SB10001424052702304172404575168120997013394.

23. Chris Redman. "Portugal's New Twist on the Cork Industry." *Time*, November 8, 2010. http://content.time.com/time/magazine/article/0,9171,2027774,00.html.
24. Chris Rauber. "Cork it: Many Bay Area Wine Producers Are Switching Back to Natural Cork." *San Francisco Business Times*, May 29, 2015.
25. Nicholas Carlson, "What Happened When Marissa Mayer Tried to Be Steve Jobs," December 17, 2014. http://www.nytimes.com/2014/12/21/magazine/what-happened-when-marissa-mayer-tried-to-be-steve-jobs.html.

第6章　恐慌：犀牛發動攻勢了！

1. Dan Ariely. *Predictably Irrational* (expanded and revised edition). New York: HarperCollins, 2009.
2. Michele Wucker. "Passing the Buck: No Chapter 11 for Bankrupt Nations." *World Policy Journal* 18 (Summer 2001): 2.
3. Landon Thomas, Jr. "A Band of Contrarians, Bullish on Greece." *The New York Times*, May 4, 2012. http://www.nytimes.com/2012/05/05/business/global/bondholders-bullish-on-greece.html.
4. Margaret G. Hermann and Bruce W. Dayton. "Transboundary Crises Through the Eyes of Policymakers: Sense Making and Crisis Management." Moynihan Institute of Global Affairs, Syracuse University. Undated paper. http://www.maxwell.syr.edu/uploadedFiles/Leadership_Institute/Journal%20of%20Contingencies%20and%20Crisis%20Management%20paper.pdf.
5. PBS Frontline "Interview with Dr. Rudi Dornbusch." Supplementary material to "Murder Money & Mexico: The Rise and Fall of the Salinas Brothers." April 1997. http://www.pbs.org/wgbh/pages/frontline/shows/mexico/interviews/dornbusch.html.
6. Mike Berardino. "Mike Tyson Explains One of His Most Famous Quotes." *Sun Sentinel*, November 9, 2012. http://articles.sun-sentinel.com/2012-11-09/sports/sfl-

mike-tyson-explains-one-of-his-most-famous-quotes-20121109_1_mike-tyson-undisputed-truth-famous-quotes.

7. Therese Huston. "Are Women Better Decision Makers?" *The New York Times*, October 17, 2014. http://www.nytimes.com/2014/10/19/opinion/sunday/are-women-better-decision-makers.html.
8. Maggie Fox. "Don't Panic: Why Ebola Won't Become an Epidemic in New York." NBC News. October 24, 2014. http://www.nbcnews.com/storyline/ebola-virus-outbreak/dont-panic-why-ebola-wont-become-epidemic-new-york-n232826.
9. http://i.imgur.com/tFZV024.jpg.
10. Jeremy J. Farrar and Peter Piot. "The Ebola Emergency—Immediate Action, Ongoing Strategy." *New England Journal of Medicine*, October 6, 2014. http://www.nejm.org/doi/pdf/10.1056/NEJMe1411471.
11. David von Drehle and Aryn Baker. "The Ebola Fighters: The Ones Who Answered the Call." *Time*, December 10, 2014. http://time.com/time-person-of-the-year-ebola-fighters/.
12. Jeffrey Gettelman. "Ebola Should Be Easy to Treat." *The New York Times*, December 20, 2014. http://www.nytimes.com/2014/12/21/sunday-review/ebola-should-be-easy-to-treat.html.
13. Justin Ray. "Flu Deaths in U.S. Reach Epidemic Level: CDC." NBC News. http://www.nbcbayarea.com/news/health/CDC-Epidemic-Flu-H3N2-Virus-287118961.html.
14. Norimitsu Onishi, "Empty Ebola Clinics in Liberia Are Seen as Misstep in U.S. Relief Effort," *The New York Times*, April 11, 2015. http://www.nytimes.com/2015/04/12/world/africa/idle-ebola-clinics-in-liberia-are-seen-as-misstep-in-us-relief-effort.html.
15. CNN Wire Staff. "Retracted Autism Study an 'Elaborate Fraud,' British Journal Finds." January 5, 2011. http://www.cnn.com/2011/HEALTH/01/05/autism.vaccines/.
16. Matthew Bishop and Michael Green. "We Are What We Measure." *World Policy*

Journal, Spring 2011.

17. Jaromir Benes and Michael Kumhof. "The Chicago Plan Revisited." IMF Working Paper, August 2012. http://www.imf.org/external/pubs/ft/wp/2012/wp12202.pdf.
18. John H. Cochrane. "Toward a Run-Free Financial System." Working paper, Booth School of Business at the University of Chicago, April 16, 2014. http://faculty.chicagobooth.edu/john.cochrane/research/papers/run_free.pdf.
19. *The Economist*. "Free Exchange: Narrow-Minded—A Radical Proposal for Making Finance Safer Resurfaces." June 7, 2014.

第7章　行動：當頭棒喝之效

1. Mark Peterson. *Sustainable Enterprise: A Macro Marketing Approach*. Thousand Oaks, CA: SAGE Publications, 2012.
2. 2030 Water Resources Group. *Charting Our Water Future*. New York: 2009.
3. Jenny Jarvie. "Georgia Governor Leads Prayer to End Drought." *Los Angeles Times*, November 14, 2007; Associated Press. "Ga. Governor Turns to Prayer to Ease Drought," *USA Today*, November 13, 2007.
4. Greg Bluestein. "Atlanta May Go Dry in 90 Days." *Seattle Times*, October 20, 2007.
5. Georgia Department of Natural Resources. "Georgia's Draft Water Conservation Implementation Plan Is Released." Press Release. Atlanta. December 18, 2008.
6. "Water wars: Tennessee, Georgia locked in battle over Waterway Access." CBS News. April 8, 2013. http://www.cbsnews.com/news/water-wars-tennessee-georgia-locked-in-battle-over-waterway-access/.
7. "Florida files water lawsuit against Georgia in U.S. Supreme Court." *Atlanta Journal Constitution*. October 1, 2013. http://www.ajc.com/news/news/state-regional-govt-politics/florida-files-water-lawsuit-against-georgia-in-us-/nbCKT/.
8. Richard Howitt, Josué Medellín-Azuara, Duncan MacEwan, Jay Lund, and Daniel Sumner. "Economic Analysis of the 2014 Drought for California Agriculture." University of California, Davis. July 23, 2014. https://watershed.ucdavis.edu/files/

biblio/DroughtReport_23July2014_0.pdf.

9. Carbon Disclosure Project. "From Water Risk to Value Creation: CDP Global Water Report 2014." https://www.cdp.net/CDPResults/CDP-Global-Water-Report-2014.pdf.
10. Heather Cooley. "California Water Use." Oakland, CA: Pacific Institute, April 2015. http://pacinst.org/wp-content/uploads/sites/21/2015/04/CA-Ag-Water-Use.pdf.
11. Paul Simon. *Tapped Out: The Coming World Crisis in Water and What We Can Do About It*. New York: Welcome Rain Publishers, 1996.
12. Cameron Harrington. *New Security Beat*. "Water Wars? Think Again: Conflict Over Freshwater Structural Rather Than Strategic." April 15, 2014. http://www.newsecuritybeat.org/2014/04/water-wars/.
13. Aaron Wolf, S. Yoffe, and M. Giordano. *International Waters: Indicators for Identifying Basins at Risk*. UNESCO, 2003.
14. Priit Vesilind. "The Middle East's Critical Resource: Water." *National Geographic* (May 1993). Cited in Simon, *Tapped Out*.
15. "Greenhouse Gas Emissions Rise at Fastest Rate for 30 years." *Guardian*, September 9, 2014. http://www.theguardian.com/environment/2014/sep/09/carbon-dioxide-emissions-greenhouse-gases.
16. Oliver Balch. "European Commission to Decide Fate of Circular Economy Package." *Guardian*, December 12, 2014. http://www.theguardian.com/sustainable-business/2014/dec/12/european-commission-to-decide-fate-of-circular-economy-package.
17. Ellen MacArthur Foundation in collaboration with the World Economic Forum and McKinsey & Company. "Towards the Circular Economy: Accelerating the Scale-Up Across Global Supply Chains." 2014.
18. http://www.unilever.com/mediacentre/pressreleases/2015/Unilever-achieves-zero-waste-to-landfill-across-global-factory-network.aspx.
19. Jessica Shankleman. "2014, the Year ... Big Business Embraced Climate Action."

BusinessGreen. http://www.businessgreen.com/bg/feature/2387980/2014-the-year-big-business-embraced-climate-action.

20. Alex Nussbaum, Mark Chediak, and Zain Shauk."George Shultz Defies GOP in Embrace of Climate Adaptation." *Bloomberg Business*, November 30, 2014. http://www.bloomberg.com/news/articles/2014-12-01/reagan-statesman-s-sunshine-power-hint-of-thaw-in-climate-debate.
21. John Vidal. "Pope Francis's Edict on Climate Change Will Anger Deniers and US Churches." *Guardian*, December 27, 2014. http://www.theguardian.com/world/2014/dec/27/pope-francis-edict-climate-change-us-rightwing.
22. Anthony Leiserowitz, Edward Maibach, Connie Roser-Renouf, Geoff Feinberg, & Seth Rosenthal. "Climate change in the American mind: April, 2014." Yale University and George Mason University. New Haven, CT: Yale Project on Climate Change Communication. http://environment.yale.edu/climate-communication/files/Climate-Change-American-Mind-April-2014.pdf.

第8章　被犀牛踩踏之後：如何化危機為轉機？

1. Institute for Catastrophic Loss Reduction. "Telling the Weather Story." Insurance Bureau of Canada. June 2012. http://www.ibc.ca/nb/resources/studies/weather-story.
2. "The Impact of Climate Change and Population Growth on the National Flood Insurance Program Through 2100." Prepared for Federal Insurance & Mitigation Administration and Federal Emergency Management Agency. June 2013.
3. Jamie Komarnicki. "Winnipeg floodway has saved $32 billion in flood damages." *Calgary Herald*, October 3, 2013.
4. Federal Emergency Management Agency. (2007). *Fact Sheet: Mitigation's Value to Society* (electronic version). Washington, DC. Also see Multihazard Mitigation Council (2005). *Natural Hazard Mitigation Saves: An Independent Study to Assess the Future Savings from Mitigation Activities*. Washington, DC: Institute of Building Sciences.

5. Chris Turner. "Owen's Ark: How Calgary Survived the Flood—And Why Other Cities Won't." *The Walrus*, June 2014. Citing *American Political Science Review*, 2009.
6. Sarah Offin. "Calgary's Mayor Critical of Prentice's Flood Announcement." Global News. September 26, 2014. http://globalnews.ca/news/1585968/calgarys-mayor-critical-of-prentices-flood-announcement/.
7. Trevor Howell. "Prentice Plan for Springbank Dry Reservoir Faces Fight from Landowners, Nenshi." *Calgary Herald*, September 25, 2014. http://www.calgaryherald.com/news/Prentice+plan+Springbank+reservoir+faces+fight+from+landowners+Nenshi/10239193/story.html.
8. Shaun Rein. "Airport Security: Bin Laden's Victory." *Forbes*, March 3, 2010. http://www.forbes.com/2010/03/03/airport-security-osama-leadership-managing-rein.html.
9. "Thousands Flee as German Dam Bursts." *Al Jazeera*, June 10, 2013. http://www.aljazeera.com/news/europe/2013/06/201361051413232258.html.
10. Forrest Wilder. "That Sinking Feeling." *Texas Observer*, November 2, 2007.
11. Bureau of Economic Geology, University of Texas at Austin, adapted for the *Texas Observer*, November 2, 2007.
12. A Stronger, More Resilient New York. http://www.nyc.gov/html/sirr/html/report/report.shtml.
13. Lloyd Dixon, Noreen Clancy, Bruce Bender, Aaron Kofner, David Manheim, Laura Zakaras. "Flood Insurance in New York City Following Hurricane Sandy." Santa Monica, CA: RAND Corporation, 2013. http://www.rand.org/pubs/research_reports/RR328.
14. CoreLogic. *2013 CoreLogic Wildfire Hazard Risk Report*. Irvine, CA: CoreLogic, 2013. http://www.corelogic.com/about-us/news/2013-corelogic-wildfire-hazard-risk-report-reveals-wildfires-pose-risk-to-more-than-1.2-million-western-u.s.-homes.aspx.
15. Felicity Barringer. "Homes Keep Rising in West Despite Growing Wildfire

Threat." *The New York Times*, July 6, 2013. http://www.nytimes.com/2013/07/06/us/homes-keep-rising-in-west-despite-growing-wildfire-threat.html.

16. John Gaudiosi. "Why Sony Didn't Learn from Its 2011 Hack." *Fortune*, December 24, 2014. http://fortune.com/2014/12/24/why-sony-didnt-learn-from-its-2011-hack/.
17. Riley Walters. "Cyber Attacks on U.S. Companies in 2014." Washington, DC: Heritage Foundation, October 27, 2014. http://www.heritage.org/research/reports/2014/10/cyber-attacks-on-us-companies-in-2014.

第9章　地平線上的灰犀牛：前瞻思維

1. http://www.wfs.org/futurist/july-august-2012-vol-46-no-4/futurists-and-their-ideas%E2%80%94change-masters-weiner-edrich-brown-i.
2. http://www.futureofwork.com/article/details/metaspace-economy-predicting-disruption.
3. http://www.nytimes.com/2015/01/04/business/if-you-want-to-meet-that-deadline-play-a-trick-on-your-mind.html.
4. http://fortune.com/2011/06/16/5-lessons-from-ibms-100th-anniversary/.
5. http://www-03.ibm.com/ibm/history/ibm100/us/en/icons/bizbeliefs/.
6. http://company.nokia.com/en/about-us/ourcompany/our-story.
7. Hana R. Alberts. "Japan Airlines Meets Its Savior." Forbes.com, January 2010. http://www.forbes.com/2010/01/14/japan-airlines-kyocera-markets-face-kazuo-inamori.html; http://global.kyocera.com/inamori/profile/index.html.
8. http://global.kyocera.com/inamori/profile/index.html.
9. Dave McCombs and Pavel Alpeyev. "Softbank Founder Has 300-Year Plan in Wooing Sprint Nextel." *Bloomberg Business*, October 12, 2012. http://www.bloomberg.com/news/articles/2012-10-11/softbank-founder-has-300-year-plan-in-pursuit-of-sprint-nextel.
10. Kim Jae-kyoung. "Centennial Firms Dry Up in Korea." May 15, 2008. http://www.koreatimes.co.kr/www/news/biz/2008/05/123_24196.html.

11. http://japanese.yonhapnews.co.kr/economy/2008/05/14/0500000000AJP20080514003900882.HTML
12. http://www.tsr-net.co.jp/news/analysis_before/2009/1199565_1623.html.
13. Alexandra Levit. "How to Stay in Business for 100 Years." *Business Insider*, January 7, 2014. http://www.businessinsider.com/how-to-stay-in-business-for-100-years-2013-1. See also: Kim Gitelson. "Can a Company Live Forever?" BBC News. January 19, 2012. http://www.bbc.com/news/business-16611040.
14. Alyson Shontell. "How Evernote's Phil Libin Plans to Build a '100-Year Startup.'" *Business Insider*, November 1, 2013. http://www.businessinsider.com/how-evernotes-phil-libin-plans-to-build-a-100-year-startup-2013-10.
15. Dominic Barton. "Capitalism for the Long Term." *Harvard Business Review*, March 2011.
16. Jesse Eisinger. "Challenging the Long-Held Belief in 'Shareholder Value.' " *The New York Times*: June 27, 2012. http://dealbook.nytimes.com/2012/06/27/challenging-the-long-held-belief-in-shareholder-value/.
17. Michele Wucker. "Down with Short Termism; Long Live the Long Term." February 5, 2013. World Economic Forum Agenda. https://agenda.weforum.org/2013/02/down-with-short-termism-long-live-the-long-term/.
18. Patrick Bolton and Frédéric Samama. "Loyalty-Shares: Rewarding Long-term Investors." *Journal of Applied Corporate Finance*, Volume 25 (5) (Summer 2013).
19. Jane Ambachtsheer, Ryan Pollice, Ed Waitzer and Sean Vanderpol. "Building a Long-Term Shareholder Base: Assessing the Potential of Loyalty-Driven Securities." Generation Foundation, Mercer, and Stikeman Elliott LP. December 2013. https://www.genfound.org/media/pdf-long-term-shareholder-base-17-12-13.pdf.
20. "DuPont CEO sees global growth, innovation and productivity in 2011 and beyond." RP Newswires. http://www.reliableplant.com/Read/27912/DuPont-CEO-growth-productivity.
21. "A Record Year for DuPont Innovation." DuPont News release, March 15, 2012.

http://www2.dupont.com/media/en-us/news-events/march/record-year-innovation.html.

22. Bill George. "Peltz's Attacks on DuPont Threaten America's Research Edge." April 9, 2015. http://www.nytimes.com/2015/04/10/business/dealbook/peltzs-attacks-on-dupont-threaten-americas-research-edge.html.

第10章　結論：如何才不會被犀牛踩死

1. Save the Rhino. "Poaching: The Statistics." https://www.savetherhino.org/rhino_info/poaching_statistics.
2. Wildlife and Environment Society of South Africa. "Current Rhino Poaching Stats." http://wessa.org.za/get-involved/rhino-initiative/current-rhino-poaching-stats.htm.
3. Beth Ethier. "Last Known Male Northern White Rhino Requires 24-Hour Protection." *Slate*. April 16, 2014. http://www.slate.com/blogs/the_slatest/2015/04/16/northern_white_rhino_last_known_male_sudan_protected_by_guards_as_efforts.html.
4. Victoria Brown. "Saving the Sumatran Rhino—Too Little Too Late?" *The Star Online*. (Malaysia) May 1, 2015. http://www.thestar.com.my/Opinion/Online-Exclusive/Behind-The-Cage/Profile/Articles/2015/05/01/saving-the-sumatran-rhino/. See also Jeremy Hance. "Sumatran Rhino Is Extinct in the Wild in Malaysia," *The Epoch Times*. April 27, 2015. http://www.theepochtimes.com/n3/1335352-sumatran-rhino-is-extinct-in-the-wild-in-malaysia/. See also: Kevin Sieff. "A Species on the Brink," *The Washington Post*. June 16, 2015. http://www.washingtonpost.com/sf/world/2015/06/16/how-the-fate-of-an-entire-subspecies-of-rhino-was-left-to-one-elderly-male/.
5. Joint Statement by the International Rhino Foundation and Save the Rhino International. "Synthetic Rhino Horn: Will It Save the Rhino?" https://www.savetherhino.org/rhino_info/thorny_issues/synthetic_rhino_horn_will_it_save_the_rhino.

6. Jason Goldman. "Can Trophy Hunting Actually Help Conservation?" *Conservation Magazine*, January 15, 2014. http://conservationmagazine.org/2014/01/can-trophy-hunting-reconciled-conservation/.
7. Taylor Hill. "Airline Takes On Big Game Hunters to Protect Rhinos, Lions, and Elephants." *Take Part*, April 30, 2015. http://www.takepart.com/article/2015/04/30/south-africa-airline-bans-hunting-trophies.
8. Jesse Newman. "Ice Cream Recall Sends Chill Through Food Industry." *Wall Street Journal*, August 2, 2015. http://www.wsj.com/articles/ice-cream-recall-sends-chill-through-food-industry-1438437781.
9. Adam Davidson. "High on the Hog." *The New York Times Magazine*, February 2, 2014.
10. Kevin Borgia. "What If the Great Chicago Fire of 1871 Never Happened?" *WBEZ Curious City*. October 8, 2014. http://interactive.wbez.org/curiouscity/chicagofire/.
11. "People & Events: The Great Fire of 1871." Collateral to the movie *Chicago: City of the Century*. http://www.pbs.org/wgbh/amex/chicago/peopleevents/e_fire.html.
12. Theodore Roosevelt. "Wild Man and Wild Beast in Africa." *National Geographic*, January 1911.

參考書目

Deron Acemoglu and James Robinson. *Why Nations Fail: The Origins of Power, Prosperity, and Poverty.* New York: Crown Business, 2012.

Liaquat Ahamed. *Lords of Finance: The Bankers Who Broke the World.* New York: Penguin Press, 2009.

Daniel Alpert. *The Age of Oversupply: Overcoming the Greatest Challenge to the Global Economy.* New York: Portfolio/Penguin, 2013.

Peter Annin. *The Great Lakes Water Wars*. Washington, DC: Island Press, 2006.

Lawrence Anthony with Graham Spence. *The Last Rhinos: My Battle to Save One of the World's Greatest Creatures*. New York: St. Martin's Griffin, 2012.

Dan Ariely. *Predictably Irrational: The Hidden Forces That Shape Our Decisions* (revised and expanded edition). New York: Harper Perennial 2010 (2008).

Peter Atwater. *Moods and Markets: A New Way to Invest in Good Times and in Bad.* Upper Saddle River, NJ: FT Press, 2013.

Max H. Bazerman. *The Power of Noticing: What the Best Leaders See*. New York: Simon & Schuster, 2014.

Max H. Bazerman and Michael D. Watkins. *Predictable Surprises: The Disasters You Should Have Seen Coming and How to Prevent Them.* Boston: Harvard Business School Press, 2004.

Peter Bernstein. *Against the Gods: The Remarkable Story of Risk.* Hoboken: John Wiley & Sons, 1998 (1996).

Thor Bjorgolfsson with Andrew Cave. *Billions to Bust— and Back*. London: Profile Books, 2014.

Paul Blustein. *And the Money Kept Rolling In (and Out): The World Bank, Wall Street, the IMF, and the Bankrupting of Argentina.* New York: PublicAffairs, 2005.

Ori Brafman and Rom Brafman. *Sway: The Irresistible Pull of Irrational Behavior*. New York: Crown

Business, 2008.

Rachel Carson. *Silent Spring*. 1962. Reprint edition New York: Houghton Mifflin, 2002.

Christopher Chabris and Daniel Simons. *The Invisible Gorilla: How Our Intuitions Deceive Us*. New York: Broadway Paperbacks, 2009.

Philip Coogan. *Paper Promises: Debt, Money, and the New World Order.* New York: PublicAffairs, 2012.

Stephen R. Covey. *7 Habits of Highly Effective People: Powerful Lessons in Personal Change.* New York: Free Press, 2004 (1989).

Jared Diamond. *Collapse: How Societies Choose to Succeed or Fail.* New York: Viking, 2005.

Charles Duhigg. *The Power of Habit: Why We Do What We Do in Life and Business*. New York: Random House, 2012.

Peter Firestein. *Crisis of Character: Building Corporate Reputation in the Age of Skepticism*. New York: Sterling Publishing, 2009.

Justin Fox. *The Myth of the Rational Market: A History of Risk, Reward, and Delusion on Wall Street.* New York: HarperBusiness, 2011 (HarperCollins 2009).

Francis Fukuyama. *Blindside: How to Anticipate Forcing Events and Wild Cards in Global Politics.* Washington, DC: Brookings Institution Press, 2007.

Atul Gawande. *The Checklist Manifesto: How to Get Things Right.* New York: Picador, 2009.

Bill George. *7 Lessons for Leading in Crisis*. San Francisco: Jossey-Bass, 2009.

Martin Gilman. *No Precedent, No Plan: Inside Russia's 1998 Default*. Cambridge, MA: MIT Press, 2010.

Malcolm Gladwell. *Blink: The Power of Thinking Without Thinking*. New York: Little, Brown, 2007.

Al Gore. *An Inconvenient Truth: The Planetary Emergency of Global Warming and What We Can Do About It*. New York: Rodale, 2006.

Paul Hawken. *The Ecology of Commerce: A Declaration of Sustainability.* 1993. Revised edition. New York: HarperBusiness, 2010.

Chip Heath and Dan Heath. *Switch: How to Change Things When Change is Hard*. New York: Crown Business, 2010.

Ronald Heifetz and Marty Linsky. *Leadership on the Line: Staying Alive Through the Dangers of Leading*. Cambridge, MA: Harvard Business Press, 2009.

Herodotus. *The Histories.* Translated by Robin Waterfield, with an introduction by Carolyn DeWald. New York: Oxford University Press, 1998.

Noreena Hertz. *Eyes Wide Open: How to Make Smart Choices in a Confusing World*. New York: HarperBusiness, 2013.

Matthew L. Higgins, ed. *Advances in Economic Forecasting*. Kalamazoo: W.E. Upjohn Institute for Employment Research, 2011.

Eugene Ionesco. *Rhinoceros and Other Plays*. Translated by Derek Prouse. New York: Grove Press (John Calder Ltd., 1960).

Richard Jackson and Neil Howe. *The Graying of the Great Powers: Demography and Geopolitics in the 21st Century.* Washington, DC: CSIS, 2008.

Daniel Kahneman. *Thinking, Fast and Slow*. New York: Farrar, Straus & Giroux, 2011.

Robert Kegan and Lisa Lahey. *Immunity to Change: How to Overcome It and Unlock the Potential in Yourself and Your Organization*. Cambridge, MA: Harvard Business Review Press, 2009.

Erwann Michel-Kerjann and Paul Slovic, eds. *The Irrational Economist: Making Decisions in a Dangerous World.* New York: PublicAffairs, 2011.

William Kern, ed. *The Economics of Natural and Unnatural Disasters*. Kalamazoo: W.E. Upjohn Institute for Employment Research, 2010.

Charles Kindleberger. *Manias, Panics and Crashes: A History of Financial Crises*. Hoboken: John H. Wiley & Sons, 1996 (1978).

Gary Klein. *Seeing What Others Don't: The Remarkable Ways We Gain Insights*. New York: PublicAffairs, 2013.

Naomi Klein. *The Shock Doctrine: The Rise of Disaster Capitalism*. New York: Henry Holt, 2007.

Alice Korngold. *A Better World, Inc.: How Companies Profit by Solving Global Problems... Where Governments Cannot.* New York: Palgrave Macmillan, 2014.

Steven Philip Kramer. *The Other Population Crisis: What Governments Can Do About Falling Birth Rates*. Washington, DC: Woodrow Wilson Center Press, 2014.

Elisabeth Kübler-Ross. *On Death and Dying: What the Dying Have to Teach Doctors, Nurses, Clergy and Their Own Families.* 1969. Reprint, New York: Scribner, 1997.

Howard Kunreuther and Michael Useem. *Learning from Catastrophes: Strategies for Reaction and Response*. Pearson Prentice Hall, 2009.

Scott B. MacDonald and Andrew R. Novo. *When Small Countries Crash*. New Brunswick: Transaction Publishers, 2011.

Harry Markopoulos. *No One Would Listen: A True Financial Thriller.* Hoboken: Wiley, 2010.

John Mauldin and Jonathan Tepper. *Code Red: How to Protect Your Savings from the Coming Crisis.*

Hoboken: John Wiley & Sons, 2014.

William McDonough and Michael Braungart. *Cradle to Cradle: Remaking the Way We Make Things.* New York: North Point Press, 2002.

Ian Mitroff with Gus Anagnos. *Managing Crises Before They Happen: What Every Executive Needs to Know About Crisis Management*. New York: American Management Association, 2002.

Charles R. Morris. *The Trillion Dollar Meltdown: Easy Money, High Rollers, and the Great Credit Crash.* New York: PublicAffairs, 2008.

Richard Nisbett. *The Geography of Thought: How Asians and Westerners Think Differently... and Why*. New York: Free Press, 2004.

Yalman Onaran. *Zombie Banks: How Broken Banks and Debtor Nations Are Crippling the Global Economy*. Bloomberg Press, 2011.

Ronald Orenstein. *Ivory, Horn and Blood: Behind the Elephant and Rhino Poaching Crisis*. Buffalo: Firefly, 2013.

Naomi Oreskes and Michael Conway. *Merchants of Doubt: How a Handful of Scientists Obscured the Truth on Issues from Tobacco Smoke to Global Warming*. New York: Bloomsbury Press, 2010.

Michael Pettis. *The Volatility Machine: Emerging Economies and the Threat of Financial Collapse*. New York: Oxford University Press, 2001.

Eyal Press. *Beautiful Souls: Saying No, Breaking Ranks, and Heeding the Voice of Conscience in Dark Times*. New York: Farrar, Straus & Giroux, 2012.

Steven Rattner. *Overhaul: An Insider's Account of the Obama Administration's Emergency Rescue of the Auto Industry*. New York: Houghton Mifflin Harcourt, 2010.

Carmen M. Reinhart and Kenneth S. Rogoff. *This Time Is Different: Eight Centuries of Financial Folly*. Princeton: Princeton University Press, 2009.

Judith Rodin. *The Resilience Dividend: Being Strong in a World Where Things Go Wrong.* New York: PublicAffairs, 2014.

Theodore Roosevelt. *African Game Trails. An Account of the African Wanderings of an American Hunter-Naturalist.* New York: C. Scribner's Sons, 1910.

David Ropeik. *How Risky Is It, Really? Why Our Fears Don't Always Match the Facts.* New York: McGraw-Hill, 2010.

Robert M. Sapolsky. *Why Zebras Don't Get Ulcers: The Acclaimed Guide to Stress, Stress-Related Diseases, and Coping*, 3rd ed. New York: St. Martin's Press, 2004 (W. H. Freeman, 1994).

Ira Shapiro. *The Last Great Senate: Courage and Statesmanship in Times of Crisis*. New York:

PublicAffairs, 2012.

Tali Sharot, *The Optimism Bias: A Tour of the Irrationally Positive Brain*. New York: Vintage, 2011.

Robert J. Shiller. *Finance and the Good Society*. Princeton: Princeton University Press, 2012.

Denise Shull. *Market Mind Games: A Radical Psychology of Investing, Trading, and Risk*. New York: McGraw-Hill, 2012.

Nate Silver. *The Signal and the Noise: Why So Many Predictions Fail— But Some Don't*. New York: Penguin Press, 2012.

Paul Simon. *Tapped Out: The Coming World Crisis in Water and What We Can Do About It*. New York: Welcome Rain Publishers, 1996.

Andrew Ross Sorkin. *Too Big to Fail: The Inside Story of How Wall Street and Washington Fought to Save the Financial System— and Themselves*. New York: Penguin Books, 2011 (2009).

Graham Spence. *The Last Rhinos: My Battle to Save One of the World's Greatest Creatures*. New York: St. Martin's Griffin, 2012.

Keith Stanovich. *Rationality and the Reflective Mind*. New York: Oxford University Press, December 2010.

Lawrence Stone. *The Crisis of the Aristocracy, 1558-1641*. Oxford University Press; 20th ed. (December 31, 1967).

Cass Sunstein and Reid Hastie. *Wiser: Getting Beyond Groupthink to Make Groups Smarter.* Cambridge: Harvard Business Review, 2014.

James Surowiecki. *The Wisdom of Crowds: Why the Many Are Smarter Than the Few and How Collective Wisdom Shapes Business, Economies, Societies, and Nations*. New York: Doubleday, 2004.

Nassim Nicholas Taleb. *The Black Swan: The Impact of the Highly Improbable*. New York: Random House, 2010 (2007).

Nassim Nicholas Taleb. *Antifragile: Things That Gain from Disorder*. New York: Random House, 2014 (2012).

Carol Tavris and Elliott Aronson. *Mistakes Were Made (but not by me): Why We Justify Foolish Beliefs, Bad Decisions, and Hurtful Acts*. New York: Harvest, 2007.

Gillian Tett. *Fool's Gold: The Inside Story of JP Morgan and How Wall Street Greed Corrupted Its Bold Dream and Created a Financial Catastrophe.* New York: Free Press, 2009.

Richard Thaler and Cass Sunstein. *Nudge: Improving Decisions About Health, Wealth and Happiness*. New York: Penguin, 2008.

Donald N. Thompson. *Oracles: How Prediction Markets Turn Employees Into Visionaries.* Cambridge, MA: Harvard Business Review Press, 2012.

Alexis de Tocqueville. *The Old Regime and the Revolution.* Translated by John Bonner. New York: Harper & Brothers, 1856.

John A. Turner. *Longevity Policy: Facing up to Longevity Issues Affecting Social Security, Pensions, and Older Workers.* Kalamazoo: W. E. Upjohn Institute for Employment Research, 2011.

Ezra F. Vogel. *Deng Xiaoping and the Transformation of China.* Cambridge, MA: The Belknap Press of Harvard University Press, 2011.

Clive and Anton Walker. *The Rhino Keepers: Struggle for Survival.* Johannesburg: Jacana, 2012.

Karl Weber, ed. *Last Call at the Oasis: The Global Water Crisis and Where We Go from Here.* New York: PublicAffairs. 2012.

Edie Weiner and Arnold Brown. *FutureThink: How to Think Clearly in a Time of Change.* New York: Pearson Prentice Hall, 2006.

Eyal Weizman. *The Least of All Possible Evils: Humanitarian Violence from Arendt to Gaza.* Brooklyn: Verso, 2011.

Weiying Zhang. *The Logic of the Market: An Insider's View of Chinese Economic Reform.* Washington, DC: Cato Institute, 2014.

財經企管 BCB610

灰犀牛　危機就在眼前，為何我們選擇視而不見？

The Gray Rhino:

How to Recognize and Act on the Obvious Dangers We Ignore

作者 — 米歇爾・渥克 Michele Wucker
譯者 — 廖月娟

國家圖書館出版品預行編目（CIP）資料

灰犀牛：危機就在眼前，為何我們選擇視而不見？/ 米歇爾・渥克 (Michele Wucker) 著；廖月娟譯. -- 第一版. -- 臺北市：遠見天下文化, 2017.04
336 面；14.8×21 公分. --（財經企管；BCB610）
譯自：The gray rhino : how to recognize and act on the obvious dangers we ignore
ISBN 978-986-479-188-0（平裝）

1. 危機管理 2. 決策管理

494　　106003892

總編輯 — 吳佩穎
責任編輯 — 黃堯聰
封面設計 — *the*BookDesigners
封面完稿 — FE 設計 葉馥儀

出版者 — 遠見天下文化出版股份有限公司
創辦人 — 高希均、王力行
遠見・天下文化 事業群董事長 — 高希均
事業群發行人／CEO — 王力行
天下文化社長 — 林天來
天下文化總經理 — 林芳燕
國際事務開發部兼版權中心總監 — 潘欣
法律顧問 — 理律法律事務所陳長文律師
著作權顧問 — 魏啟翔律師
社址 — 臺北市 104 松江路 93 巷 1 號
讀者服務專線 — 02-2662-0012 ｜ 傳真 — 02-2662-0007；02-2662-0009
電子信箱 — cwpc@cwgv.com.tw
直接郵撥帳號 — 1326703-6 號　遠見天下文化出版股份有限公司

電腦排版 — bear 工作室
製版廠 — 東豪印刷事業有限公司
印刷廠 — 祥峰印刷事業有限公司
裝訂廠 — 台興印刷裝訂股份有限公司
登記證 — 局版台業字第 2517 號
總經銷 — 大和書報圖書股份有限公司 ｜ 電話 — 02-8990-2588
出版日期 — 2022 年 1 月 17 日第一版第 8 次印行

定價 — NT$380

ISBN — 978-986-479-188-0
書號 — BCB610
天下文化官網 — bookzone.cwgv.com.tw

天下文化
BELIEVE IN READING